ROGERS · VTOL FLUGZEUGE

MIKE ROGERS

VTOL

SENKRECHTSTARTER FLUGZEUGE

MOTORBUCH VERLAG STUTTGART

Umschlaggestaltung:
Johann Walentek unter Verwendung von vier Vorlagen aus dem Bildarchiv der Zeitschrift Flugrevue und einer Vorlage vom Umschlag der Originalausgabe.

Die englische Ausgabe erschien 1989 bei Haynes Publishing Group, Sparkford, Somerset unter den Titel »VTOL-Military Research Aircraft«.

Ins Deutsche übertragen von WOLF WESTERKAMP.

ISBN 3-613-01450-5

1. Auflage 1992

Druck: Stuttgarter Druckerei, 7000 Stuttgart 80.
Bindung: Verlagsbuchbinderei Karl Dieringer, 7016 Gerlingen.
Printed in Germany

INHALT

VORWORT

Der Senkrechtstart ist ein faszinierendes Thema. Die Zusammenstellung dieses Buches hat mir ausgesprochen Freude bereitet, und ich hoffe, daß das Lesen genauso viel Spaß macht. Während der Nachforschungen für dieses Buch haben mich zwei Dinge beeindruckt.

Erstens die wirklich gute Zusammenarbeit zwischen den Flugzeugherstellern in aller Welt. Es gab – und gibt noch heute – einen regen Gedankenaustausch bei zahlreichen Treffen, Konferenzen und Tagungen. Man stellt sich gegenseitig Versuchsanlagen zur Verfügung, verleiht oder verschenkt untereinander Bauteile oder Geräte eines Projektes, und Testpiloten, denen ein Flug mit einem neuen Flugzeugtyp bevorsteht, können durchaus mit vorhandenen Versuchsflugzeugen einer anderen Firma üben, die sich manchmal am anderen Ende der Welt befindet.

Zweitens das Entgegenkommen von Firmen, Museen und einzelnen Personen. Wann immer ich sie um Informationen, Zeichnungen oder Fotos gebeten habe, reagierten sie mit ausgesprochener Begeisterung und beeindruckender Großzügigkeit. Ohne ihre Hilfe hätte dieses Buch nicht entstehen können.

Mike Rogers
Bristol

ZAHLENANGABEN

Wenn man so viele Flugzeuge beschreibt, ist es unmöglich, alle relevanten Daten anzugeben oder die exakten Bedingungen zu nennen, unter denen eine jede Zahl auch stimmt.

Die meisten der in diesem Buch vorgestellten Flugzeuge waren Forschungsflugzeuge und wurden zur Erprobung neuer Konfigurationen auch noch modifiziert. So können die Daten von ähnlichen Prototypen oder selbst von einem bestimmten Flugzeug, das abgeändert wurde, noch unterschiedlich sein.

Zu jedem gegebenen Zeitpunkt kann ein Flugzeug ein anderes Gewicht aufweisen: sein Leergewicht, sein maximales Senkrechtstartgewicht, sein maximales Kurzstartgewicht oder sein Höchstgewicht für den konventionellen Start. Jedes Gewicht wiederum ist stark abhängig von Flugplatztemperatur und -höhe. Desgleichen können die Triebwerke eines Flugzeugs mehrere unterschiedliche Leistungsangaben aufweisen: Nennleistung, Höchstleistung und Notleistung für begrenzte Zeit – und auch diese sind wieder abhängig von Temperatur und Höhe.

Im Text angeführte Zahlen wurden als typische Werte ausgewählt, die von Nutzen sind, wenn man ähnliche Flugzeuge vergleicht. Die Maßangaben beziehen sich auf die Einheiten, die in den Jahren, als diese Flugzeuge flogen, üblich waren: normalerweise Kilogramm, Meter und Zentimeter, Kilometer pro Stunde und Kilopond oder Pferdestärken. Wo notwendig, wurden Umrechnungen angegeben.

Quellenangaben

Wo immer möglich, wurde Material der Hersteller oder der verantwortlichen Erprobungsstellen verwendet. Dazu kommt eine Vielzahl von weiterem Material aus unterschiedlichen Quellen; hier wurden alle Anstrengungen unternommen, um deren Echtheit zu überprüfen.

Es ist schwierig, die Urheberrechte von Material zu wahren, das dreißig Jahre alt sein kann. Trotzdem wurden, wo immer möglich, die Urheberrechte festgestellt und erworben.

Bildqualität

Die Originale der in diesem Buch verwendeten Fotos stammen aus den 50er und 60er Jahren, und in einigen Fällen hat ihre Qualität über all die Jahre gelitten. Bei der Auswahl der Fotos wurde der historischen Bedeutung gegenüber der Qualität Vorrang eingeräumt.

Alle schwebenden Flugzeuge – besonders die mit Strahltriebwerken – wirbeln am Boden Dreck auf. Darüber hinaus erzeugen Düsentriebwerke ein starkes Hitzeflimmern unter dem Flugzeug. Diese Erscheinungen darf man nicht schlechter Bildqualität zuordnen: sie geben die Wirklichkeit des Senkrechtflugs wieder.

1 EINFÜHRUNG

Es war das Jahr 1954. Der Kolbenmotor, der ein halbes Jahrhundert lang die Flugzeuge dieser Welt angetrieben hatte, wurde langsam von der Gasturbine verdrängt. Zwar flogen die zivilen Luftfahrtgesellschaften noch ihre Stratocruiser und Constellation mit Sternmotoren, würden aber bald auf Strahltriebwerke und Turboprops überwechseln. Und der riesige B-36-Bomber war zwar noch im Einsatz, aber die achtstrahlige B-52 stand kurz vor der Serienfertigung, um ihn zu ersetzen. Jagdflugzeuge flogen bereits mit Düsenantrieb, und die geraden Tragflächen wichen den gepfeilten. Die Flugzeugzellen veränderten sich gleichermaßen, um die Vorteile höherer Geschwindigkeit und größerer Reichweite, die die neuen Triebwerke boten, nutzen zu können. Ihre Formen wurden glatter und stromlinienförmiger – aber ihr grundlegender Aufbau mit Rumpf, Tragflächen und Leitwerk blieb unverändert. Jeder Flug begann mit einem langen horizontalen Anlauf für den Start und endete mit einer horizontalen Landung.

Im April und Mai jenes Jahres brachten fast jede Zeitung und jede Zeitschrift in einer Welle plötzlich aufkommenden Interesses Bilder von den neuen »Heckstarter«-Jägern der amerikanischen Marine, die dem Himmel entgegenstürmten, um angreifende Feindbomber abzufangen. Wie es schien, hatte das herkömmliche Jagdflugzeug – das nur horizontal starten, horizontal fliegen und unter Mühen kaum mehr als horizontal steigen konnte – ausgedient. Die neuen Heckstarter würden senkrecht starten und senkrecht zu ihrem Ziel aufsteigen. Nach Durchführung ihres Flugauftrags würden sie senkrecht landen, das Heck voran. Sie benötigten keine Start- und Landebahnen, könnten in kurzer Zeit bei jedem gefährdeten Ziel zu dessen Verteidigung eingesetzt werden, sie könnten mitten in einer Stadt stationiert werden oder sogar an Bord eines kleinen Schiffes. Hier sei der bemannte Abfangjäger mit den meisten Eigenschaften einer Rakete. Das gesamte Buch der Luftverteidigung sei über Nacht neu geschrieben worden.

In Wirklichkeit war diese Berichterstattung voreilig. Die Heckstarter gerieten in eine Kette von Schwierigkeiten und wurden 1956 aufgegeben. Die Lockheed XFV–1 Salmon hatte zwölf Millionen Dollar gekostet, und die Convair XFY–1 Pogo acht Millionen. Beide Beträge wurden von der amerikanischen Marine übernommen. Man ist versucht, das ganze Unternehmen als eine kostspielige Fehlentwicklung abzuschreiben – aber das wäre nicht fair. Lockheed und Convair hatten das Unbekannte erprobt, beide hatten mit Erfolg Flugzeuge gebaut, die sowohl waagerecht wie senkrecht fliegen konnten, ein Flugzeug hatte Senkrechtstart und -landung demonstriert, und beide Firmen hatten viele wichtige Einzelheiten gelernt, die bei zukünftigen Senkrechtstarter-Entwicklungen Verwendung finden konnten. Das Zeitalter des Senkrechtstarts war angebrochen, das war allen klar geworden.

Mehrere andere Hersteller arbeiteten mit Hochdruck an ihren eigenen Forschungsflugzeugen für Senkrechtstart

Der Heckstarter Lockheed XFV–1 Salmon in senkrechter Startposition. Die XFV–1 flog zur gleichen Zeit wie die B-47 Stratojet.

und -landung. In den Jahren bis 1960 flogen mehr als zwanzig verschiedene Typen bemannter VTOL-Flugzeuge* mit Erfolg. Im nächsten Jahrzehnt waren es weitere fünfzehn, und erst nach 1970 schwand das Interesse, und es flogen nur noch drei neue Typen. Insgesamt flogen über 40 verschiedene Typen bemannter VTOL-Flugzeuge. Von all diesen Flugzeugen gingen nur zwei in Serie und erlangten Einsatzreife, und ein weiteres befindet sich noch in Entwicklung. Drei von vierzig scheint eine sehr geringe Erfolgsquote, aber sie ist nicht so schlecht, wie sie aussieht.

Das konventionelle Flugzeug war 50 Jahre alt und hatte sich in dieser Zeit ständig weiterentwickelt. Der Hubschrauber war 20 Jahre alt, und auch er war fortentwickelt worden. Beide waren sorgfältig konstruiert und im Hinblick auf ihre Aufgaben verbessert worden. Der Senkrechtstarter stand in Konkurrenz zu beiden. Er sollte starten und landen wie ein Hubschrauber und trotzdem genauso schnell und sicher fliegen und ebenso leistungsfähig sein wie ein herkömmliches Flugzeug. Er mußte all die Entwicklungsjahre aufholen und dabei genauso gut wie seine Vorgänger werden.

Man hätte vielleicht erwarten können, daß der Senkrechtstarter sich in der gleichen Weise entwickeln werde wie das herkömmliche Flugzeug oder der Hubschrauber, nur eben schneller. Aber das traf nicht zu. Es gibt etwa fünfzehn verschiedene bekannte Wege, Senkrechtstart und -landung zu verwirklichen, und jeder davon wurde beschritten. Das VTOL-Flugzeug war nicht das Ergebnis allmählicher Fortentwicklung, sondern es entstand, indem man alle Möglichkeiten erprobte in der Hoffnung, eine Technik zu finden, die sich bewährte.

Die nachfolgende schematische Abbildung verdeutlicht die Vielzahl der VTOL-Techniken. Die verschiedenen Möglichkeiten werden zum besseren Verständnis in fünf Hauptgruppen und etwa siebzehn Untergruppen aufgeteilt. Die meisten der abgebildeten Konfigurationen wurden tatsächlich hergestellt und schafften den Schwebeflug.

Desgleichen sind einige STOL-Flugzeuge* aufgenommen worden, und zwar deshalb, weil sie einen beträchtlichen Teil ihres Gewichts mit der Rückstoßkraft ihrer Triebwerke tragen konnten.

Gruppe I erfaßt die frühen Flugzeuge

* VTOL = Vertical Take-off and Landing = Senkrechtstart und -landung (Anm. d. Übers.)

* STOL = Short Take-off and Landing = Kurzstart und -landung (Anm. d. Übers.)

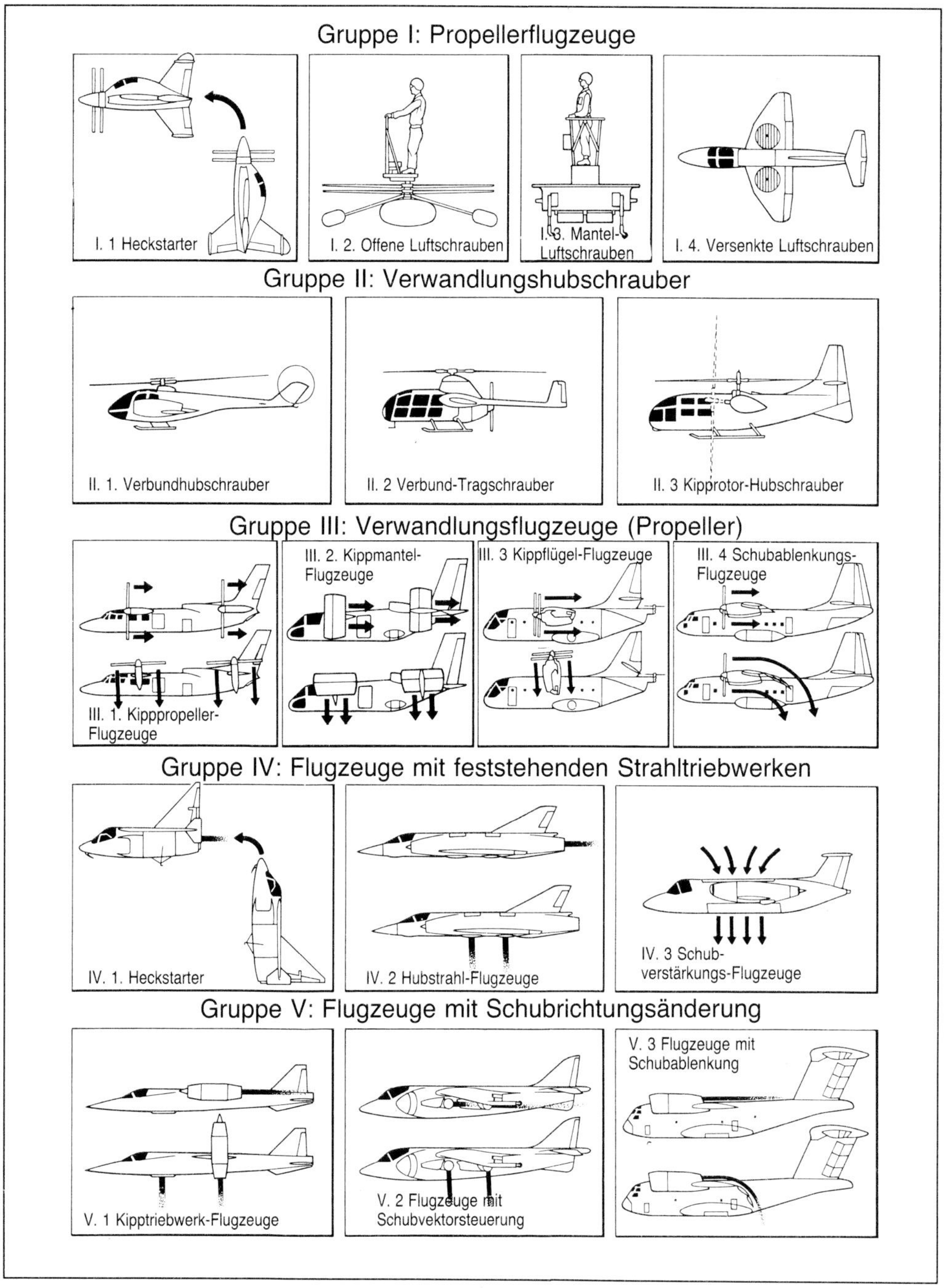

Senkrechtstarter kann man, wie hier dargestellt, in Gruppen und Untergruppen einteilen.

mit Hubluftschrauben. Eine Hubluftschraube kann ein Rotor, ein Propeller oder ein Gebläse sein. Man unterteilt sie in vier Untergruppen:

I.1. Heckstarter – die eigenwilligen XFV–1 und XFY–1, die das Zeitalter des Senkrechtstarts einleiteten
I.2. Offene Luftschrauben
I.3. Mantelluftschrauben
I.4. Versenkte Luftschrauben

Die offenen und ummantelten Luftschrauben wurden für kleine fliegende Plattformen verwendet, die auf dem Gefechtsfeld Personal transportieren und als Beobachtungsstationen dienen sollten. Mit Fortentwicklung der Hubluftschraubentechnik wurde es möglich, herkömmlichen Flugzeugen Auftrieb mit in den Tragflächen versenkten beschaufelten Laufrädern zu verleihen.

Gruppe II enthält die Flugzeuge, die Hubschraubern verwandt sind und Rotoren für den Auftrieb verwenden. Hubschrauber starten senkrecht und benutzen ihre Triebwerkleistung, um Auftrieb zu erzeugen, stützen sich aber beim Marschflug im allgemeinen nicht auf aerodynamischen Auftrieb ab. Die hier aufgeführten Typen setzen den Rotor für den Senkrechtstart ein, nutzen im Marschflug aber andere Mittel für den Vor- und Auftrieb. Hier gibt es drei Untergruppen:

II.1. Verbund-Hubschrauber – Drehflügler mit angetriebenen Rotoren, zusätzlichen Vortriebsmitteln und aerodynamischem Auftrieb.
II.2. Verbund-Tragschrauber – Drehflügler mit freilaufenden Rotoren, zusätzlichem Vortrieb und aerodynamischem Auftrieb.
II.3. Kipprotor-Hubschrauber – Drehflügler, deren Rotoren gekippt werden, um Auftrieb für den Senkrechtflug oder Vortrieb für den aerodynamischen Flug zu erzeugen.

Theoretisch sollte Gruppe II noch eine vierte Untergruppe enthalten für Rotoren, die sich zusammenfalten, stehenbleiben, versenkt werden oder anderweitig verschwinden, aber obwohl es einige dieser Projekte gibt, sind sie noch nicht verwirklicht.

Zwischen einem Rotor und einem Propeller besteht ein Unterschied. Der Rotor hat zwei drehbare Gelenke, die Schlag- und Schwenkbewegungen zulassen, und er hat eine gemeinsame (konstante) wie eine periodische Blattwinkelsteuerung. Starre Rotoren haben keine Gelenke, sind aber sonst ähnlich. Propeller haben starre Blätter ohne Gelenke und können eine gemeinsame, aber keine periodische Blattwinkelsteuerung haben.

Gruppe III besteht aus propellergetriebenen Flugzeugen, deren Propellerstrahl für den Marschflug waagerecht und für den Senkrechtflug nach unten gerichtet ist. Man unterscheidet vier Untergruppen:

III.1. Kippropellerflugzeuge – die Schubrichtung wird durch Schwenkung der Propeller bestimmt.
III.2. Kippmantelflugzeuge – die Propeller laufen in Ummantelungen, und die gesamte Baugruppe bestimmt durch Schwenkung die Schubrichtung. Die Mäntel verfügen meist über Steuerflächen.
III.3. Kippflügelflugzeuge – die gesamte Tragfläche wird zusammen mit Antrieb und Propellern geschwenkt.
III.4. Flugzeuge mit Schubablenkung – die Propeller bleiben in ihrer ursprünglichen Position, aber ihr Schub wird durch Klappen abgelenkt.

Die Flugzeuge der Untergruppe III.4. waren, genau genommen, Kurzstarter (STOL) und keine Senkrechtstarter (VTOL), konnten aber einen Großteil ihres Gewichts mit dem Schub ihres Antriebs tragen.

Die Gruppen II und III nannte man auch Verwandlungshubschrauber oder -flugzeuge, da sie vom Auftrieb durch Rotor oder Propeller im Schwebeflug auf aerodynamischen Auftrieb im Marschflug übergehen konnten. Gruppe II besteht grundsätzlich aus Hubschraubern, die sich auf den Vorwärtsflug umstellen konnten, während die Flugzeuge der Gruppe III für den Marschflug optimiert waren, aber auch senkrecht fliegen konnten.

Gruppe IV umfaßt alle Strahlflugzeuge mit fest eingebauten Triebwerken, deren Schubrichtung dadurch ebenfalls starr ist. Hier gibt es drei Untergruppen:

IV.1. Heckstarter – also Flugzeuge, deren Nase bei Start und Landung senkrecht nach oben zeigt. Dasselbe Triebwerk erzeugt beim Senkrechtflug Auftrieb und beim Marschflug Vorwärtsschub.
IV.2. Hubstrahlflugzeuge – sie haben getrennte Triebwerke eigens für den Schub nach unten, um Auftrieb zu erzeugen.
IV.3. Flugzeuge mit Schubverstärkung – Hubstrahlflugzeuge, deren Schub durch besondere Verfahren erhöht wurde.

Gruppe V enthält die Flugzeuge, deren Triebwerkschub langsam geschwenkt wird, um einen sanften Übergang von Senkrechtschub auf Vorwärtsschub zu erreichen. Man unterscheidet drei Untergruppen:

V.1. Schwenktriebwerkflugzeuge – die Triebwerke können so gedreht wer-

Die fliegende Plattform VZ-1 Pawnee von Hiller erhob sich mit gegenläufigen, ummantelten Propellern in die Luft.

den, daß sie im Marschflug nach vorn und im Senkrechtflug nach oben zeigen.

V.2. Schubvektorflugzeuge – die Triebwerke bleiben waagerecht, ihr Schub jedoch kann durch Schwenkdüsen nach hinten oder nach unten gerichtet werde.

V.3. Schubablenkungsflugzeuge – der Schub der Triebwerke kann durch Klappen nach unten gelenkt werden.

Zu den Gruppen V.1. und V.2. zählen auch Mischtypen, die grundsätzlich Flugzeuge mit Schwenktriebwerken oder

Schubvektorsteuerung sind, beim Senkrechtflug jedoch noch zusätzliche Hubtriebwerke verwenden. Die Flugzeuge der Gruppe V.3. sind – wie die der Gruppe III.4. – Kurz- und nicht Senkrechtstarter. Sie sind hier mit aufgenommen worden, weil sie einen beträchtlichen Teil ihres Gewichts mit dem Triebwerksschub tragen können.

Die hier vorgenommene Aufteilung in Gruppen dient lediglich einer Begriffsfestlegung für die Behandlung des Themas. Es gibt viele andere Gesichtspunkte, unter denen man VTOL-Flugzeuge kategorisieren kann und auch schon eingeteilt hat, und jede Methode hat ihre Vorteile. Perfekt jedoch ist keine, und es ist immer möglich, auf ein Flugzeug zu stoßen, das klar mit dem Senkrechtflug zu tun hat, aber in keine der vorhandenen Kategorien paßt.

Bei zwei Flugzeugen bereitet die Zuordnung zu einer bestimmten Gruppe Schwierigkeiten. Das eine ist die Vought XF5U-1 Flying Pancake, die weder ein Heckstarter noch ein Flachstarter war und große Propeller hatte, die wie Rotoren aufgehängt waren. Die XF5U-1 ist nie geflogen, aber die V–173, ein kleineres Testgerät, flog tatsächlich. Das andere ist das Forschungsflugzeug Hunting H126, das zur Untersuchung des Langsamflugs mit Hilfe von Tragflächen und Steuerflächen, die von Abgasen angeblasen wurden, eingesetzt wurde. Es war kein VTOL-Flugzeug, ist hier aber von Interesse, weil es ein VTOL-ähnliches Rückstoßsteuerungssystem verwendete.

Schwer einzuordnen sind auch die vielen Versuchsgestelle. Einige davon dienten nur der Bodenerprobung, andere flogen im Fesselflug, und viele flogen frei und von Piloten gesteuert. Die meisten Schwebegestelle gehörten zu einem bestimmten Konstruktionsprogramm, daher ist es am einfachsten, sie dem Flugzeugprojekt zuzuordnen, zu dem sie gehörten.

Der Aufbau dieses Buches verläßt später des öfteren die hier getroffene Einteilung, um die Flugzeugtypen, die zur gleichen Zeit flogen und auch ver-

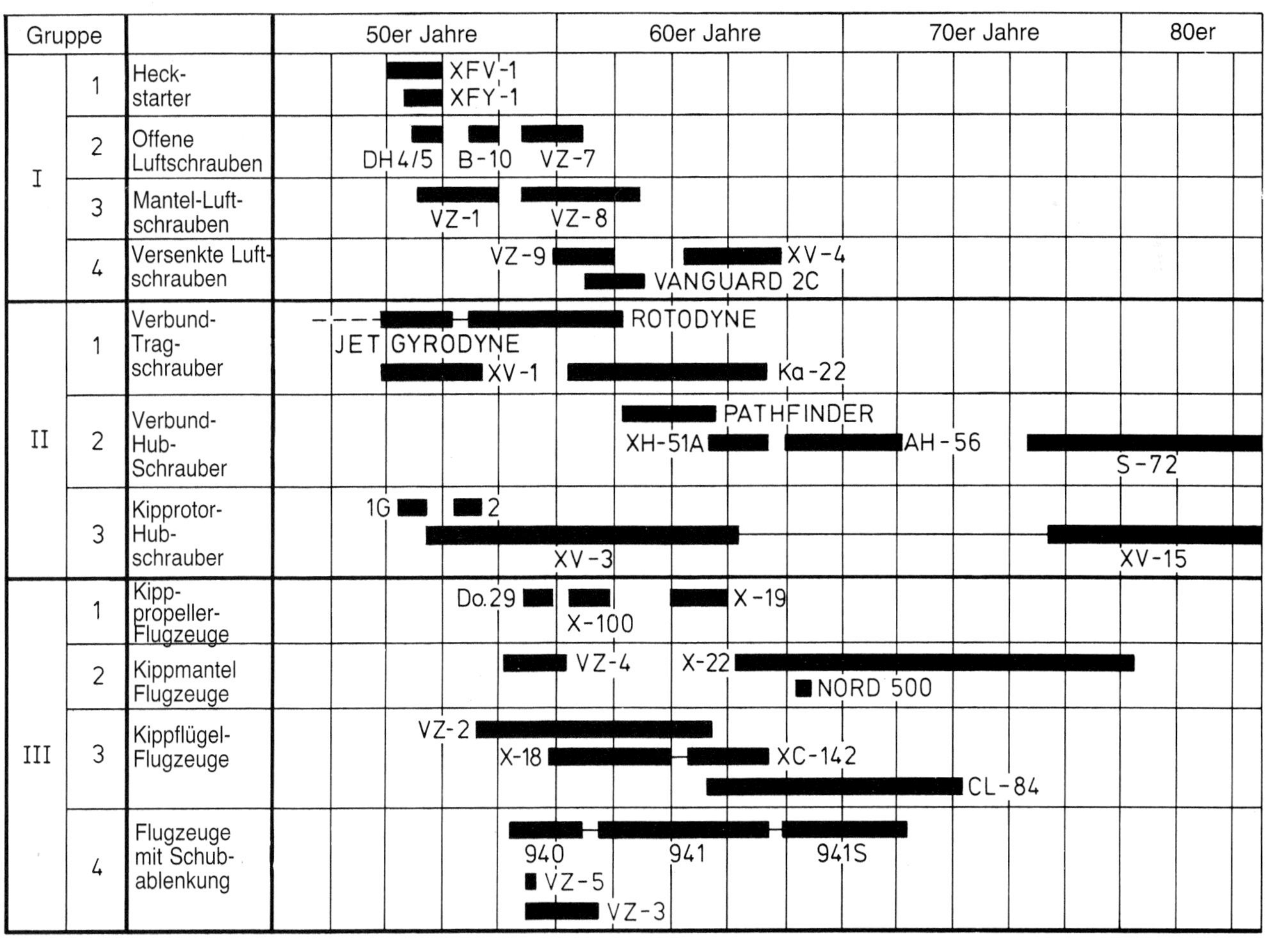

Diese Übersicht zeigt den Fortschritt, der bei der Entwicklung der verschiedenen Gruppen von Senkrechtstartern mit Propellerantrieb von 1950 bis 1980 erzielt wurde. In der Übersicht sind Rotoren, Propellerrotoren und Propeller enthalten.

Die englische Rotodyne von Fairey war ein Verbundtragschrauber. Hier wird sie in ihrer zivilen Ausführung als Transporter im Pendelverkehr zwischen Städten gezeigt.

gleichbare Schwierigkeiten hatten, gemeinsam vorstellen zu können. So sind die Heckstarter, sowohl die propellerwie die strahlgetriebenen, in einem Kapitel zusammengefaßt. Und die Plattformen und Flugzeuge mit Luftschraubenantrieb bilden ein eigenes Kapitel. Auch die rotorengetriebenen Hubschrauber und die Propellerflugzeuge bekommen ein jeweils eigenes Kapitel. Strahlflugzeuge mit Hub- und Schwenktriebwerken werden gemeinsam behandelt, da sie vergleichbare Triebwerktypen verwenden. Strahlflugzeuge mit Schubvektorsteuerung und Schubablenkung arbeiten nach einem ähnlichen Prinzip und bilden ein Kapitel. Das letzte Kapitel schließlich beschreibt die Flugzeuge, die »überlebten« und in die Serienproduktion gingen.

In allen fünf Hauptgruppen gab es in den 50er und 60er Jahren rege Aktivitäten. Die nebenstehende Graphik zeigt die Flugzeuge jeder Gruppe und die Jahre, in denen sie aktiv flogen. Für jeden Flugzeugtyp ist dabei jeweils nur eine Linie ausgeworfen, die entweder nur ein Flugzeug oder aber mehrere ähnliche Flugzeuge darstellt. Der Beginn der Linie kennzeichnet den Zeitpunkt des Erstflugs, und ihr Ende die Einstellung der Erprobungsflüge. Das ist natürlich nur eine Grobdarstellung der Programmabläufe, denn jedes Flugzeug hatte verschiedene Erstflüge: den ersten Senkrechtflug, den ersten Vorwärtsflug, den ersten Übergang vom Schwebe- zum Horizontalflug (Transition), und den ersten vollständigen Flug vertikal-horizontal-vertikal. Da die meisten Programme für Modifizierungen oder Windkanalversuche unterbrochen werden mußten, bedeuten die Striche nicht unbedingt die Kontinuität eines Flugerprobungsprogramms.

In den Gruppen I.1., den Propeller-Heckstartern, und IV.1., den Strahlheckstartern, begann die Flugtätigkeit Mitte der 50er Jahre und lief 1959 aus. Die aufgetretenen Schwierigkeiten waren dermaßen grundlegend, daß man sie nicht lösen konnte, zudem wurden die Heckstarter von einer Technologie überholt, die den waagerechten Schwebeflug ermöglichte.

Die Plattformen mit Luftschraubenauftrieb der Gruppen I.2. und I.3. hielten sich fast ein Jahrzehnt; sie suchten nach einem einfachen Weg, militärisches Personal mit vergleichsweise geringem Gewicht zu transportieren. Der Truppen befördernde Hubschrauber löste sie ab, denn es war logistisch einfacher, einen Zug Soldaten in einem einzigen Hubschrauber zu transportieren, als jedem der Soldaten eine eigene Plattform zu geben. Außerdem gab es da auch ein Ausbildungsproblem: man kann in Krisenzeiten die Truppenstärke leichter erhöhen, wenn kompliziertes Gerät von weniger qualifiziertem Personal eingesetzt werden kann – und das Fliegen dieser Plattformen war absolut keine einfache Aufgabe.

Die strahlgetriebenen beschaufelten-Laufräder (Jetfans) der Gruppe I.4. flogen während der 60er Jahre und galten als idealer Zusatz, mit dem man durch Hinzufügen von Gondeln, An- oder Einbaugerät an den verschiedensten Stellen aus jedem Flugzeug, sei es zivil oder militärisch, einen Senkrechtstarter machen könne. Die Arbeiten hieran wurden etwa 1970 eingestellt, aber das Konzept war richtig und wurde vom Projekt P.1127 übernommen, das es zum Mantelstromtriebwerk weiterentwickelte.

In Gruppe II begann die Arbeit an Verbund-Tragschraubern der Untergruppe II.1. (bezogen auf die nebenstehende Graphik) bereits kurz nach dem Zweiten Weltkrieg, lief aber um 1960 aus. Man war in der Entwicklung nur langsam vorangekommen, die Leistungen blieben auf Hubschrauber-Geschwindigkeiten begrenzt, und die Hubschrauber-Technologie hatte aufgeholt. In den 60er Jahren dann gab es einige Versuche mit Verbund-Hubschraubern der Gruppe II.2., aber auch hier blieben die Leistungen zu begrenzt und rechtfertigten nicht das zusätzliche Gewicht, die Komplexität und die Kosten zusätzlicher Tragflächen und Antriebe.

Die Kipprotoren der Gruppe II.3. waren theoretisch in der Lage, die Geschwindigkeitsgrenze der Hubschrauber zu durchbrechen. Erste Versuche begannen in den Mittfünfzigern, Erprobungsflüge erstreckten sich bei relativ langsamen Geschwindigkeiten bis in die Mitte der 60er Jahre, und Ende der 70er Jahre lebte die Flugtätigkeit mit durch Fortschritte in der Technologie weiterentwickelten Hubschraubern wieder auf. Diese Gruppe ist noch immer aktiv, und eine Serienproduktion ist absehbar. Die vom ersten Konstruktionsentwurf bis zum ersten Serienprodukt verstrichene Zeitspanne beträgt gut vierzig Jahre. Das Grundkonzept war völlig korrekt, mußte aber auf eine Technologie warten, die es anwendbar machte.

Unter den Kipppropellerflugzeugen der Gruppe III.1. findet man nur zwei echte VTOL-Flugzeuge, und das waren zwei Entwicklungsstufen desselben Programms. Die Flüge wurden 1960 aufgenommen und endeten 1965. Das reine Kipppropellerflugzeug war schwierig zu steuern und führte dann zu den Kippmantelflugzeugen der Gruppe III.2. Insgesamt wurden drei Kippmantelflugzeuge gebaut, und ihre Erprobungsflüge erstreckten sich auf die Jahre zwischen 1958 und 1980. Obwohl die Kippmantelflugzeuge nicht in Serie gingen, absolvierten die Forschungsflugzeuge viele Testprogramme und lieferten nützliche Daten über Flugeigenschaften, Leistungsanforderungen, Flugstabilität, Steuerung und Instrumentierung, die bei anderen Projekten weiterverwendet werden konnten.

Zur Gruppe III.3. zählten sechs Kippflügelflugzeuge, von denen fünf flogen und zwei fast die Serienreife erreichten. Die ersten Entwicklungen begannen Mitte der 50er Jahre, Flug- und Bodenerprobungen setzten sich bis in die Sechziger

1263
161263
ARMY

U.S. ARMY
4148
XV-3

Der Verbundhubschrauber XH-51A von Lockheed hatte Tragflächen zur Entlastung des Rotors und ein Strahltriebwerk zur Erzeugung von Vorwärtsschub.
◁

fort, und von 1964 bis 1975 wurden kleine Serienlose überprüft und bewertet. Beide Bewerber für eine mögliche Produktion kamen ihrer Indienststellung sehr nahe, aber keiner wurde dann tatsächlich bestellt.

Die Flugzeuge mit Schubablenkung der Gruppe III.4. waren Kurzstarter und keine Senkrechtstarter. Zwei kleine Forschungsflugzeuge wurden Ende der 50er Jahre erprobt, dann wurden die Arbeiten abgebrochen. Während der 60er Jahre wurden größere, konventionellere Transportflugzeuge geflogen, und ein kleines Serienlos ging sogar in die Fertigung. Sie waren sowohl für den militärischen wie für den zivilen Gebrauch bestimmt, erzielten aber keine Aufträge.

Die Strahlheckstarter der Gruppe IV.1. hatten die gleichen Nachteile wie die Propellerheckstarter und wurden sehr früh aufgegeben zugunsten der waagerecht schwebenden Hubstrahlflugzeuge der Gruppe IV.2. und der Hubstrahlflugzeuge mit Schubverstärkung. Die Flüge mit echten Senkrechtstart-Hubstrahlflugzeugen fanden zwischen 1954 und 1966 statt, allerdings wurden noch bis 1972 Hubtriebwerke in Kurzstart-Forschungsflugzeugen verwendet und in Flugzeugen mit Schubvektorsteuerung, deren Auftrieb sie verstärkten.

Von den Schwenktriebwerkflugzeugen der Gruppe IV.3. sind nur zwei tatsäch-

Erste Tests mit der VZ-4 Doak 16 bewiesen bereits die Überlegenheit ummantelter Kippschrauben gegenüber offenen Kippschrauben; mit der VZ-4 wurden viele Erkenntnisse gewonnen, die bei späteren Konstruktionen verwertet werden konnten.
▷

◁
Viele Jahre lang wurde die Bell XV–3 zur Erprobung der Kipprotor-Technologie eingesetzt.

Die XC–142 von Ling-Temco-Vought war der größte Kippflügler und schaffte es fast bis zur Serienproduktion.

lich geflogen. Das erste war ein sehr frühes Erprobungsflugzeug, das schon 1954 flog, es aber nie zu vollen Konversionen brachte. Das zweite war eine viel spätere Konstruktion, die 1964 und 1965 flog. Obwohl es erfolgreich nachwies, daß VTOL-Überschallflugzeuge möglich waren, wurde sein Erprobungsprogramm nicht abgeschlossen und die Entwicklung nicht weiter verfolgt.

Die Gruppe der Flugzeuge mit Schubvektorsteuerung, V.1., ist die der erfolgreichen Senkrechtstartjäger. Die Forschungen auf dem Gebiet der Schubvektorfliegerei in den späten 50er Jahren führten schnell zur P.1127 und ihren Nachfahren, die heute den Markt der VTOL-Jäger beherrschen. Triebwerke mit Schubvektorsteuerung wurden – in Verbindung mit Hubstrahltriebwerken – auch in zwei anderen Jagdflugzeugen sowie in einem mittleren Transportflugzeug verwendet.

Die letzte Gruppe, V.2., enthält herkömmlich konstruierte Flugzeuge, deren Schubstrahl nach unten abgelenkt werden kann, um zumindest einen Teil des Flugzeuggewichts zu tragen. Bereits 1952 wurden hier die Erprobungen aufgenommen, und eine Konstruktion der späten 50er Jahre besaß sogar Schwenkdüsen, die jedoch später weggelassen wurden. Die späten 70er Jahre brachten eine Fülle von mittleren Transportflugzeugen, die Schubablenkung über oder unter Ablenkklappen verwendeten. Einer dieser Flugzeugtypen ist im Einsatz als STOL, und ein weiterer wird als QSTOL (Quiet STOL = schallgedämpfter Kurzstarter) zu Forschungsarbeiten herangezogen.

Die Propellerflugzeuge und Hubschrauber der Gruppen I, II und III waren weitgehend eine Domäne amerikanischer Entwicklungen, zumeist auf dem Sektor des Transports. In den Gruppen IV und V, denen der Strahlflugzeuge, dominierten Europa und die Sowjetunion, und hier lag der Schwerpunkt auf Kampfflugzeugen. Das mag durchaus an einem

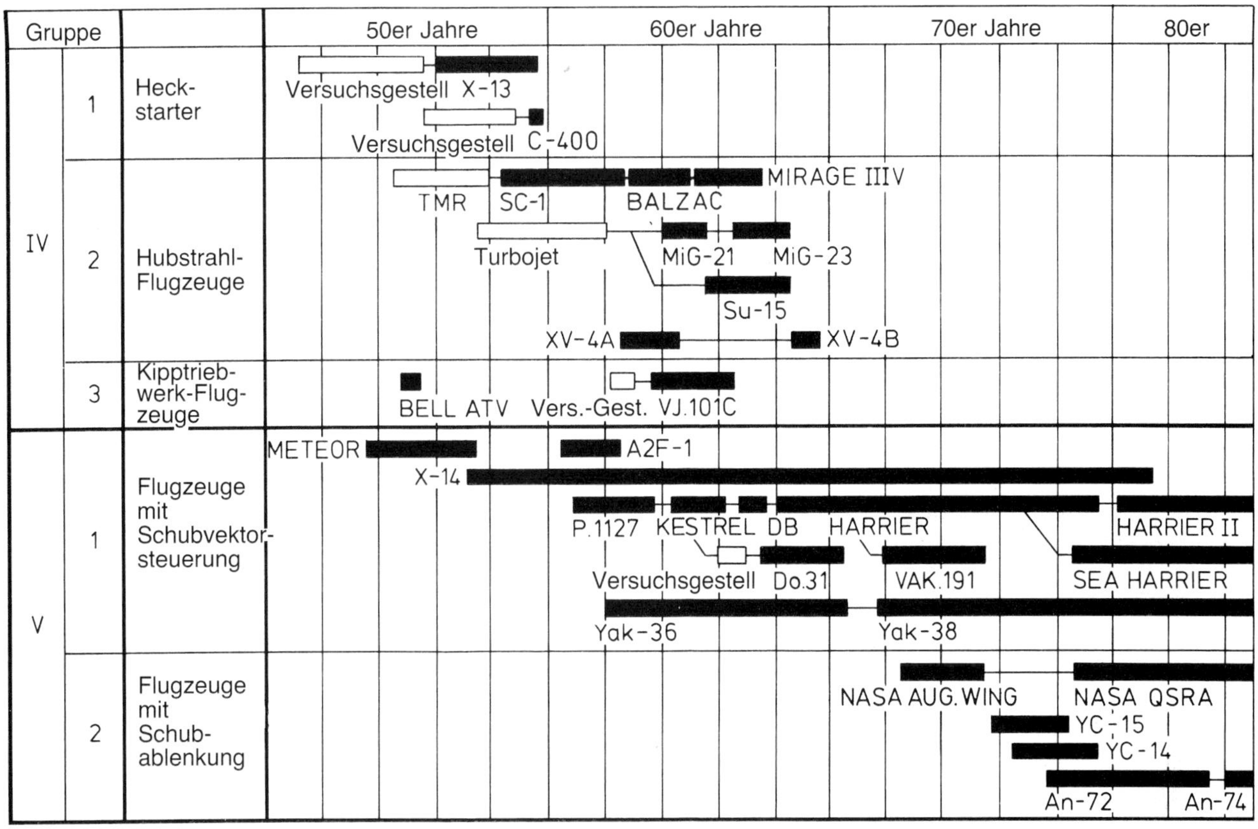

Diese Übersicht zeigt den Fortschritt in der Entwicklung der verschiedenen Gruppen von Senkrechtstartern mit Strahlantrieb zwischen 1950 und 1980.

gewissen Einfluß der geographischen Lage auf das militärische Denken liegen – den Amerikanern lag möglicherweise der Bedarf an Transportraum zu entlegenen Gebieten und zu Schiffen näher, während die Europäer vorrangig ihre Kampfflugzeuge auf dem kleinen und überfüllten Kriegsschauplatz Europa auflockern wollten.

Bei vielen Programmen wurden Testgestelle verwendet. Hier sieht man die ATAR Volant von SNECMA, mit denen Senkrechtflugerfahrungen für das Projekt Coléoptère gesammelt wurden. C400P1 war ferngesteuert, P2 wurde von einem Piloten geflogen.

Obwohl viele, wenn nicht die meisten Projekte aufgegeben wurden, waren sie nicht notwendigerweise Fehlentwicklungen. Die meisten waren erfolgreich, indem sie ihre Ziele als Forschungs- oder Erprobungsflugzeuge erreichten. Sehr häufig waren die Arbeiten an einem Projekt der einen Gruppe von Nutzen für alle anderen Gruppen, und jede Entwicklungsmannschaft konnte die Erkenntnisse vorangegangener Erprobungen verwerten. Während man den Erfolg einer bestimmten Gruppe vielleicht an erteilten Aufträgen für Einsatzflugzeuge messen kann, sollte der Erfolg jedes einzelnen Projektes stets vor dem Hintergrund der technologischen Zielsetzung gesehen werden.

In den 50er Jahren war das Ziel zunächst, ein Schwebegestell wenige Meter vom Boden abheben zu lassen, eine kurze Zeit in der Luft zu bleiben und dann vorsichtig wieder auf dem Boden aufzusetzen. Wenn das Gestell das schaffte, ohne Feuer zu fangen, umzukippen oder mit hoher Geschwindigkeit seitwärts zu verschwinden, wurde das schon als Erfolg betrachtet. Es war nicht einfach, ein Steuersystem zu entwickeln, das ein Schwebegestell in einem stabilen Flugzustand hielt. Die ersten Gestelle waren

Die französische Coléoptère war ein Heckstarter mit Strahlantrieb und Ringflügel.

Die Bell X–14 war das erste Flugzeug, das Schubablenkung für den Schwebeflug einsetzte.

Mit der SC-1 von Short wurden erste Erprobungen von Hubstrahltriebwerken durchgeführt.

so leicht wie möglich und bestanden nur aus Triebwerken, Kraftstofftanks, Pilotensitz, Steuerorganen und dem Gestell selbst. Trotzdem betrug die Schwebedauer gewöhnlich nur wenige Minuten.

Mit Fortentwicklung der Kunst des Senkrechtstarts wurden die Zielsetzungen der einzelnen Programme immer komplexer. Höheres Gewicht mußte für längere Zeit angehoben werden, wofür stärkere und leistungfähigere Triebwerke entwickelt werden mußten. Steuermethoden und Steuersysteme mußten verbessert werden, um die Anforderungen an Geschicklichkeit und Konzentration der Piloten zu senken. Die Techniken wurden zuerst an Modellen erprobt und dann an kleinen Versuchsgestellen, bevor man die erworbenen Erkenntnisse auf Flugzeugprototypen voller Größe übertrug.

Die meisten dieser sehr teuren Entwicklungsarbeiten wurden finanziell von Regierungsstellen gefördert, und als die Arbeiten vorankamen und sich unterschiedliche Verwendungszwecke abzeichneten, wurden alle Projekte üblicherweise von mehreren Seiten unterstützt. So wurden beispielsweise die Propeller-Heckstarter von der amerikanischen Marine für bordgestützte Geleitzugsicherung gefördert, die fliegenden Plattformen zunächst vom amerikanischen Heer und dann von der Marine, und die XV–4 vom Heer und später von der NASA. Die X–19, die X–22 und die XC-142 nahmen alle an einem gemeinsamen Auswertungsprogramm der drei Teilstreitkräfte (Heer, Marine und Luftwaffe) teil. Auch in anderen Ländern wurden die Entwicklungsprogramme überwiegend von deren Regierungen gefördert. Ein Vorteil der Regierungsbeteiligung war, daß sie kommerzielle Barrieren überwand und für die Zusammenfassung technologischen Wissens sorgte.

Es gab allerdings zwei bedeutende Ausnahmen, die nicht aus öffentlichen Mitteln bezahlt wurden. Die eine war die VTOL ATV von Bell, die als erstes Strahlflugzeug aus dem waagerechten Schwebeflug heraus startete und über die X–14 viel zu Schubvektor-Düsenflugprogrammen beitrug. Die zweite war die P.1127, die zunächst ein gemeinsames Projekt von Bristol und Hawker (in Privatinitiative) und der amerikanischen Regierungsstelle für gemeinsame Waffenentwicklung unter Oberst Chapman war. In diesen ersten Jahren gab es keinerlei finanzielle Förderung durch die britische Regierung, und es ist mehr der Beharrlichkeit einzelner Privatpersonen als einer Ermutigung durch die Regierung zuzuschreiben, daß diese überaus erfolgreiche Konstruktion überlebte.

Alle Flugzeuge aller Gruppen haben zum besseren Verständnis des Senkrechtstarts, seiner Probleme und deren Lösungen beigetragen. Viele der Flugzeuge flogen ausgedehnte Testprogramme und wurden als fliegende Erprobungsträger für die Entwicklung von Instrumentierung und Steuersystemen eingesetzt. Verschiedene Typen kamen der Serienfertigung sehr nahe, gingen aber – aus den verschiedensten Gründen – dann doch nicht in die Produktion. Bis heute stammen alle Serienmaschinen aus der Gruppe der Flugzeuge mit Schwenktriebwerken, Schubvektor-

Mit der P.1127 Kestrel von Hawker setzte sich die Schubablenkung erfolgreich durch.

steuerung oder Schubablenkung und schließen die Harrier und alle ihre Ableitungen, die Jak-38 und den Kurzstarter An-72/74 mit ein. In der Gruppe der Kipprotorenflugzeuge kann die V–22 Osprey schon bald auf eine großangelegte Serienfertigung hoffen.

Das deutsche Transportflugzeug Do 31 von Dornier hatte sowohl Schwenkdüsen als auch Hubtriebwerke. Die Do 31 konnte von allen Senkrechtstartern der westlichen Welt die schwersten Lasten transportieren.

2 THEORIE DES SENKRECHTFLUGS

Es gibt drei Wege, um in der Luft schweben zu können. Einer ist, soviel Luft zu verdrängen, wie man wiegt, so daß man schwebt – dann ist man ein Ballon. Ein zweiter Weg ist, Teile von sich nach unten zu werfen, so daß netto eine Auftriebskraft entsteht – dann ist man eine Rakete. Allerdings nicht lange: auf diesem Planeten ist die Schwerkraft zu stark, die verfügbare Masse ist schnell erschöpft und die Aufwärtskraft geht zu Ende. Der dritte Weg ist, die Luft mit den Händen zu greifen und nach unten zu stoßen; wenn man dabei genügend Luft greift und sie schnell genug nach unten stößt, kann man eine Auftriebskraft erzeugen, die dem eigenen Gewicht entspricht – diesen Vorgang nennt man Fliegen.

Im normalen aerodynamischen Flug ist die Masse der nach unten gestoßenen Luft abhängig von der Spannweite der

Es gab mehrere Senkrechtstarter mit Raketenantrieb. Diese raketengetriebene Plattform ist die Ludion von Sud-Aviation, die hier vom französischen Heer in Melun-Villaroche erprobt wird. Flugapparate mit Raketenantrieb haben nur eine sehr begrenzte Flugdauer und werden im Sinne dieses Buches nicht zu den Flugzeugen gezählt.

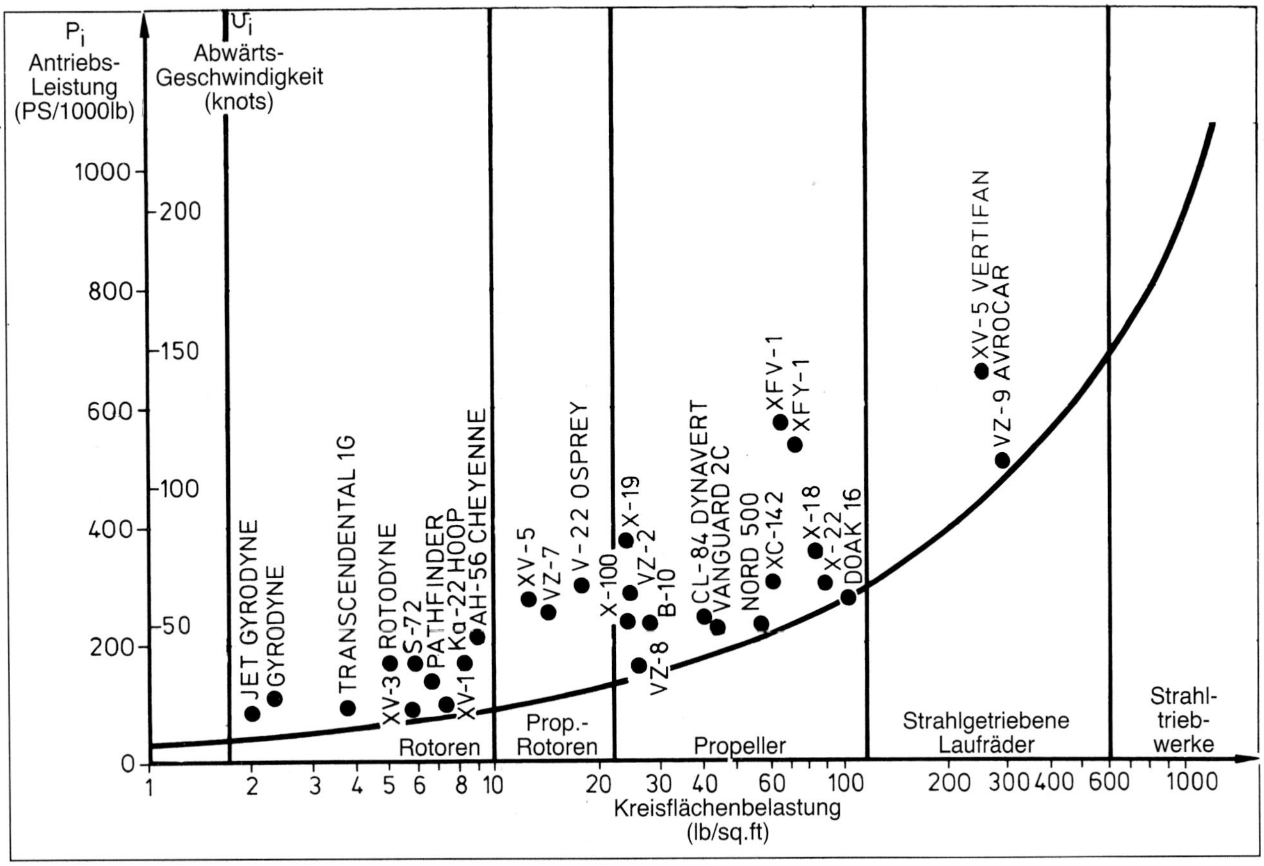

Die für den Auftrieb eines Senkrechtstarters erforderliche Leistung ist eine Funktion der Kreisflächenbelastung, wie hier abgebildet. Die Abwärtsgeschwindigkeit der Luft ist direkt von der Leistung abhängig und daher auf der gleichen Achse dargestellt. Jeder Punkt stellt Kreisflächenbelastung und Leistung eines bestimmten Flugzeugs dar. Der Abstand eines jeden Punktes von der Kurve entspricht der Leistungsreserve des Flugzeugs.

Tragfläche, ihrer Form, ihrem Anstellwinkel und der Geschwindigkeit, mit der sie sich durch die Luft bewegt. Wenn man Spannweite, Form, Winkel und Geschwindigkeit kennt, sollte es theoretisch möglich sein, den Auftrieb zu berechnen, in der Praxis ist es aber üblich und auch einfacher, die Begriffe Auftriebs- und Widerstandsbeiwert zu verwenden. Noch immer ist die Aussage richtig, nach der der Tragflächenauftrieb der gesamten nach unten gerichteten Bewegungsenergie (Masse mal Geschwindigkeit) entspricht, die auf die Luft übertragen wird.

Ein schwebendes Flugzeug fliegt nach dem genau gleichen Mechanismus, aber es kann nur die Luft greifen, die sich direkt über ihm befindet. Auch die physikalische Regel ist die gleiche: die Auftriebskraft entspricht der nach unten gerichteten Bewegungsenergie der Luft. Je mehr Luft das Flugzeug greifen und je schneller es sie nach unten stoßen kann, desto höher ist das Gewicht, das es anheben kann.

Ein Flugzeug kann dasselbe Gewicht tragen, wenn es wenig Luft schnell oder viel Luft langsam nach unten stößt – aber es erfordert mehr Antriebskraft, wenig Luft schnell zu bewegen als eine Menge Luft langsam. Für den Auftrieb gilt mv (Masse mal Geschwindigkeit), aber für die erforderliche Antriebskraft $1/2\ mv^2$ (halbe Masse mal Geschwindigkeit zum Quadrat).

Daraus folgt, daß das leistungsfähigere schwebende Flugzeug dasjenige sein wird, das den Rotor mit dem größten Durchmesser hat, da dieser einen großen Wirkungsbereich bestreicht und viel Luft erfassen kann. Je mehr Luft er aber erfassen kann, desto langsamer kann er sie nach unten stoßen, und umso weniger Antriebsleistung braucht er. Ein Propeller mit einer viel kleineren Kreisfläche kann weniger Luft erfassen und muß sie – für den gleichen Auftrieb – schneller nach unten befördern, und der schmale Schubstrahl eines Düsentriebwerks muß noch schneller arbeiten und ist auch noch weniger wirkungsvoll.

Es ist tatsächlich möglich, die Antriebskraft zu berechnen, die man benötigt, um ein Flugzeug im Schwebezustand zu halten, wenn man sein Gewicht und die Gesamtkreisfläche (die Gesamt-

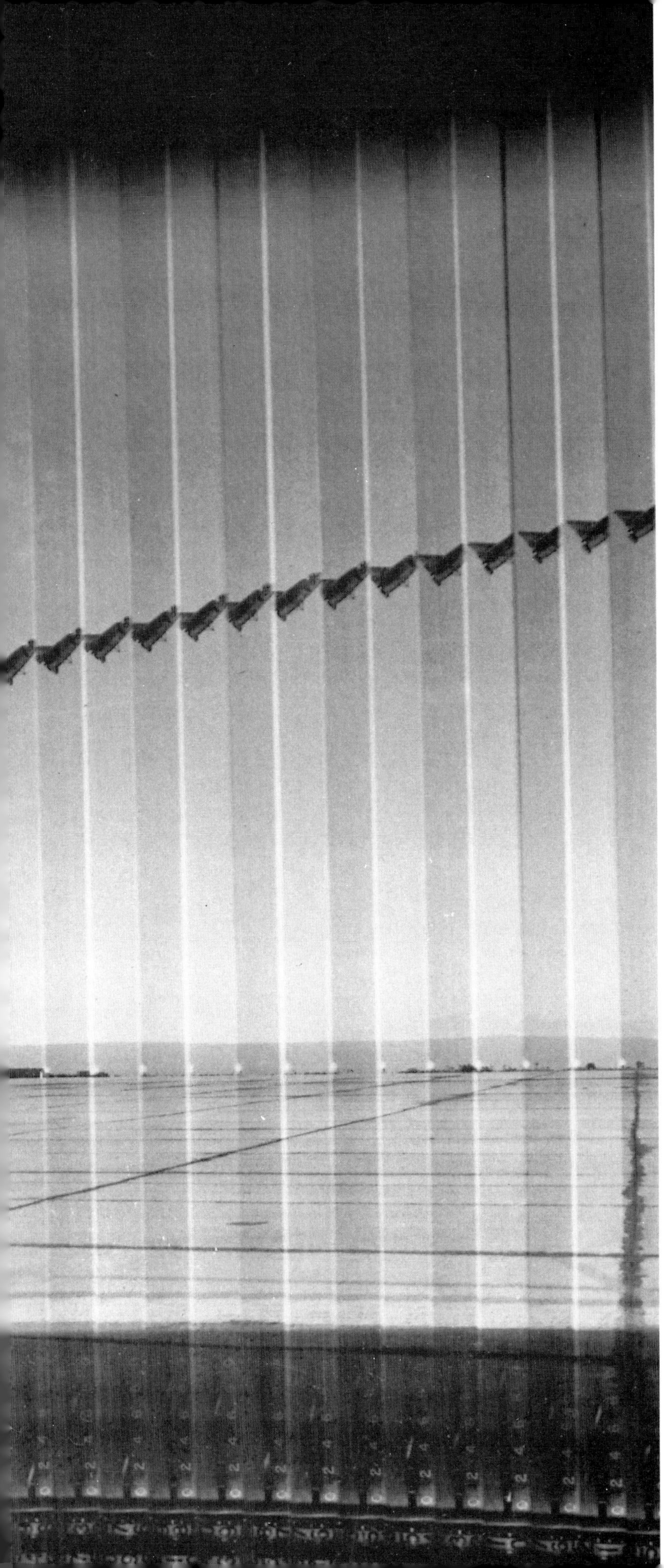

fläche, die von allen Rotoren oder Propellern bestrichen wird) kennt. In der Praxis ist sogar noch mehr Antriebskraft erforderlich, um Rotor- oder Propellerverluste auszugleichen, und man sollte der theoretischen Zahl noch zwischen 20 bis 50 Prozent Leistung hinzufügen.

Man kann diese Berechnung auch als Graphik darstellen, die alle Flugzeuge erfaßt. Die waagerechte Achse dieser Graphik gibt die Kreisflächenbelastung in (englischen) Pfunden pro Quadratfuß der Rotoren oder Propeller wieder, und die senkrechte Achse die erforderlichen Pferdestärken pro 1 000 Pfund* Gewicht. Die senkrechte Achse enthält auch die Abwärtsgeschwindigkeit der Luft.

Diese Art von Graphik wird zu Beginn einer Konstruktion verwendet, um die Flugzeugleistungen festlegen zu können. Mit Fortschreiten der Konstruktion wird dieses sehr einfache Verfahren ersetzt durch viel detailliertere Berechnungen, die sich auf unter simulierten Bedingungen gemessene Leistungen von Rotoren oder Propellern stützen.

Die Graphik ist auch sehr nützlich, wenn man verschiedene Typen senkrechtstartender Flugzeuge vergleichen will. Man kann die verschiedenen Kategorien – Drehflügler (also Hubschrauber), Flugzeuge mit Propellerrotoren, Propellern, strahlgetriebenen Laufrädern und Strahltriebwerken – auch hinsichtlich Kreisflächenbelastung, erforderlicher Antriebsleistung und Abwärtsgeschwindigkeit des Hubstrahls vergleichen. Dabei erkennt man, daß Drehflügler am wirksamsten arbeiten, und daß bei den anderen Typen die Forderungen nach Antriebsleistung und Abwärtsgeschwindigkeit des Hubstrahls mit zunehmender Kreisflächenbelastung schnell ansteigen. Steigt aber die erforderliche Antriebsleistung, verbraucht der Antrieb den verfügbaren Kraftstoff viel schneller. Ein Hubschrauber kann mit einem Zehntel seiner Kraftstoffmenge normalerweise zwanzig Minuten schweben, ein Propeller-Kippflügler bringt es auf fünf Minuten, und ein strahlgetriebener Senkrechtstarter kann ein Zehntel seines Kraftstoffs in dreißig Sekunden verbrauchen.

* 1 engl. Pound = 0.453 kg; 1 Square Foot = 0.0929 m²; 1 Horse Power = 1.014 PS (Anm. d. Übers.)

Die YO-51 Dragonfly von Ryan, 1940 gebaut, zeigt die Verwendung von Klappen, die sich über die volle Spannweite der Tragflächen an deren Vorder- und Hinterkanten erstrecken und so einem konventionellen Flugzeug extreme Kurzstarteigenschaften verleihen. Viele konventionelle Flugzeuge haben durch die Verwendung aerodynamischer Hilfsmittel eindrucksvolle Kurzstarteigenschaften entwickeln können. Kurzstarter werden in diesem Buch nur behandelt, wenn sie mit Senkrechtstartern eng verwandt sind oder Senkrechtstarttechniken anwenden.

Einzelne Flugzeuge kann man auf der Graphik als Punkte erkennen und die dazu gehörende Kreisflächenbelastung (in Pfund pro Quadratfuß) sowie die verfügbare Antriebsleistung (in PS pro 1.000 Pfund Gewicht) an den Achsen ablesen. Dabei sollte jedes Flugzeug oberhalb der Kurve liegen, und zwar in einem Abstand, der seiner Leistungsreserve entspricht. So kann man die Leistungsreserven der Flugzeuge schnell miteinander vergleichen, selbst wenn sie sehr unterschiedlicher Bauart sind. Eine großzügige Leistungsreserve ist von erheblicher Bedeutung, und zwar sowohl für die Steuerung als auch zum Überleben, sollte eines der Triebwerke ausfallen.

Die Angaben der abgebildeten Graphik gelten unter den Bedingungen der Standardwerte (Standardtag) in Meereshöhe. Fliegt man bei wärmerem Wetter oder in größeren Höhen, ist mehr Leistung erforderlich – somit ist die Antriebsleistungsreserve eines Flugzeugs ein direkter Hinweis auf seine wahrscheinlichen Flugleistungsdaten unter »heißen und hohen« Bedingungen. Sechzehn Prozent Leistungsreserve beispielsweise bedeuten, daß ein Flugzeug oberhalb 3.000 Metern Höhe kaum mehr schweben kann.

Die angegebenen Zahlen beziehen sich auf den Schwebeflug in freier Luft, also ohne Bodeneffekt. Hubschrauber, die im Bereich des Bodeneffekts schweben und deren Rotor weniger als eine Rotordurchmesserlänge vom Boden entfernt ist, können aufgrund des Bodeneffekts bis zum Doppelten des normalen Auftriebs entwickeln. Propellerflugzeuge haben ihre Propeller normalerweise mehr als eine Durchmesserlänge über dem Boden, aber sowohl sie als auch Strahlflugzeuge profitieren von anderen Bodeneffekten. Wenn die Hubstrahlsäulen aus Luft oder Gas den Boden erreichen, breiten sie sich am Boden aus, treffen aufeinander und können nur nach oben entweichen. Prallt diese Aufwärtsströmung auf die Unterseite von Rumpf oder Tragflächen, kann ihr Druck einiges des Flugzeuggewichts anheben. Bei vielen Konstruktionen hat man Klappen und Zusatzflächen angebracht, um diesen Vorteil zu nutzen; der zusätzliche Auftrieb trug in manchen Fällen bis zu einem Drittel des Flugzeuggewichts.

Der tatsächlich verfügbare Auftrieb einer jeden Konstruktion war mit Genauigkeit nur schwer vorherzusagen, daher führte man gewöhnlich ausgedehnte

Windkanal- und Gestellerprobungen durch, sowohl mit Modellen als auch mit Flugzeugen in voller Größe. Die Ergebnisse dieser Erprobungen erlaubten im Verlauf der Konstruktionsarbeiten genauere Einschätzungen des Auftriebs und ließen auch Voraussagen über die Auswirkungen des Bodeneffekts auf die Flugstabilität zu.

Die meisten Bodeneffekte neigen dazu, den Auftrieb zu erhöhen, da der Boden die Luft davon abhält, weiter nach unten zu entweichen und sich dadurch ein Druckluftkissen bildet. Der Abfluß des Luftstroms entlang dem Boden kann jedoch ein Phänomen hervorrufen, das als »Abtauchen« infolge Unterdrucks bekannt ist und zum Auftriebsverlust führt. Dieses Abtauchen beobachtete man bei Tiefdeckern wie der Bell X–14, als sie noch ihr kurzes Fahrwerk hatte. Es bereitet aber keine Schwierigkeiten, wenn sich die Tragflächen hoch genug über dem Boden befinden.

Strahlflugzeuge leiden unter den praktischen Nachteilen des Bodeneffekts. Die heißen Abgase neigen dazu, aufzusteigen, und werden dann von den Triebwerken wiederangesaugt, wobei sich die Einlauftemperatur erhöht und der Schub abnimmt. Frühe Senkrechtstarter starteten daher über Ablenkgittern, die die heißen Abgase vom Flugzeug weglenkten. Die hohe Geschwindigkeit des Hubstrahls konnte Bodenerosion verursachen, daher wurden verschiedene Arten von transportablen Landematten oder Unterlagen verwendet, um die Bodenoberfläche zu schützen. Leichtere Gegenstände am Boden wie Steine, Schlamm, lockere Betonstücke oder Gras konnten vom Abgas hochgewirbelt werden und dann wieder in die Lufteinläufe der Triebwerke gelangen. Solche Vorfälle gab es aber nur beim wirklich senkrechten Start oder bei längerem Schwebeflug, und man konnte sie vermeiden, indem man das Flugzeug beim Start vorwärts bewegte.

Steuerung

Im freien Flug hat ein Flugzeug sechs Arten von Bewegungsfreiheit. Es kann Nick-, Roll- oder Gierbewegungen ausführen, und es kann sich senkrecht, seitlich oder nach vorn und nach hinten versetzen (bewegen).

Im normalen aerodynamischen Flug

Achse	Normaler Flug	Schwebeflug
Nicken	Steuerbefehl (Steuerknüppel) an Höhenruder	Steuerbefehl (Steuerknüppel) an Heckrotor
Rollen	Steuerbefehl (Steuerknüppel) an Klappen/ Querruder	Steuerbefehl (Steuerknüppel) an unterschiedliche Blattsteigung der Propeller
Gieren	Sturbefehl (Pedale) an Seitenruder	Steuerbefehl (Pedale) an Klappen/ Querruder
Höhe	Steuerbefehl (Schubhebel) an Triebwerk	Steuerbefehl (Schubhebel) an Triebwerk und gemeinsame Blattverstellung

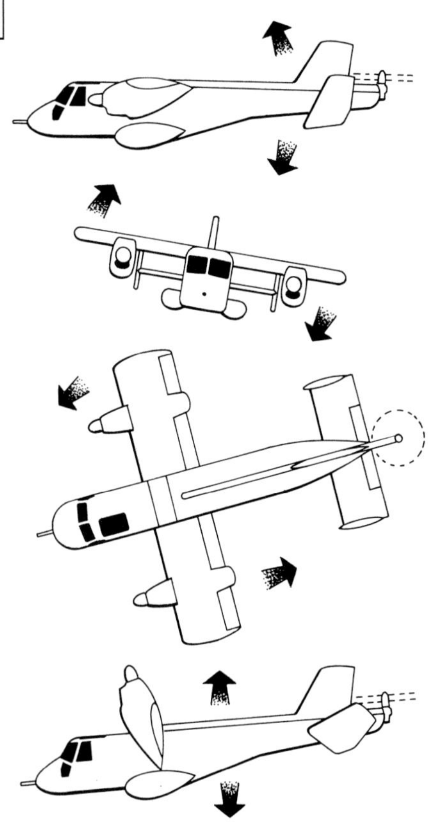

Steuerbewegungen des Piloten müssen im Vorwärts- wie im Senkrechtflug die gleichen Auswirkungen haben. Bei einem Kippflügler müssen sich die tatsächlichen Steuerfunktionen aber ändern, wie dieses Schema zeigt.

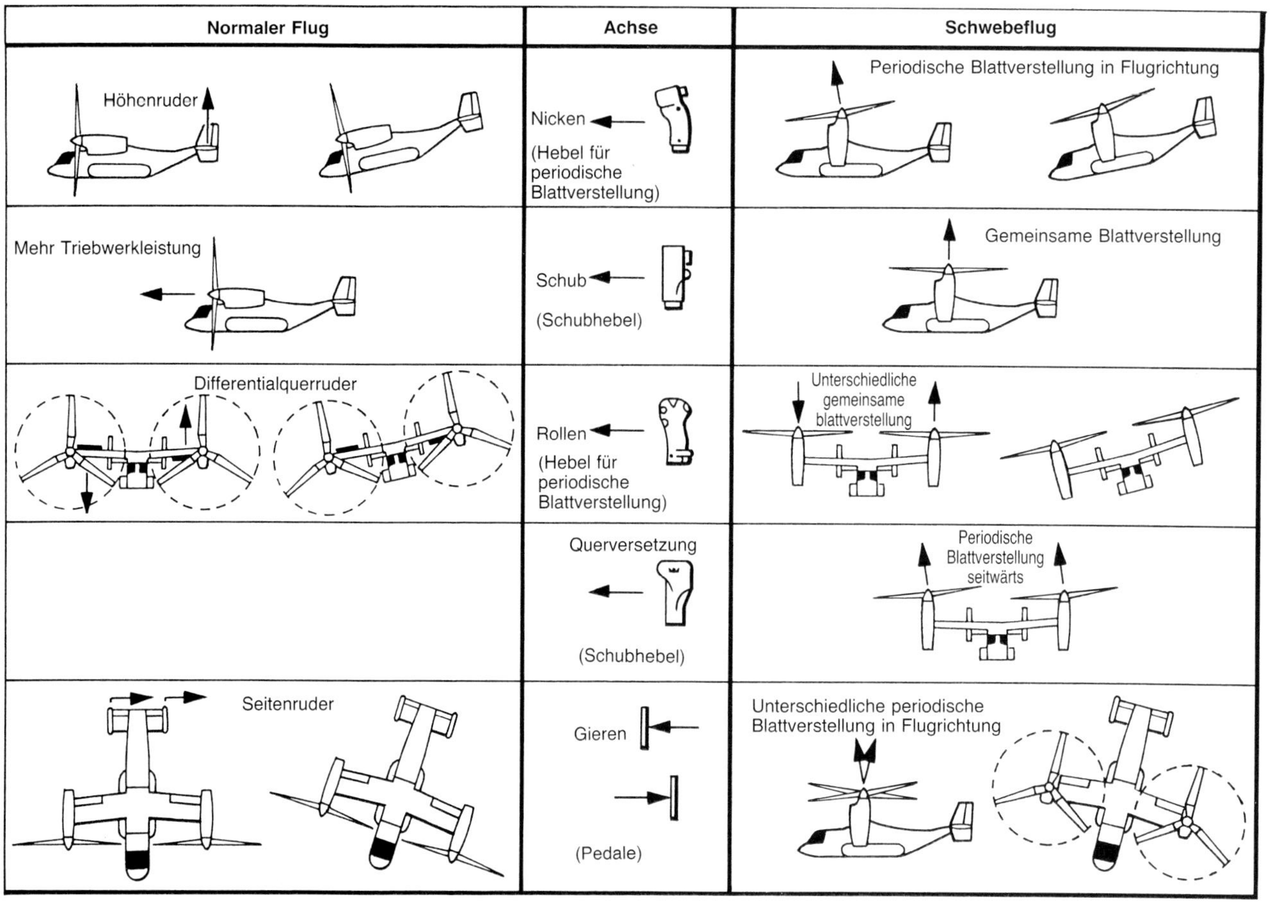
Normaler Flug
Achse
Schwebeflug
Höhenruder
Nicken
(Hebel für periodische Blattverstellung)
Periodische Blattverstellung in Flugrichtung
Mehr Triebwerkleistung
Schub
(Schubhebel)
Gemeinsame Blattverstellung
Differentialquerruder
Rollen
(Hebel für periodische Blattverstellung)
Unterschiedliche gemeinsame blattverstellung
Querversetzung
(Schubhebel)
Periodische Blattverstellung seitwärts
Seitenruder
Gieren
(Pedale)
Unterschiedliche periodische Blattverstellung in Flugrichtung

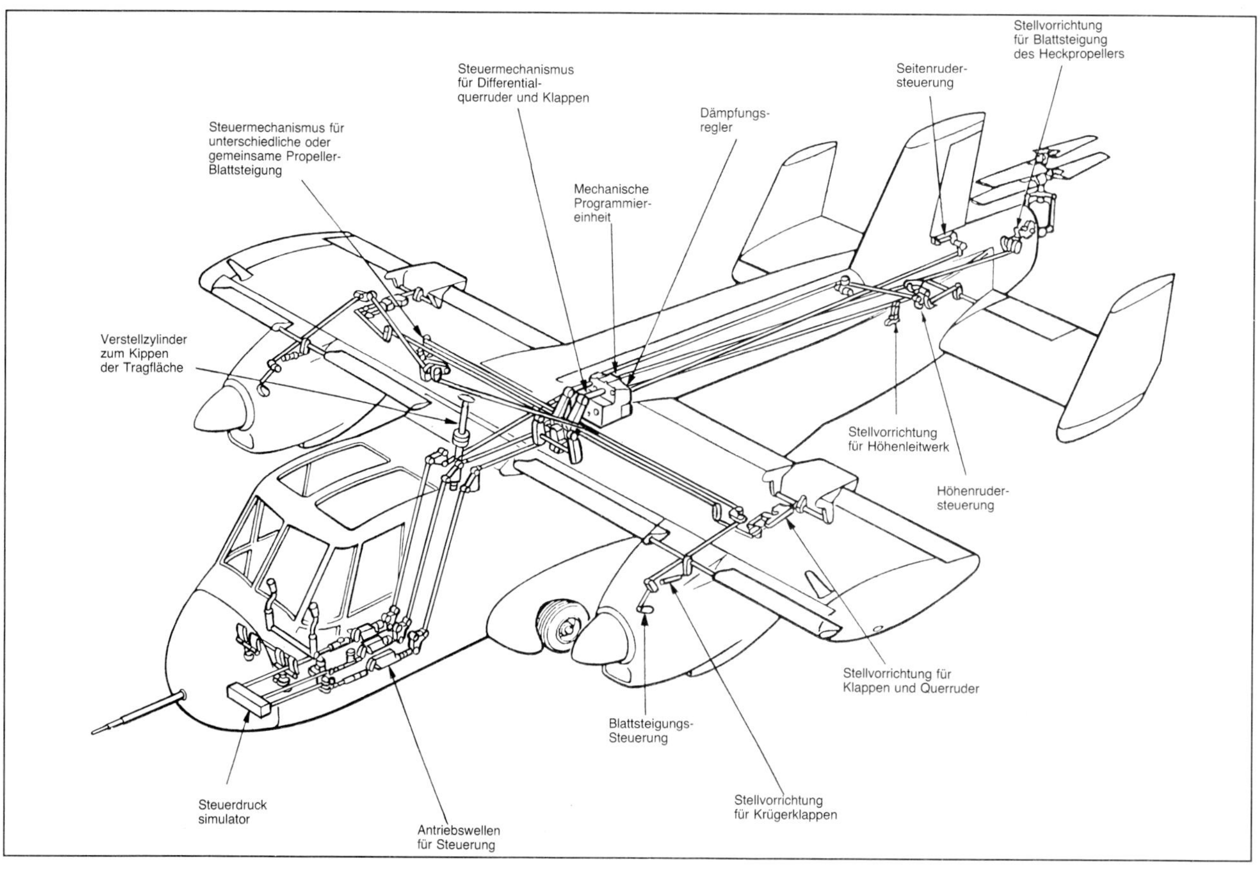
Stellvorrichtung für Blattsteigung des Heckpropellers
Steuermechanismus für Differential-querruder und Klappen
Seitenruder-steuerung
Dämpfungs-regler
Steuermechanismus für unterschiedliche oder gemeinsame Propeller-Blattsteigung
Mechanische Programmier-einheit
Verstellzylinder zum Kippen der Tragfläche
Stellvorrichtung für Höhenleitwerk
Höhenruder-steuerung
Stellvorrichtung für Klappen und Querruder
Blattsteigungs-Steuerung
Steuerdruck simulator
Stellvorrichtung für Krügerklappen
Antriebswellen für Steuerung

Bei Kipprotorflugzeugen müssen sich die Steuerfunktionen zwischen Vorwärts- und Senkrechtflug ändern, damit die Steuerbewegungen des Piloten die gleiche Wirkung auf das Flugzeug behalten.
◁

findet nur die Vorwärtsbewegung statt, und die anderen fünf möglichen Bewegungsarten werden nicht angewendet. Denn normalerweise ist ein Flugzeug so ausgelegt, daß es – bei korrekter Trimmung – dazu neigt, diese fünf Bewegungsarten gleich Null zu halten, und wenn das der Fall ist, nennt man es in sich stabil. Die Funktion der Flugsteuerung ist also, das Flugzeug aus seinem stabilen Zustand herauszubringen, um eine Kurve zu fliegen oder die Höhe zu wechseln.

Im Schwebeflug sollten alle sechs Bewegungsrichtungen gleich Null sein – aber es gibt keinen natürlichen Mechanismus, der eine eigene Stabilität gewährleistet, daher muß jede Bewegung ständig ausgeglichen werden, um sie bei Null zu halten. So kann zum Beispiel der Anstellwinkel noch so gut auf Null gestellt sein: die Flugzeugnase wird immer die Tendenz zeigen, langsam entweder nach oben oder nach unten zu schwanken, und dem muß entgegengewirkt werden. Ähnliche Schwankungen treten im Roll- und Gierbereich auf. Darüberhinaus müssen Störungen durch Windböen ausgeglichen werden. Das Flugzeug muß also ein Steuersystem haben, das in alle Richtungen einwirken kann, um es bei möglichen Störungen stationär zu halten.

Beim Schweben muß das Gewicht des Flugzeugs von einer Auftriebskraft getragen werden, die senkrecht nach oben durch seinen Schwerpunkt verläuft. Dabei kann die Höhe durch einen Wechsel des Auftriebs bestimmt werden. Zuviel Auftrieb bewirkt eine Aufwärtsbeschleunigung bis zu einem Punkt, an dem der Luftwiderstand dem überschüssigen Auftrieb entspricht. Verringerter Auftrieb bewirkt dementsprechend ein stetes Sinken. Ein Kippen des Flugzeugs führt zu einer Neigung der Auftriebskraft; der vertikale Anteil des Auftriebs nimmt ab, und die Triebwerkleistung muß erhöht werden, bis der vertikale Auftrieb wieder dem Flugzeuggewicht entspricht. Der horizontale Anteil des Auftriebs bewirkt eine horizontale Beschleunigung in Richtung des Kippwinkels, und das Flugzeug beschleunigt waagerecht bis zu einer Geschwindigkeit, bei der die Vortriebskraft dem Luftwiderstand entspricht.

Ganz allgemein muß ein Steuersystem für den Schwebeflug das Flugzeug in aufrechter Position in einer bestimmten Höhe halten können, und es muß kontrollierte Abweichungen von diesem künstlich stabilen Zustand zulassen.

Jedes Steuersystem besteht aus Sensoren, Intelligenz und Steuerorganen. Die Sensoren messen Abweichungen von den gewünschten Bedingungen, und die Intelligenz manipuliert die Steuerorgane, um den gewünschten Zustand in gleichmäßigen und vertretbaren Flugbe-

Bell setzte diesen variablen Fluglageregler bei der X–14 ein, damit die Piloten die Wirkung unterschiedlicher Steuerparameter bewerten konnten. Sensoren in jeder Achse konnten ihre Werte getrennt in alle drei Achsen eingeben und so die Stabilität verbessern oder herabsetzen. Theoretisch konnte man die X–14 so programmieren, daß sie jeden beliebigen Senkrechtstarter simulieren konnte.

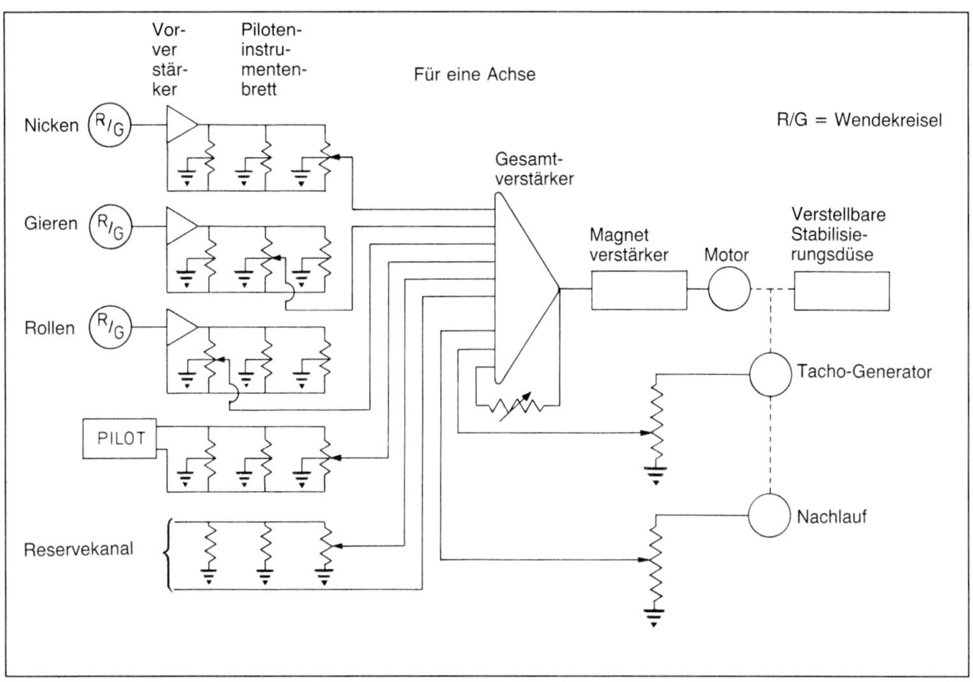

◁
Das Steuersystem der CL-84. Die Notwendigkeit, die Steuerfunktionen beim Kippen der Tragflächen zu ändern, trug zur Komplexität des Steuersystems bei.

VJ 101 X1

Flughandbuch

Steuerungsanlage

Flight Control System

Abb. 1-18

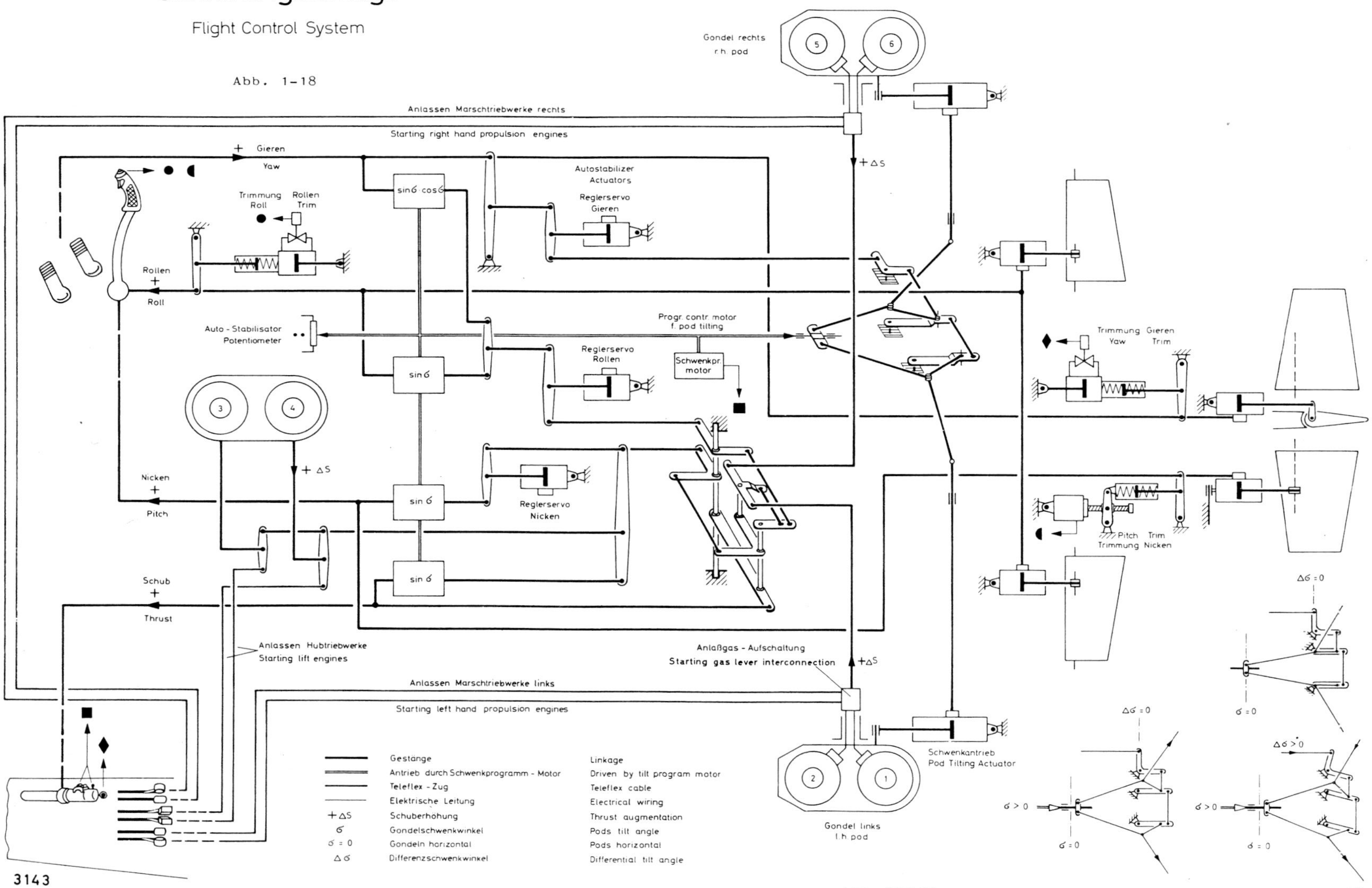

3143

Ausg./D 2.64

1-66

Das Flugregelsystem der VJ101C war besonders kompliziert, da die Steuerung vom normalen Steuerwerk, das im Horizontalflug benutzt wurde, auf Triebwerkneigung und Schubmodulation umschalten mußte, wenn das Flugzeug in den Senkrecht- oder Schwebeflug überging. ◁

wegungen herzustellen, wieder einzunehmen oder zu halten.

Bei einem Steuersystem für den Schwebeflug können die Sensoren Kreisel sein, Radarhöhenmesser und Dopplerradar; sie können auch aus den Augen des Piloten bestehen und seinem Fluggefühl im Hosenboden. Die Intelligenz kann elektronisch, mechanisch oder über das menschliche Gehirn arbeiten. In Forschungsflugzeugen waren die Steuersysteme gewöhnlich eine Kombination elektronischer und menschlicher Funktionen, allerdings mit unterschiedlicher Zuweisung der Autorität. In manchen Senkrechtstart-Forschungsflugzeugen hatte der Pilot die direkte Kontrolle und wurde von einer automatischen Stabilisierungsanlage unterstützt. In anderen wiederum hatte das Steuersystem die volle Autorität und damit die direkte Kontrolle, akzeptierte aber Forderungen des Piloten und führte sie auch aus.

Ein großer Teil der Arbeiten, die mit VTOL-Forschungsflugzeugen durchgeführt wurden, konzentrierte sich auf die Festlegung der Anforderungen an Steuersysteme, und zwar auf die notwendige Größe der Steuerkräfte, den Grad der Aufteilung des Einflusses (oder der Kommandogewalt) zwischen Pilot und Autopilot, sowie die Art, wie der Autopilot auf Kommandos des Piloten reagieren sollte. Wie immer, so gab es auch hier keine idealen Lösungen, und es mußten Kompromisse gefunden werden. Man konnte den Steuersystemen keinen idealen Wirkungsgrad geben, weil eine Erhöhung der Wirksamkeit zu Überreaktion und Pendeln führen konnte. Die Steuerung des Piloten sollte kleinste Korrekturen zulassen, um ein präzises Steuern zu ermöglichen, aber auch größte Korrekturen für auftretende Schwierigkeiten. Der Autopilot sollte hohen Einfluß haben, um die Belastung des Piloten zu verringern, und trotzdem sollte der Pilot im Notfall die alleinige Kommandogewalt besitzen. Zur Lösung dieser Probleme ging man viele Wege, und die meisten VTOL-Forschungsflugzeuge wurden mit alternativen Steuersystemen ausgerüstet, die vom Piloten dann verglichen und beurteilt wurden. In einigen Fällen waren die Steuersysteme so ausgelegt, daß alle Parameter variabel waren und vom Piloten eingestellt werden konnten.

Die tatsächliche Methode der Anwendung der Steuerkräfte hing stark von der Art ab, wie der Senkrechtauftrieb erreicht wurde. In vielen Fällen wurden die Steuerkräfte durch Modifizierung der Auftriebsmittel erzielt. In anderen wurden die Steuerkräfte getrennt erzeugt, und in einigen wenigen Flugzeugen wurden Auftriebmodifikation und getrennt erzeugte Steuerkräfte in verschiedenen Achsen eingesetzt.

VTOL-Flugzeuge mußten im Schwebeflug wie im aerodynamischen Flug steuerbar sein, und ebenso mußten sie im Übergangsflug (der Transition) vom senkrechten zum waagerechten Flug – und umgekehrt – steuerbar bleiben. In einigen Flugzeugen war der Übergangsflug kein Problem, da die aerodynamischen Steuerorgane ihre Funktion auf natürlichem Wege vom Schwebesteuersystem übernahmen (und umgekehrt), aber bei anderen – speziell bei Flugzeugen mit Schwenkgeometrie – mußten für die Übernahme der Steuerung beim Übergang von einer Flugart zur anderen komplizierte Lösungen gefunden werden, wobei Steuerbarkeit und Stabilität in allen Achsen erhalten bleiben mußten.

Viele Steuerprobleme konnten bereits vor der Konstruktion eines Flugzeugs mathematisch berechnet werden. Diese Berechnungsergebnisse konnten die wahrscheinlichen Leistungen zwar voraussagen, aber das spätere Flugzeug konnte unerwartete Steuerüberschneidungen zwischen den Achsen aufweisen oder auch mechanische Resonanzen, die eine Neueinstellung des Steuersystems oder sogar eine Neukonstruktion notwendig machten. Man hoffte stets, die Hauptprobleme bei Bodenerprobungen und mit Schwebegestellen entdecken zu können, bevor tatsächliche Flüge unternommen wurden. Selbst nach ersten Flügen verbrachten viele Konstruktionen noch einmal viel Zeit im Windkanal, wo man nach Wegen suchte, Stabilitätsprobleme zu lösen, bevor man erneut in die Luft ging.

Die Steuersysteme für Roll-, Gier- und Nickbewegungen waren selten voneinander unabhängig. Von rotierenden beweglichen Teilen wie Motoren, Triebwerken und Propellern erzeugte Kreiselwirkungen führten häufig dazu, Steuerkräfte in der einen Achse in Bewegung in einer

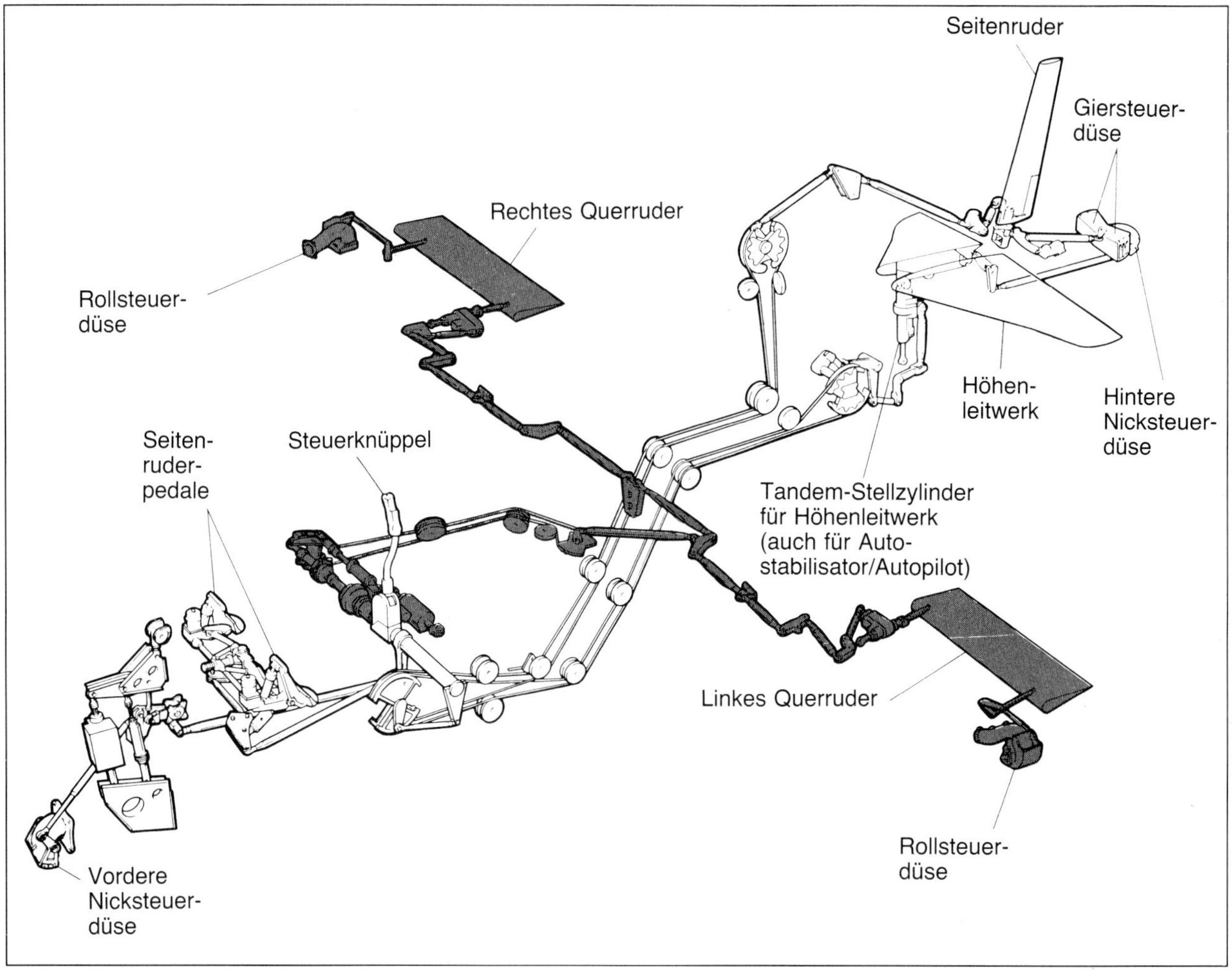

anderen umzuwandeln. Um eine Nickbewegung – und nur diese – zu erreichen, konnte es notwendig sein, Steuerkräfte sowohl auf die Nickachse anzusetzen (um tote Masse zu bewegen) als auch auf die Gierachse (um Motoren- oder Triebwerksteile, die sich um die Rollachse drehten, in die Nickbewegung zu zwingen). So mußten die Kanäle eines Steuersystems untereinander verbunden sein, und jede Einstellung der Parameter galt nur für eine einzige Triebwerkgeschwindigkeit. Selbst wenn solch ein Steuersystem perfekt eingestellt war, konnten dermaßen hohe Drehmomente auftreten, daß das Steuersystem trotz seiner Bemühungen, eine entsprechende Korrektur zu erzeugen, sich als zu schwach erwies, um die Fluglage des Flugzeugs zu halten. Das Steuersystem war bei Höchstleistung – die noch immer nicht ausreichte – gesättigt, und das Flugzeug war außer Kontrolle. Flugzeuge mit gegenläufigen Propellern, Rotoren oder Antriebswellen litten nicht unter diesen Drehmomenten und waren nicht so anfällig für Steuersättigungsprobleme.

Sicherheit

Moderne Flugzeuge sind so ausgelegt, daß sie Ausfälle verkraften. Der Ausfall irgendeiner Komponente darf nicht zu Lebensgefahr führen und auch nicht zum anschließenden Ausfall einer weiteren Komponente. Diese Philosophie gilt für alle Teile eines Flugzeugs, ob strukturell, mechanisch, hydraulisch, elektrisch oder elektronisch. Strukturteile können langsam versagen, und ihr Versagen kann durch regelmäßige Inspektionen verhindert werden. Im Gegensatz dazu können andere Teile wie Triebwerke oder Elektronik ohne Vorwarnung ausfallen, und dieser Ausfall muß sowohl erwartet als auch hingenommen werden.

Einmal mehr bildete die Harrier eine Ausnahme. Da Sir Sidney Camm auf Einfachheit und Überlebensfähigkeit im Einsatz bestand, wurde ein einfaches Steuersystem entwickelt, das entweder manuell oder mit nur geringer Autostabilisierung geflogen werden kann.

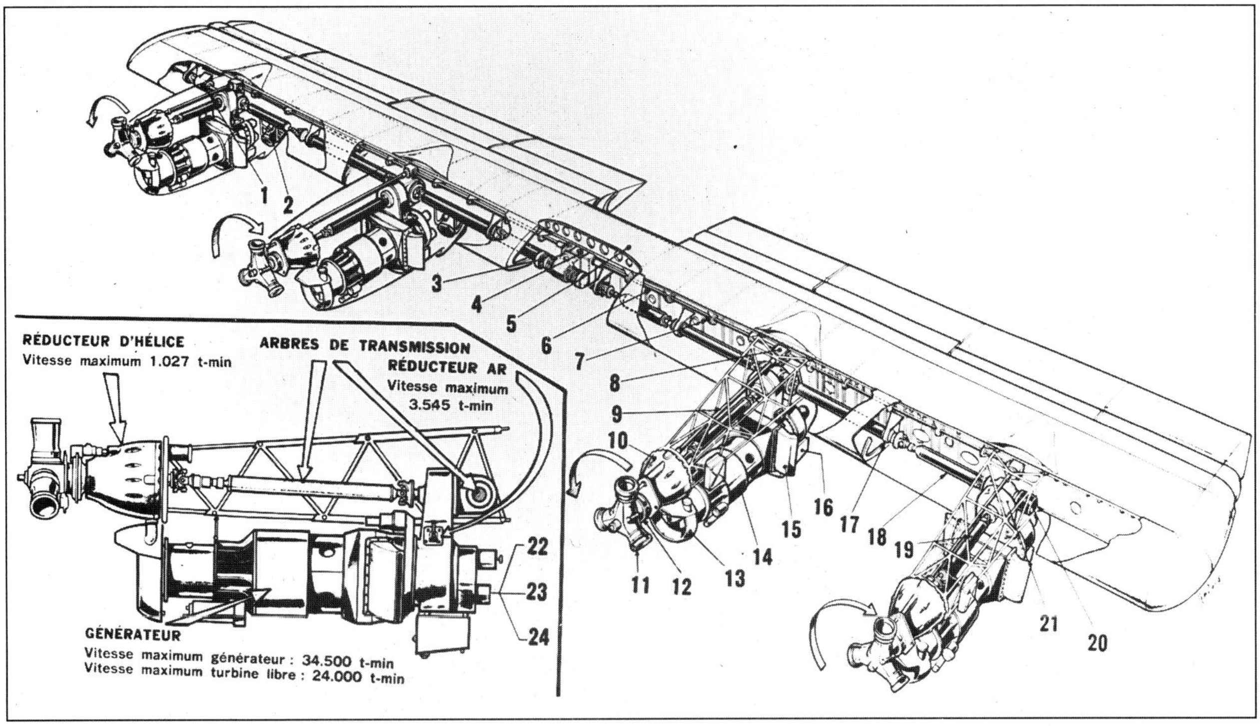

Die meisten Flugzeuge mit Kippflügeln oder abgelenktem Propellerstrahl hatten miteinander verbundene mechanische Kraftübertragungssysteme für den Fall, daß ein Triebwerk versagte. Diese Zeichnung zeigt das Transmissionssystem von Breguet. Die Triebwerke arbeiteten gegenläufig, um das Drehmoment auszuschalten.

Die Kraftübertragungswelle mußte ein Durchbiegen der Tragflächen aushalten können. Auf diesem Gestell erprobte Breguet die Belastungsfähigkeit der Welle, die auch im durchgebogenen Zustand rotieren und Kraft übertragen mußte.

Breguet erprobte die Sicherheit von Tragfläche, Klappen und Antriebssystem unter wirklichen Bedingungen, indem man dieses mobile Testgestell verwendete.

Beim normalen aerodynamischen Flug in Reisehöhe führen die meisten Ausfälle nicht zu einer Katastrophe. In geringeren Höhen können die Folgen eines Ausfalls schon schwerwiegender sein. Aber der denkbar schlechteste Zeitpunkt für jeglichen Ausfall sind Start oder Landung, wenn weder ausreichend Zeit noch Raum vorhanden sind, um ungeplante Flugmanöver auszugleichen. Trotzdem kann man bei konventionellem Starten oder Landen einen Triebwerkausfall überleben.

Der Senkrechtflug ist da gefährlicher als der aerodynamische, da der gesamte Auftrieb vom Schub des Antriebs abhängt und der Verlust eines Motors oder Triebwerks zu sofortigem Auftriebsverlust führt, zudem kann er eine Unausgeglichenheit der Auftriebskräfte bewirken, die plötzliches und starkes Rollen oder Nicken zur Folge hat.

Ein VTOL-Flugzeug mit nur einem Motor oder Triebwerk, das im Schwebeflug in geringer Höhe den gesamten Antrieb verliert, kann die anschließende harte Landung überstehen. Den Ausfall der Steuerung im Tiefflug oder den Verlust des Antriebs im Übergangsflug würde es jedoch möglicherweise nicht überstehen können. In solchen Fällen muß der Pilot die Möglichkeit haben, sich mit dem Schleudersitz zu retten, und das Flugzeug wird seinem Schicksal überlassen. Die meisten kleinen VTOL-Forschungsflugzeuge waren mit Schleudersitzen ausgerüstet, allerdings waren die Leistungen der frühen Schleudersitze bei geringen Geschwindigkeiten oder in geringer Höhe nicht ideal. Im Falle eines Versagens der Steuerung kann die anschließend ausgelöste Nick- oder Rollbewegung zu einer unorthodoxen Rettungsflugbahn führen, genau wie bei der Rettung aus einem Heckstarter, sei dessen Sitz nun geneigt oder nicht. Die X–14 war eines der wenigen kleinen Flugzeuge, das keinen Schleudersitz hatte, deshalb wurde mit ihr der Schwebeflug nur in ganz geringer Höhe oder aber in großer Höhe durchgeführt, aus der sie sich in den normalen Flug hätte retten können.

In mehrmotorigen VTOL-Flugzeugen mit mehreren Propellern brachten die Motoren ihre Leistung gewöhnlich über Freilaufkupplungen in ein gemeinsames mechanisches Übertragungssystem ein, das seinerseits alle Propeller antrieb. Der Verlust eines Motors war kein Problem, da die verbliebenen Motoren für wenige Minuten die Propeller mit Notleistung antreiben konnten, während das Flugzeug landete. Die mechanischen Kraftübertragungssysteme erwiesen sich jedoch als störanfälliger als erwartet, besonders wo die Leistung durch die Tragflächen übertragen werden mußte. Wegen ihrer Biegsamkeit und ihrer Vibration beim Senkrechtflug mit voller Leistung war die Tragfläche nicht gerade die richtige Umgebung für hochbeanspruchte Antriebswellen. Während das mechanische Kraftübertragungssystem eine Sicherheitseinrichtung gegen Motorausfall war, konnte sich ein Versagen der Übertragung selbst katastrophal auswirken. Jeder mechanische Ausfall eines Getriebes, einer Welle, einer Lagerbuchse oder eines Propellers konnte zum unmittelbaren Wegfall des Auftriebs an einer Seite des Flugzeugs führen, der sehr starke Nick- oder Rollbewegungen hervorrief und es völlig außer Kontrolle geraten ließ. Derartiges kann man bei einem Kampfflugzeug, dessen Pilot über einen Schleudersitz verfügt, als notwendiges Übel hinnehmen – für ein Verkehrsflugzeug war es nicht akzeptabel.

Drehflügler haben einen viel größeren Sicherheitsfaktor, da sie in der Lage sind, sich beim Triebwerkausfall durch Autorotation zu retten. Drehflügler mit mehreren Rotoren müssen zwar auch mit mechanischer Verbindung ihrer Rotoren arbeiten, da aber weniger Kraft übertragen werden muß, sind die mechanischen Belastungen geringer. Der hohe Anteil kinetischer Energie, der in den Rotoren – quasi als Schwungrädern – enthalten ist, läßt dem Piloten mehr Zeit, auf den Antriebausfall zu reagieren.

Strahlflugzeuge mit mehreren Triebwerken verließen sich üblicherweise auf ihr automatisches Steuersystem, das den Triebwerkausfall gewöhnlich kompensierte, indem es die Triebwerke in der Nähe des ausgefallenen auf maximale Notleistung hochfuhr und die restlichen so einstellte, daß der Auftrieb ausbalanciert wurde. Mit einer größeren Anzahl von Auftrieb erzeugenden Triebwerken und weit höherem Schub als Gewicht war so eine Fortsetzung des Flugs durchaus möglich. Mit nur wenigen Auftrieb erzeugenden Triebwerken und nur wenig mehr Schub als Gewicht ergab der Verlust eines Triebwerks einen Auftriebwert, der geringer war als das Flugzeuggewicht, was zu einem schnellen Sinkflug und einer harten Landung führte.

In den meisten VTOL-Flugzeugen hatte der Autostabilisator ein hohes Maß an Kommandogewalt, und ein Totalausfall des Autostabilisators führte dann zum Absturz des Flugzeugs, ohne daß der

Die Tragflächenvorderkante des Breguet-Testgestells ist hier zurückgeklappt, um die Antriebswellen freizulegen. Da die Wellen mit einer höheren Drehzahl als die Propeller arbeiteten, waren sie weniger Verdrehungskraft ausgesetzt und konnten schlanker und damit biegsamer ausgelegt werden.

Pilot noch eingreifen konnte. Gewöhnlich hatte der Autostabilisator für jede Achse drei oder noch mehr Kanäle und war so ausgelegt, daß er seine eigene Funktionstüchtigkeit durch Vergleich dieser drei Kanäle überwachte. Der Ausfall einer einzigen Komponente betraf dann in der Regel nur einen Kanal, dessen Werte mit denen der anderen zwei nicht mehr übereinstimmten. Diese zwei überstimmten dann den ausgefallenen Kanal, übernahmen die Steuerung und machten den Piloten auf die Störung aufmerksam. Mit diesem Überwachungssystem kann man zufällige Systemstörungen ausgleichen, nicht aber externe Störungen, die alle Kanäle gleichzeitig beeinträchtigen.

Manche Flugzeuge verfügten über die Möglichkeit, im Notfall manuell gesteuert zu werden. Theoretisch konnte der Pilot dann auf manuelle Steuerung umschalten und damit die Selbststabilisierungsanlage außer Kraft setzen. In der Praxis allerdings liefen die Ereignisse sehr schnell und gewöhnlich dicht über dem Boden ab. Es gab keine Garantie, daß das ausgefallene Teil nur im Autostabilisator lag und nicht auch die manuelle Steuerung ausgefallen war. Der Pilot, der sich für manuelle Steuerung anstelle des Schleudersitzes entschied, mußte schon über ein gehöriges Maß an Tapferkeit verfügen.

Der Kippflügler – hier eine Canadair CL-84 – teilte mit dem Kipprotorflugzeug alle Probleme, hatte aber den Vorteil, daß der Propellerstrahl über die Tragflächen blies und so Auftrieb und Steuerung verstärkte.

3 MOTOREN UND STRAHLTRIEBWERKE

Zwei Sechszylinder-Boxermotoren des Typs Lycoming GO-480 dienten der Do 29 von Dornier als Antrieb. Ähnliche Motoren wurden in der Transcendental Model 1-G und der Vanguard Model 2C eingesetzt.

Um in die Luft zu kommen, brauchen alle VTOL-Flugzeuge eine Antriebsleistung. Um vom Boden abzuheben, muß der Gesamtschub des Antriebs dem Fluggeuggewicht entsprechen. Bei Flugzeugen mit Luftschrauben (die Luftschraube kann ein Rotor, ein Propeller oder ein beschaufeltes Laufrad sein) bestimmt die Kreisflächenbelastung in englischen Pfund (0.453 kg) pro Quadratfuß (0.093 m^2) der Luftschraubenkreisfläche die Anzahl der Pferdestärken pro 1.000 englische Pfund des Flugzeuggewichts, die erforderlich sind, um einen Schub

Das Turboméca Artouste war ein kleiner Turbomotor, der in den fliegenden Plattformen Curtiss-Wright VZ-7 und Piasecki VZ-8 Verwendung fand.

entsprechend dem Gewicht zu erzeugen. Bei Strahlflugzeugen kann man den Schub einfach dem Gewicht gleichsetzen. In beiden Fällen muß ein ausreichend starker Antrieb vorhanden sein, um den Senkrechtflug möglich zu machen.

Aber der Antrieb mußte nicht nur das Flugzeuggewicht anheben können, sondern auch noch zusätzlichen Schub – gewöhnlich weitere zwanzig Prozent – erzeugen, um in der Vertikalen manövrieren zu können; darüber hinaus wurde noch einmal Schub zum Manövrieren in den anderen Achsen benötigt. Und des weiteren verlangte man von Flugzeugen mit mehreren Triebwerken, daß sie auch nach Ausfall eines Triebwerks noch fliegen konnten. Damit mußten die verbliebenen Triebwerke noch einmal mehr Schub entwickeln können. Ein typischer Wert für den Gesamtschub, der vertikale Beschleunigung, Seitenbewegungen und Sicherheit bei Triebwerkausfall garantiert, liegt bei etwa dem 1.7fachen des Gesamtfluggewicht des Flugzeugs.

Als die Triebwerktechnologie sich weiterentwickelte und mehr Schub zur Verfügung stand, wurde es möglich, sichere VTOL-Flugzeuge von bescheidener Auftriebleistung zu bauen. Die gleichen Triebwerke standen den Herstellern von Hubschraubern und konventionellen Flugzeugen zur Verfügung, die damit Nutzlast und Reichweite ihrer Flugzeuge erhöhen konnten. Die Erwartungen potentieller Unternehmer steigerten sich, und die VTOL-Flugzeuge mußten diesem Trend ebenfalls mit höherer Nutzlast und Reichweite folgen. Wiederum wurden leichtere, stärkere und sparsamere Triebwerke benötigt.

Die VTOL-Flugzeuge hatten ein enormes Verlangen nach mehr und mehr Triebwerkleistung. Diese Leistung mußte ihnen gleichmäßig und verläßlich geliefert werden, und selbst im obersten Leistungsbereich forderte man feinste Schubregelung mit raschem Ansprechen.

Das Schubgewichtsverhältnis war ein weiteres Problem. Der zum Abheben vom Boden benötigte Schub mußte höher sein als das Flugzeuggewicht, aber der für den Marschflug erforderliche Schub betrug nur einen Bruchteil davon

– ein Fünftel oder sogar nur ein Zehntel des Flugzeuggewichts. Das Verhältnis des eingebauten Schubs zum für den Marschflug erforderlichen Schub konnte so hoch sein wie 15:1. Bei einem Kampfflugzeug kann man das hinnehmen, da eine Schubreserve bei Hochgeschwindigkeitsmanövern und beim Beschleunigen auf Überschallgeschwindigkeit von Vorteil ist. Bei Transportflugzeugen ist überschüssiger Schub von Nachteil, da die Zuladung reduziert werden muß, um die zusätzliche Triebwerkleistung mitzuschleppen.

In der Frühzeit des Senkrechtflugs, gleich nach dem Zweiten Weltkrieg, war hohe Leistung bei vernünftigem Gewicht noch ein Traum. Der Kolbenmotor konnte Tausende von Pferdestärken liefern, wog aber zuviel, und die ersten Strahltriebwerke erbrachten nur sehr wenig Schub. Hub- und Tragschrauber konnten mit Kolbenmotoren gerade eben fliegen, und auch leichte Plattformen konnten mit der Leistung von Kolbenmotoren in die Luft gelangen. Die anderen Arten des Senkrechtflugs mußten auf die Entwicklung besserer Strahltriebwerke und auf die Gasturbine oder den Turbomotor warten.

Kolbenmotoren

In der Frühzeit des Senkrechtflugs waren zwei Grundtypen von Verbrennungsmotoren in der Luftfahrt in Gebrauch, und zwar der Boxermotor, in kleinen Flugzeugen üblich, und der Sternmotor, der in größeren Flugzeugen zum Einsatz kam.

Die Reihe der Sechszylinder-Boxermotoren von Lycoming war in leichteren VTOL-Flugzeugen weitverbreitet. Transcendental verwendete in ihrem Modell 1-G den O-290-A und den O-435–23, Vanguard den O-540-A1A im Omniplane, und die Do 29 von Dornier flog mit dem GO-480.

Die höhere Leistung des Sternmotors führte zur Verwendung in schwereren VTOL-Typen. Fairey verwendete den Alvis Leonides in den Gyrodyne, McDonnell einen Continental R-975–19 in der XV–1, und Bell zwängte einen R-985 von Pratt&Whitney in den Rumpf der XV–3. Alle diese Flugzeuge verfügten über viel zuwenig Leistung, profitierten aber von der enormen Zuverlässigkeit ihrer Sternmotoren. Für Bell war Zuverlässigkeit so viel wichtiger als Leistung, daß sie den R-985 bis 1960 im Einsatz

Dieses Schnittmodell zeigt die einfache Konstruktion des Artouste. Untersetzungsgetriebe und Hilfsantriebe sind fast genauso groß wie das Triebwerk.

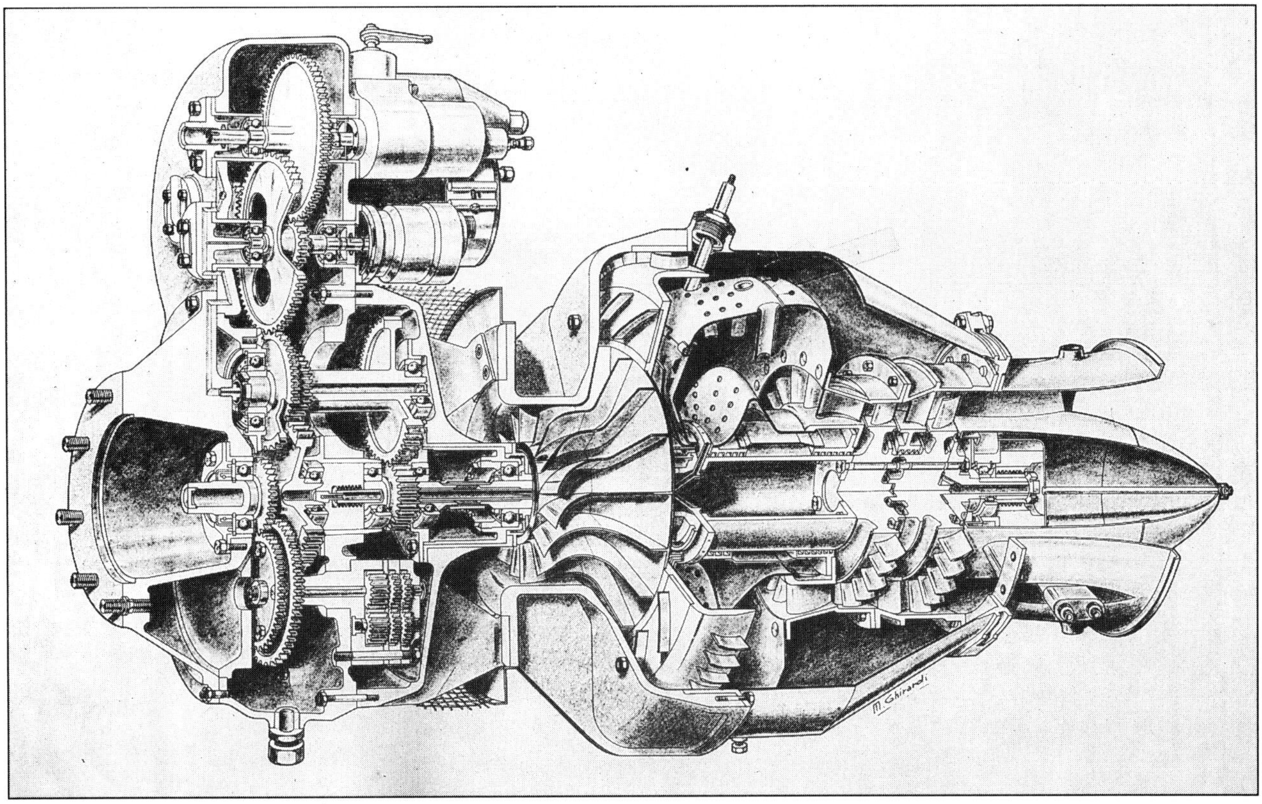

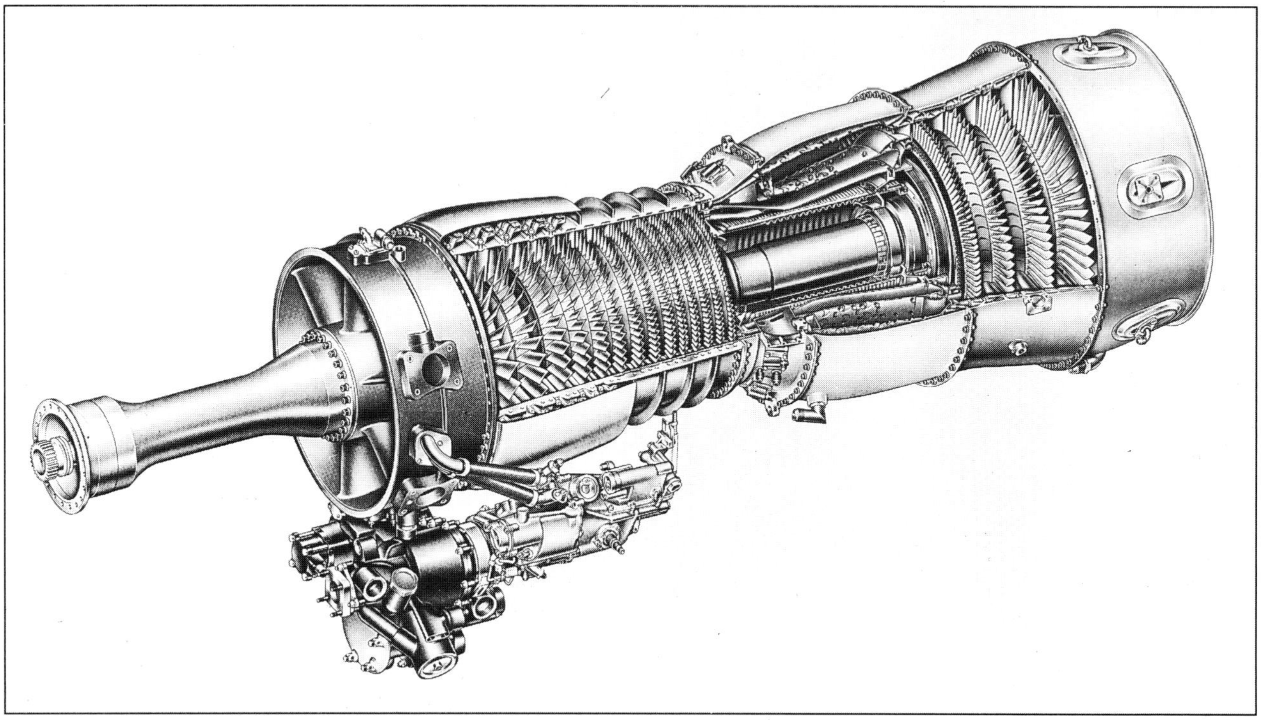

hielten.

Auch die ersten fliegenden Plattformen benutzten Kolbenmotoren. De Lackner verwendete einen Mercury-Außenbordmotor, der für die Schiffahrt entwickelt worden war, Hiller entschied sich für Nelson-Motoren für die Pawnee, und Bensen benutzte einen kleinen McCulloch.

Der Kreiskolbenmotor von Wankel wäre fast bei Curtiss-Wright eingesetzt worden, wo man über eine Herstellerlizenz verfügte und ihn für den Einsatz in der X–19 vorgeschlagen hatte, sich später dann aber für Gasturbinen entschied.

Turbomotoren

Die frühen Turbomotoren waren in Wirklichkeit einfache Strahltriebwerke mit einer Zapfwelle. Sie hatten nur eine Welle, die von einer Arbeitsturbine im Gasstrahl angetrieben wurde, und die ihrerseits den Verdichter und die untersetzte mechanische Nutzleistungswelle antrieb. Dieser simplen Konstruktion fehlte es jedoch an Flexibilität. Die Umdrehungsgeschwindigkeit des Triebwerks mußte so hoch gehalten werden, daß kein Verdichterpumpen auftrat, und man konnte die Leistung nicht zurücknehmen.

Das Allison T40 bestand aus zwei T38-Einwellen-Turbinentriebwerken, die eine gemeinsame Arbeitswelle antrieben. Als es 1954 in der XFV–1 und der XFY–1 eingesetzt wurde, erbrachte es zwar genügend Leistung für den Senkrechtflug, aber man konnte im waagerechten Flug diese Leistung nicht verringern, was sich als ein großes Problem für den Übergang vom waagerechten in den senkrechten Flug erwies. In kleinerem Maßstab war das französische Artouste von Turboméca ein sehr einfaches einwelliges Triebwerk mit einer zweistufigen Arbeitsturbine, die sowohl den Radialverdichter als auch die mechanische Nutzleistungswelle antrieb. Das Artouste wurde 1958 in der VZ-7 von Curtiss-Wright und der VZ-8 Airgeep von Piasecki eingesetzt. Spätere Gasturbinen hatten zwei getrennte Arbeitsturbinen, eine für den Antrieb des Verdichters, und die andere für den Antrieb der externen mechanischen Last.

In Großbritannien verwendete man das große und komplizierte Eland von Napier als Antrieb der Fairey Rotodyne. Zwei Eland waren so eingebaut, daß sie entweder die Propeller antreiben oder verdichtete Luft durch die Rotorspitzendüsen blasen konnten. 1957 leistete das Eland 2.700 PS, die bis 1961 auf 4.000 PS Wellenleistung gesteigert werden konnten.

Die zwei Turbomotoren, die am häufig-

Der Blick in dieses Schnittmodell zeigt die innere Auslegung des Turbomotors General Electric T64. Das T64 war für vereinfachte Wartung konstruiert worden. Alle Gußstücke konnten zerlegt werden, und sogar einzelne Turbinenschaufeln waren austauschbar.

Das General Electric T64 paßte die hohe Drehzahl der Turbine über ein getrenntes Untersetzungsgetriebe der niedrigeren Drehzahl der Propellerwelle an.

sten in amerikanischen VTOL-Flugzeugen verwendet wurden, waren der Lycoming T53 und der General Electric T58. Der Lycoming T53 wurde ab 1957, als er 850 PS leistete, in leichten Versuchsflugzeugen wie der Vertol 76, der Doak 16 und der Vertiplane von Ryan eingesetzt, desgleichen in der Vanguard Omniplane und der Curtiss-Wright X–100. Er blieb bis 1965 im Einsatz, als er 1.450 PS aufbrachte und die Canadair CL-84 antrieb. Er fliegt noch heute in der XV–15. Die Serie der T58 von General Electric, konstruiert von GE's Abteilung für kleine Triebwerke, entsprach in der Leistung etwa dem T53. 1959 kam er auf 1.000 PS Wellenleistung und diente der Fairchild Fledgling als Antrieb. 1966 leistete er 1.250 PS in der Bell X–22, die bis 1976 auf 1.500 PS Wellenleistung für die S-72 gesteigert werden konnten. Anfang der 60er Jahre standen noch leistungsstärkere Turbomotoren zur Verfügung. Der 2.650 PS starke Lycoming T55 wurde 1963 in der X–19 eingesetzt, und der T64 von General Electric mit 3.000 PS Wellenleistung trieb 1964 die XC-142 an.

Strahltriebwerke

Das Strahltriebwerk entwickelt Schub, indem es vorne Luft ansaugt und diese Luft hinten mit erhöhter, nach rückwärts

Die T64-Triebwerke für den Kippflügler XC-142 wurden an diesem Gestell erprobt, indem man den Einsatz des Triebwerks in waagerechter und senkrechter Fluglage simulierte.

gerichteter Triebkraft ausstößt. Der Vortrieb entspricht der Zunahme an Triebkraft, und die zur Erzeugung dieses Schubs benötigte Energie entspricht der Energie, die zur Beschleunigung der Luft am hinteren Ende erforderlich ist. Es erscheint logisch, daß das Strahltriebwerk sich besonders für die Erzeugung von Schub bei hohen Geschwindigkeiten eignet und daß es bei geringen Geschwindigkeiten oder gar stationär an Wirksamkeit verliert.

Die ersten Strahltriebwerke basierten auf zwei grundlegenden Konstruktionsarten. Die frühen englischen Strahltriebwerke – wie das Welland von Rolls-Royce – liefen mit radialen Verdichtern. Das Welland wurde in Großbritannien zum Roll-Royce Nene weiterentwickelt, das in der Meteor mit Schubablenkung und in der Flying Bedstead eingesetzt war. Auch in den USA wurde es fortentwickelt und als Allison J33 in den ersten Versuchsgestellen von Ryan verwendet. Das deutsche BMW 003 arbeitete mit einem axialen Verdichter und wurde nach dem Krieg zur französischen Serie der ATAR-Triebwerke von SNECMA verbessert, die als ATAR Volant und in der Coléoptere Verwendung fanden. In England und den USA folgten die Triebwerkhersteller diesem Trend und ersetzten den einfachen Radialverdichter durch den Axialverdichter mit höherem Luftdurchsatz.

Die axiale Bauweise hat den offensichtlichen Vorteil einer glatteren Luftströmung, in den frühen Triebwerken allerdings trat leicht ein Zustand ein, den man als Verdichterpumpen bezeichnet – wenn nämlich die Drehzahl des Verdichters nicht mehr ausreichte, um den Druck in der Brennkammer aufrechtzuerhalten. Die Folge dieses Verdichterpumpens war, daß der Inhalt der Brennkammer durch den Verdichter nach vorne schlug und in dramatischer und spektakulärer Weise durch die Luftansaugschächte ins Freie schoß – »aus jeder Öffnung spuckte sie Flammen«, wie es ein Testpilot schilderte.

Verdichterpumpen war besonders für VTOL-Flugzeuge ein sehr gefährlicher Zustand. Er konnte bei ihnen sehr leicht auftreten, da ihre Steuerung auf raschen Lastwechseln der Triebwerke beruhte, und sie waren natürlich im Falle eines Verdichterpumpens mit möglichem nachfolgendem Triebwerkausfall besonders gefährdet. Flugzeuge mit sehr großen Lufteinläufen, die große Mengen Luft für einen wirksamen Schwebeflug durchsetzten, waren für dieses Pumpen sogar besonders anfällig, da es zwischen ex-

Das Rolls-Royce Nene war eines der stärkeren Strahltriebwerke mit Radialverdichter. Es diente der Meteor mit Schubablenkung und der Flying Bedstead als Antrieb.

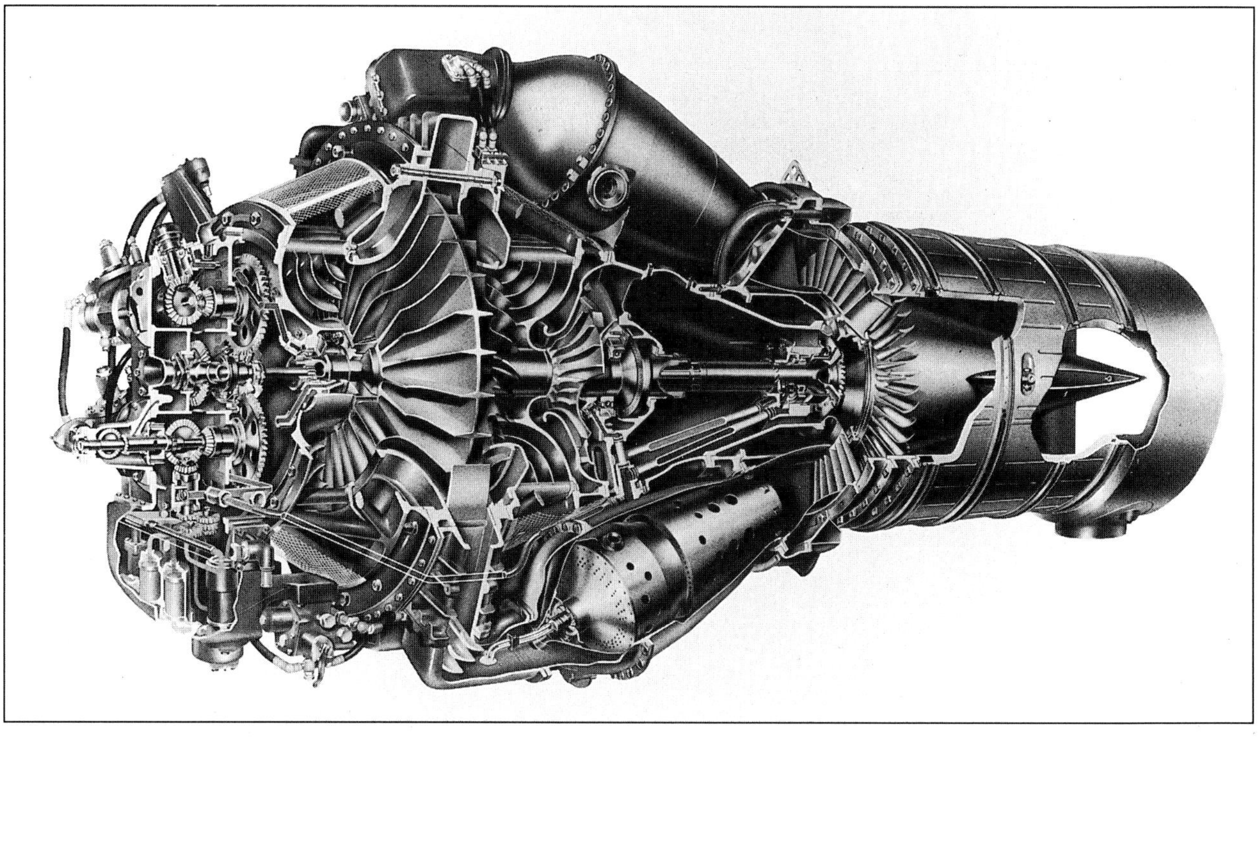

Das Armstrong-Siddeley Viper ASV 8 war ein kleines, leichtes Strahltriebwerk von knapp 800 kp Schub. Es fand in der Bell X–14 Verwendung.

Das Rolls-Royce Avon weist die für Axialtriebwerke typischen klaren Linien auf. Es wurde in der Ryan X–13 Vertijet eingesetzt.

ternen und Ansaug-Luftströmungen zu gegenseitiger Beeinflussung kommen konnte.

Mit dem Einbau von Strahltriebwerken gab es bei VTOL-Flugzeugen Schwierigkeiten. Der von ihnen erzeugte Auftrieb mußte durch den Schwerpunkt des Flugzeugs verlaufen. Konventionelle Flugzeuge haben ihre Triebwerke in der Rumpfmitte, und jeder Versuch, ihren Düsenstrahl nach unten zu richten, mußte zu einem schnellen Nicken der Nase nach unten führen. Eine Lösung dieses Problems war, die Triebwerke weiter

Das Rolls-Royce Avon war eines der ersten englischen Axialtriebwerke; sein hohes Schubgewichtsverhältnis sicherte ihm einen Platz in der Ryan X–13 Vertijet. Für diese Verwendung wurde lediglich das Schmiersystem modifiziert, damit es sowohl in waagerechter wie in senkrechter Fluglage betriebsfähig blieb.

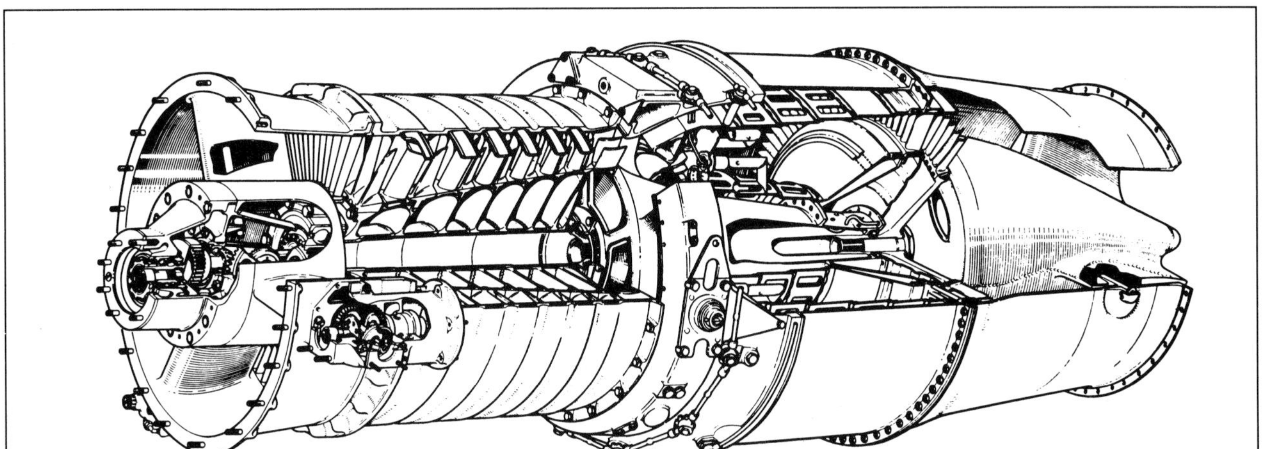

nach vorne zu verlegen. Dieser Lösung jedoch stand die Forderung entgegen, den Piloten und das Avionikgerät vorne unterzubringen, und sie führte in der Regel zu unbefriedigenden Kompromissen. Die Wahl von Auslegung und Triebwerkanbringung bei VTOL-Flugzeugen war häufig von der Notwendigkeit bestimmt, den Auftrieb unter den Schwerpunkt zu legen.

Zu den während der ersten Jahre des Senkrechtflugs in den USA verwendeten Strahltriebwerken zählten das Fairchild J44 mit 455 kp Schub, 1954 in der Bell ATV eingesetzt, und zwei britische Triebwerke, nämlich das 4.530 kp starke Rolls-Royce Avon, das 1955 in der Ryan X–13 flog, sowie das 795 kp starke Viper von Armstrong-Siddeley, das 1957 die Bell X–14 antrieb. Das J34 von Westinghouse mit 1.540 kp Schub fand 1959 in der X–18 Verwendung, allerdings nur zur Steuerung von Nickbewegungen.

Bei General Electric konstruierte die Abteilung für kleine Flugzeugtriebwerke das leichte Strahltriebwerk J85 als Antrieb für den Flugkörper Quail; es wurde ein sehr erfolgreiches Triebwerk. Es wog nur 317 kg, erzeugte aber 1.360 kp Trokkenschub oder 2.265 kp mit Nachbrenner. Das J85 löste das Viper in der Bell X–14 ab und wurde in der XV–5 Vertifan von Ryan, der XV–4B Hummingbird II von Lockheed sowie dem Schwenktriebwerkprojekt XF-109 von Bell eingesetzt.

Hubtriebwerke

In Großbritannien hatte Rolls-Royce das leichte Triebwerk Soar entworfen, das in Lenkwaffen eingesetzt werden sollte. Aus ihm entwickelte Dr. A. A. Griffiths eine Familie hochspezialisierter Axialhubtriebwerke, die mit dem RB108 begann und mit dem RB145 und dem RB162 fortgesetzt wurde. Das Hubtriebwerk war als Lösung für die Schwierigkeiten mit dem Schubgewichtsverhältnis gedacht. Es war so optimiert, daß es ein Maximum an Schub bei einem Minimum an Gewicht leisten konnte, und das auch nur für kurze Zeit. Theoretisch konnte man den für den Senkrechtstart benötigten Schub für den Nachteil von sehr wenig Gewicht erzeugen.

Hubtriebwerke konnten leicht in neue

Das Hubtriebwerk RB145 von Rolls-Royce trieb die VJ101C im Senkrecht- wie im Horizontalflug an. Sein Schub konnte derartig genau geregelt werden, daß man die Fluglage damit steuern konnte – sogar mit Nachbrenner. ▷

Das Rolls-Royce RB108 war das erste einer Familie von besonders entwickelten leichten Hubtriebwerken. Es wurde in der Short SC-1 und vielen Schwebegestellen eingesetzt.

Entwürfe aufgenommen oder in bestehende Konstruktionen eingebaut werden, die erforderlichen Steuersysteme waren erprobt, und der Übergangsflug bereitete keine Schwierigkeiten. Somit waren sie für Hersteller, die sich auf das Gebiet des Senkrechtflugs wagen wollten, durchaus verlockend, und sie sollten noch für eine ganze Weile das Senkrechtstartdenken der Europäer beeinflussen.

1955 leistete das RB108 einen Schub von 965 kp bei einem Gewicht von nur 122 kg, ein Verhältnis also von nahezu 8:1. Es wurde in der SC-1 und in der Balzac sowie in verschiedenen fliegenden Testgestellen eingesetzt. Die anschließende Weiterentwicklung der Hubtriebwerkfamilie führte zu Schubgewichtsverhältnissen von bis zu 16:1. Wenn sie – wie in der Mirage IIIV – mit getrennten Marschtriebwerken eingesetzt wurden, erwiesen sich Hubtriebwerke allerdings als zu viel totes Gewicht. Trotzdem konnten sie mit gutem Erfolg in Schwenktriebwerkflugzeugen wie der VJ101C für Auftrieb und Vortrieb eingesetzt werden oder, wie in der

▷ Das Rolls-Royce RB162 verwendete auch Plastikteile, um das Gewicht auf ein Minimum zu verringern. Es flog in der VFW VAK191 und der Dornier Do 31.

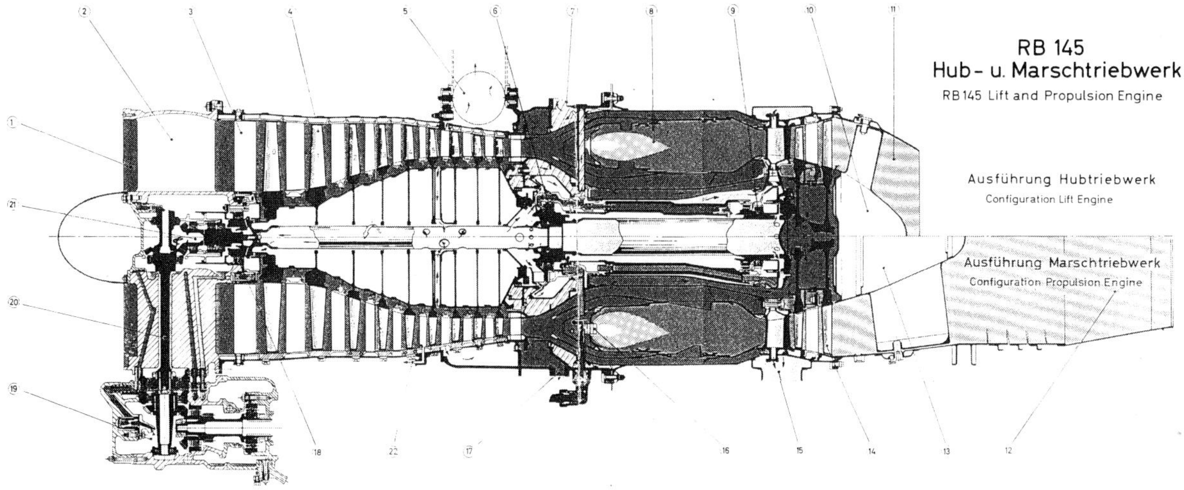

1 Lufteinlauf	Air intake	12 Marschtriebwerksdüse	Jet pipe - Propulsion engine
2 Einlaufstreben	Struts	13 Turbinenkonus - Marschtriebwerk	Exhaust cone - Propulsion engine
3 Verstellbare Eintrittsleitschaufel	Variable inlet guide vane	14 2stufige Turbine	2stage turbine
4 9stuf. Axialverdichter	9stage axial compessor	15 Kühlluftaustritt	L.P. cooling air outlet
5 Luftabblaseventil	Bleed air valve	16 Brenner	Fuel burner
6 Mittleres Lager	Center bearing	17 H.D. Entnahmeluft	H.P. air bleed
7 Dichtungsluft	Sealing air rent	18 Vorderes Lager	Front bearing
8 Brennkammer	Combustion chamber	19 Getriebekasten Geräteträger	External gear box
9 Hinteres Lager	Rear bearing	20 Königswelle	Vertical drive shaft
10 Turbinenkonus - Hubtriebwerk	Exhaust cone - Lift engine	21 Getriebe in der Nabe	Internal gear box
11 Hubtriebwerksdüse	Jet pipe - Lift engine	22 Dichtungsluft für Entlüfter	Pressurizing air to breather seals

VAK191 oder der Do31, die Schubvektorsteuerung unterstützen. Alle Hubtriebwerke von Rolls-Royce sind im Derby Industrial Museum ausgestellt.

Schubverstärkung

Der amerikanische Weg zu den Hubtriebwerken war, konventionelle Marschtriebwerke zu verwenden und ihren Schub zu verstärken. Das JT12 mit 1.495 kp Schub von Pratt&Whitney wurde 1962 in der XV–4A Hummingbird von Lockheed mit einem Schubverstärkersystem verwendet. Das Schubverstärkersystem war Teil der Zelle und wird zusammen mit der XV–4A beschrieben. In ihrer späteren Form als XV–4B flog die Hummingbird mit dem 1.360 kp starken General Electric J85 ohne Schubverstärkung.

Beschaufelte Laufräder

Das beschaufelte Laufrad, auch Jetfan oder Turborotor genannt, wurde von Avro Canada über deren Avrocar eingeführt. Anstatt den Triebwerkschub direkt zu nutzen, trieben sie mit ihm eine um die Peripherie eines Laufrads angeordnete Arbeitsturbine an. Dadurch wurde der geringe Durchsatz der Düsengase mit hoher Austrittsgeschwindigkeit zu hohem Durchsatz bei niedriger Geschwindigkeit umgewandelt. Das Ergebnis war erhöhter Auftrieb bei gleicher Leistung.

General Electric griff diesen Gedanken auf setzte ihre J85-Triebwerke dazu ein, Turborotoren anzutreiben. Diese erzeugten damit den etwa dreifachen Schub und wurden in der Ryan XV–5 verwendet. Der Turborotor wurde nicht weiterentwickelt, aber er lebte als Teil des Pegasus weiter und diente als Basis für den leistungsstärkeren Düsenflug.

Das Orpheus

1952 trat Teddy Petter von Folland Aircraft an Dr. Stanley Hooker von Bristol Engines heran mit der Bitte, ein Triebwerk zu konstruieren, das in den geplanten leichten Jäger Gnat von Folland passen würde. Dr. Hooker hielt es für möglich, ein kleines Axialtriebwerk herzustellen, das 360 kg wiegen und 2.250 kp Schub leisten würde. Das Projekt wurde zum BE26 Orpheus.

Der Entwurf des Orpheus stand unter der Verpflichtung, Vorgaben hinsichtlich Schub und Gewicht einzuhalten, also wurden Methoden für eine einfachere und leichtere Konstruktion entwickelt. Bei den meisten Triebwerken war die Antriebswelle von der Arbeitsturbine zum Verdichter üblicherweise in der Mitte durch ein drittes Lager gestützt, um ein Durchbiegen zu vermeiden. Das Orpheus allerdings hatte kein mittleres Lager, und die Welle wurde durch ein dünnwandiges Rohr großen Durchmessers ersetzt, das von Natur aus nicht zum Durchbiegen neigte. Diese eine Neuerung machte andere Abänderungen möglich, die zum Wegfall anderer Bautei-

Das RB145 war so konstruiert, daß es zu Auftrieb wie Vortrieb eingesetzt werden konnte. Es fand im Kipptriebwerkflugzeug VJ101C Verwendung.

le führten und das Orpheus fertigungs- und wartungsfreundlicher machten. Es hatte noch einen weiteren Vorteil, den man allerdings damals noch nicht erkannt hatte.

Das Orpheus war ein hervorragendes Triebwerk und für die Gnat geradezu ideal. Die Gnat war ein ausgezeichneter leichter Jäger, aber sie wurde von der britischen Luftwaffe hartnäckig ignoriert, da sie konventionelle, große und schnelle Jäger mit der allerletzten Avionik haben wollte. Glücklicherweise zeigte Hauptmann Johnny Driscoll, Leiter des Programms für gemeinsame Waffenentwicklungen der amerikanischen Luftwaffe, an leichten Jägern für die Verteidigung europäischer NATO-Länder Interesse. Er unterstützte einen Wettbewerb für leichte Jäger der NATO. Das Orpheus trieb alle ernsthaften Konkurrenten an, und Driscoll bot an, 75 Prozent der Mittel für die Entwicklungskosten des Orpheus bereitzustellen. Bristol akzeptierte und brachte die restlichen 25 Prozent aus eigenen Mitteln auf, da die britische Regierung kein Interesse zeigte. Das Orpheus war sehr erfolgreich und wurde sowohl in Großbritannien als auch – unter Lizenz – in Italien und Deutschland hergestellt. Es wurde für den Vortrieb der Balzac V001 und als Antrieb der Hunting H126 mit angeblasenen Tragflächen verwendet. Da es bei geringem Gewicht hohen Schub hergab, erwies es sich als wichtiges Mittel für die Entwicklung der Schubvektorsteuerung, zudem ließ die hohle Welle Raum für weitere Entwicklungen.

Ein vollständiges Orpheus ist im Bristol Industrial Museum ausgestellt, ein weiteres steht beim Rolls-Royce Heritage Trust, Patchway, Bristol.

Schwenkdüsentriebwerke

Eines der Probleme, dem sich die Konstrukteure von VTOL-Flugzeugen gegenüber sahen, war, die Auftriebskraft durch den Schwerpunkt des Flugzeugs zu legen, ohne den Triebwerken einen widersinnigen Platz zuweisen zu müssen. Michel Wibault, ein Veteran unter den französischen Flugzeugkonstrukteuren, löste das Problem des Auftriebsmittelpunktes mit seinem Entwurf für den Gyroptère. Er ließ vier radiale Verdichter, die im Quadrat um den Schwerpunkt angeordnet waren, von einem hinten liegenden Triebwerk antreiben. Die Verdichtergehäuse waren schwenkbar und konnten für den Auftrieb nach unten oder für den Vortrieb nach hinten blasen.

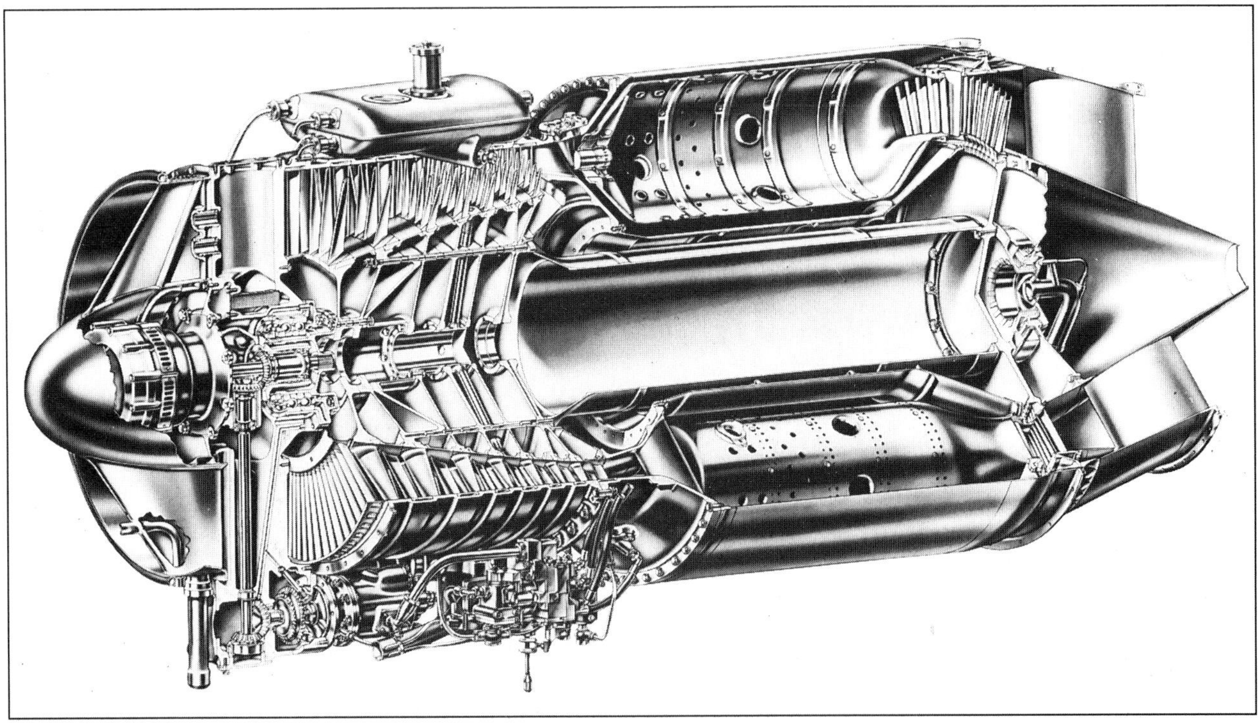

Das Bristol Orpheus war ein einfaches, preiswertes und leichtes Triebwerk mit viel Potential für Weiterentwicklungen. Die hohle mittlere Welle ließ viel Platz für eine spätere zweite Welle.

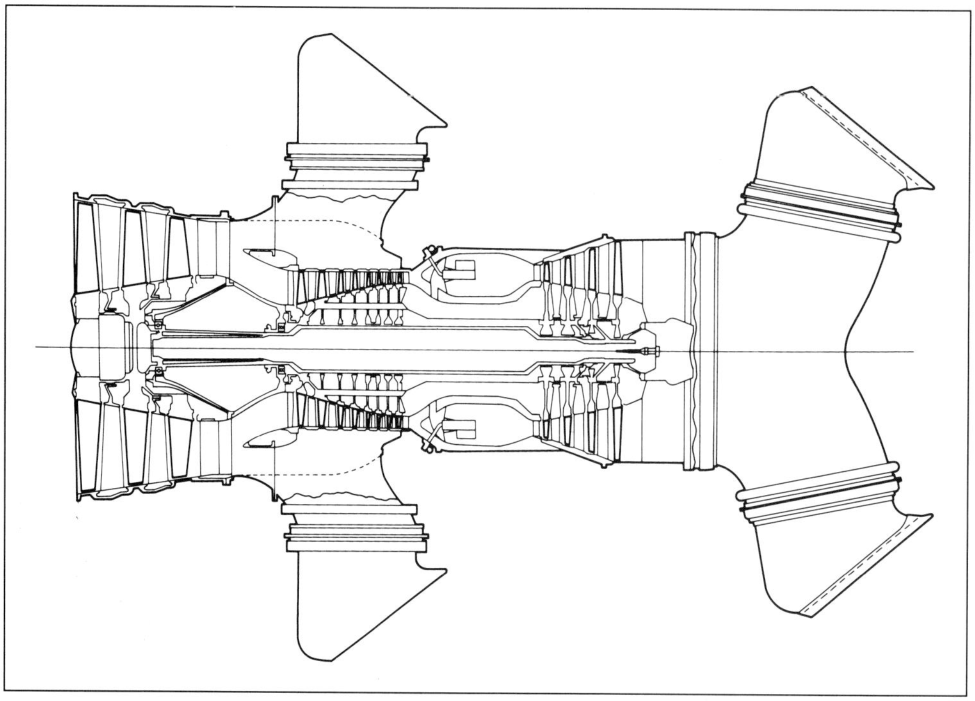

Diese vereinfachte Schnittzeichnung verdeutlicht den Aufbau des Pegasus: links das dreistufige Niederdruckfrontgebläse, dahinter der achtstufige Hochdruckverdichter und rechts die vier Stufen der Arbeitsturbine.

Dieses Schnittmodell des Pegasus zeigt eine detailliertere Darstellung der komplizierten Konstruktion. Die dünnen Rohre außen führten den hinteren Düsenschwenklagern »kalte« Gebläsezapfluft von immerhin noch 100 Grad Celsius zur Kühlung zu.

Da Wibault von der französischen oder der amerikanischen Regierung keinerlei Unterstützung bekam, wandte er sich an Hauptmann Johnny Driscoll, der noch

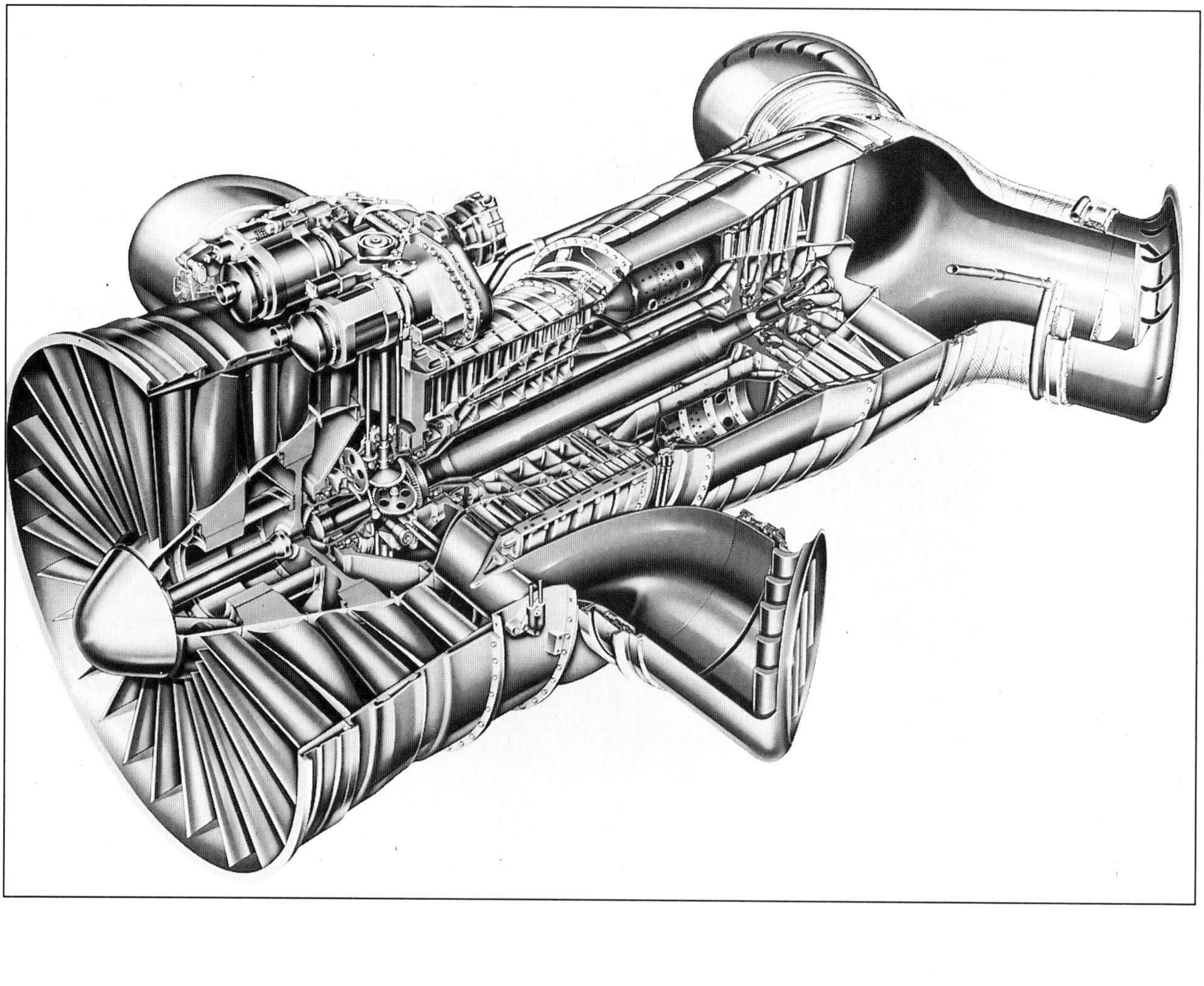

Das Rolls-Royce RB193 war ein vom Spey abgeleitetes Schubvektorstrahltriebwerk. Es war kleiner und leichter als das Pegasus und wurde, zusammen mit zwei RB162-Hubtriebwerken, in der VAK191 eingesetzt.

Das Bristol Siddeley BS100 war für die Hawker P.1154 und ähnliche VTOL-Projekte im Überschallbereich vorgesehen. Man kann das Kaltstrahlverbrennungssystem als blattartige Struktur in der vorderen Düse erkennen; die anschließende variable Rampe verbindet vordere und hintere Düse.

immer das Programm für gemeinsame Waffenentwicklung leitete. Driscoll gefiel diese Idee und er besprach sich mit von Karman, der dafür den Begriff »Schwenkdüse« festlegte. Sie baten Dr. Hooker von Bristol nach Paris und konnten ihn für das Konzept interessieren. Hooker leitete das Konzept an seinen Stab in Patchway weiter, wo Gordon Lewis den Vorschlag machte, die leistungsschwachen Radialverdichter durch einen einzigen Axialverdichter zu ersetzen. Diese Auslegung wurde gemeinsam unter den Namen von Wibault und Lewis patentiert (Britisches Patent Nr. 881.662).

Wiederum wurde eine Unterstützung durch die Regierung abgelehnt. Wie beim Orpheus beteiligte sich Driscoll's Dienststelle mit 75 Prozent, und Bristol brachte die restlichen 25 Prozent auf.

Zunächst beabsichtigte man, den

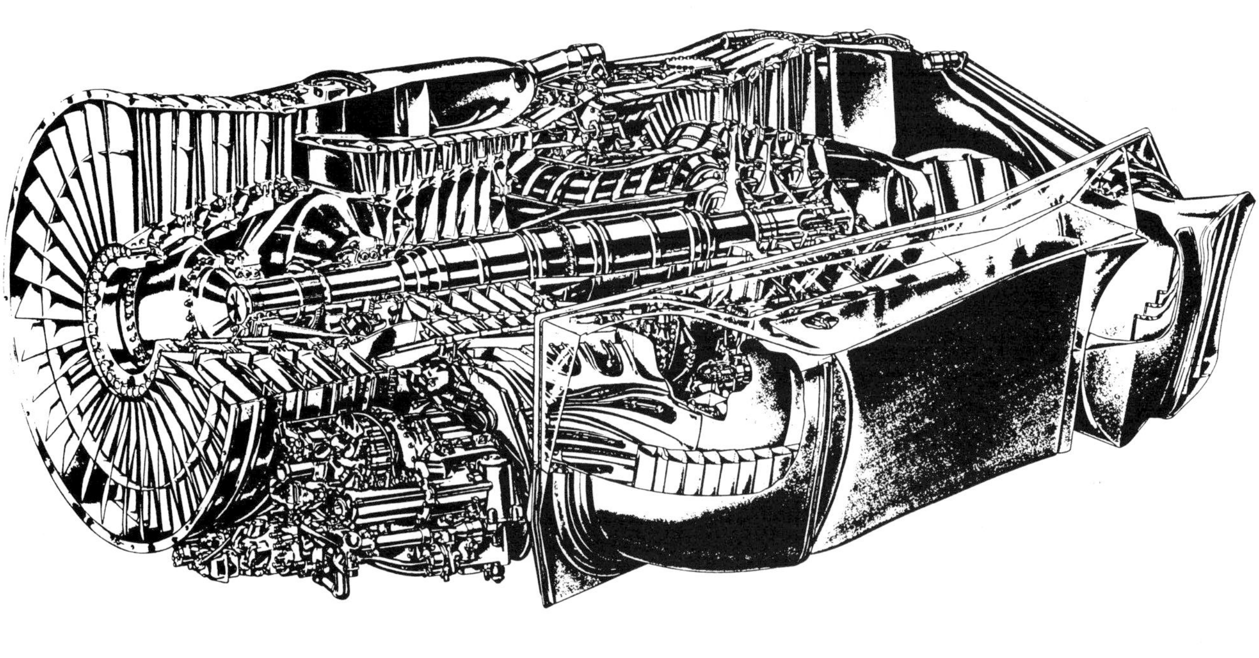

Axialverdichter mit einem Turbomotor wie etwa dem Orion anzutreiben, aber der war zu schwer. Ein leichteres Triebwerk wie das Orpheus schien sich besser zu eignen. Die innere Auslegung des Orpheus war besonders günstig, da die zentrale Welle hohl war. Man fügte eine zusätzliche Arbeitsturbinenstufe hinzu und trieb damit eine zweite Welle an, die durch den vorderen Teil des Orpheus lief und den zusätzlichen Verdichter antrieb, der aus zwei Stufen eines Olympus bestand.

Aus diesem Entwurf entwickelte sich das BE53 Pegasus, und Hawker konstruierte das Flugzeug P.1127 darum herum. Hawker trug zur Konstruktion des Pegasus durch den Vorschlag bei, ein gabelförmig geteiltes Strahlrohr sowie schwenkbare Düsen vorn und hinten zu verwenden – eine Auslegung, die im Patent von Wibault/Lewis vorgesehen war; darüber hinaus schlug Hawker Wassereinspritzung zur Erhöhung des Schubs vor.

Nach Auswertung der Erfahrungen ihrer Testpiloten in den USA bestand Hawker darauf, daß die zwei Wellen des Pegasus sich gegenläufig drehen sollten, um die Kreiselwirkung auszuschalten. Bristol stimmte dem zu, war aber nicht sonderlich glücklich über die Kosten, die durch zusätzliche Werkzeugmaschinen für die Anfertigung linksdrehender Turbinen- und Verdichterschaufeln anfielen. Der Wegfall der Kreiselwirkung erwies sich als wichtige Neuerung, durch die sich die P.1127 leichter fliegen ließ.

Zunächst hatte das Pegasus einen Schub von weniger als 4.500 kp, der die P.1127 ohne Zuladung gerade nur vom Boden abheben lassen konnte. Der Schub des Pegasus wurde auf Forderung von Hawker aber stufenweise erhöht, als die P.1127 zur Kestrel wurde und später dann zur Harrier, die eine beträchtliche Waffen- und Kraftstoffzuladung mitführen mußte. Der derzeitige Schub des Pegasus beträgt 9.740 kp, mehr als das Doppelte der Anfangsleistung. Diese Leistungssteigerung mußte ohne jegliche Vergrößerung des Triebwerks erreicht werden, da die Flugzeugzelle so eng am Triebwerk anliegt.

Ein Pegasus ist im Bristol Industrial Museum, Bristol Docks, ausgestellt. Dieses Triebwerk wird in »explodiertem« Zustand gezeigt, damit man alle inneren Komponenten betrachten kann. Darüber hinaus kann man das Pegasus mit in der Nähe ausgestellten Orpheus- und Olympustriebwerken vergleichen.

Erst das Pegasus machte die Harrier möglich, eines der sehr wenigen VTOL-Flugzeuge, die tatsächlich in Dienst gestellt wurden. Es zeigte auch, wie man ein Düsentriebwerk zum Antrieb eines Gebläses verwenden kann, und wurde zur Basis einer neuen Generation leistungsstarker Mantelstromtriebwerke. Es war das einzige Schwenkdüsentriebwerk, das in der westlichen Welt Einsatzreife erlangte, allerdings wurden auch andere Konstruktionen von Schubvektortriebwerken in kleinen Stückzahlen hergestellt.

Rolls-Royce schloß sich mit der deutschen Firma MAN (MTU) zusammen, um das RB193 für die VAK191 zu bauen. Das RB193 war eine verkleinerte Ausgabe des Spey und hatte kleinere Pegasusdüsen, die unter Lizenz von Bristol gefertigt wurden. Ein RB193 kann im Derby Industrial Museum besichtigt werden.

Rolls-Royce stellte auch eine Version des Spey für die Buffalo mit Hochauftriebstragflächen der NASA her. Hier wurde Luft aus dem kalten Kreis für die Tragflächen abgezapft, und die heißen Triebwerkabgase wurden den hinteren Pegasusdüsen zugeleitet, so daß sie nach unten oder nach hinten gerichtet werden konnte. Das Spey ist in konventioneller Form in Derby ausgestellt.

Mitte der 60er Jahre konzentrierte sich das Interesse der Europäer am Senkrechtflug auf die Forderung NBMR3 der NATO nach einem Überschalljäger. Hawker konstruierte die P.1154, und Bristol baute das BS100 als Antrieb. Das BS100 war eine vergrößerte Ausgabe des Pegasus, das um ein Olympus-Basistriebwerk gebaut war und vorne ein Gebläse großen Durchmessers hatte. Die Düsen standen nicht waagerecht von den Seiten des Triebwerks ab und schwenkten um waagerechte Achsen, sondern waren nach unten abgewinkelt und schwenkten um Achsen, die unter den Horizont geneigt waren.

Das BS100 hatte ein komplexes Brennersystem, das in dem Kanal lag, der Kaltluft vom Gebläse zu den vorderen Düsen führte. Dieses Verfahren nannte man PCB oder Plenum Chamber Burning (Kaltstrahlverbrennung). Die vorderen Düsen waren jeweils in zwei gleiche Hälften unterteilt. Lief das Triebwerk trokken, wurden nur die äußeren Hälften benutzt. Bei Kaltstrahlverbrennung war sowohl die innere wie die äußere Hälfte im Einsatz. Die nicht benutzten inneren Hälften wurden durch eine Klappe stillgelegt, wenn sie nicht benötigt wurden. Die Kaltstrahlverbrennung sollte bei Senkrechtflug und bei Beschleunigung auf Überschallflug eingesetzt werden.

Der Trockenschub lag bei etwa 10.900 kp und wurde gleichmäßig auf vordere und hintere Düsen aufgeteilt. Die Kaltstrahlverbrennung verdoppelte den Schub der vorderen Düsen und erzeugte einen Gesamtschub von 16.300 kp.

Insgesamt wurden sechs BS100 hergestellt. Fünf absolvierten ihre Testläufe, und das sechste wurde zwar zusammengebaut, ist aber nie gelaufen. Ein Triebwerk steht im Rolls-Royce Heritage Center, Patchway, Bristol, ein zweites im Science Museum, Wroughton, Wiltshire, und ein drittes kann auf dem Fliegerhorst Cosford besichtigt werden. Im Bristol Industrial Museum, Bristol Docks, ist ein Kaltstrahlbrenner ausgestellt. Desgleichen ist dort das Olympus ausgestellt, das das Frontgebläse für das erste Pegasus und das Basistriebwerk für das BS100 stellte.

4 HECKSTARTER

Die ersten Senkrechtstartprojekte, die Mitte der 50er Jahre auftauchten, waren Heckstarter, die in senkrechter Haltung abhoben. Es waren kleine, fast konventionelle Flugzeuge, bei denen der Übergang vom waagerechten zum senkrechten Flug ganz einfach so ablief, daß sie die Nase hochzogen, bis das Flugzeug an seinem Propeller hing oder auf dem Schub seines Triebwerks schwebte. Den umgekehrten Übergang vom Schwebe- zum Marschflug erreichte man, indem man die Nase langsam nach vorne drückte, so daß das Flugzeug auf aerodynamische Fluggeschwindigkeit beschleunigte.

Insgesamt gab es vier Heckstarter. Zwei wurden finanziell von der amerikanischen Marine getragen und verwendeten ein starkes Turboprop-Triebwerk von Allison, das gegenläufige Propeller antrieb; es waren die Lockheed XFV–1 Salmon und die Convair XFY–1 Pogo. Die amerikanische Luftwaffe unterstützte den Düsen-Heckstarter X–13 von Ryan, und die französische Triebwerkfirma SNECMA baute einen weiteren Düsen-Heckstarter, der als Coléoptère bekannt wurde.

Propeller-Heckstarter

Die amerikanische Marine befaßte sich intensiv mit den Problemen der Geleitzugsicherung, die während des Zweiten Weltkriegs aufgetreten waren. Damals mußte eine hohe Zahl alliierter Kriegsschiffe zum Schutz der Konvois von Handelsschiffen eingesetzt werden, die den Atlantik mit Nachschubgütern für die Verteidigung Englands und die Invasion des europäischen Festlands überquerten. Die Marine wollte jetzt Kriegsschiffe für andere Aufgaben freistellen, indem man Handelsschiffe mit ihrem eigenen Luft-

Die Lockheed XFV–1 Salmon in senkrechter Startposition. Sie ist zwar nie senkrecht gestartet oder gelandet, hat aber Übergangsflüge in größeren Höhen durchgeführt. ▷

In den 50er Jahren wurden Propeller- und Strahlheckstarter entwickelt. 1960 wurden sie vom Fortschritt im Triebwerkbau und der Entwicklung von Steuersystemen, die den Start aus waagerechter Lage ermöglichten, überholt.

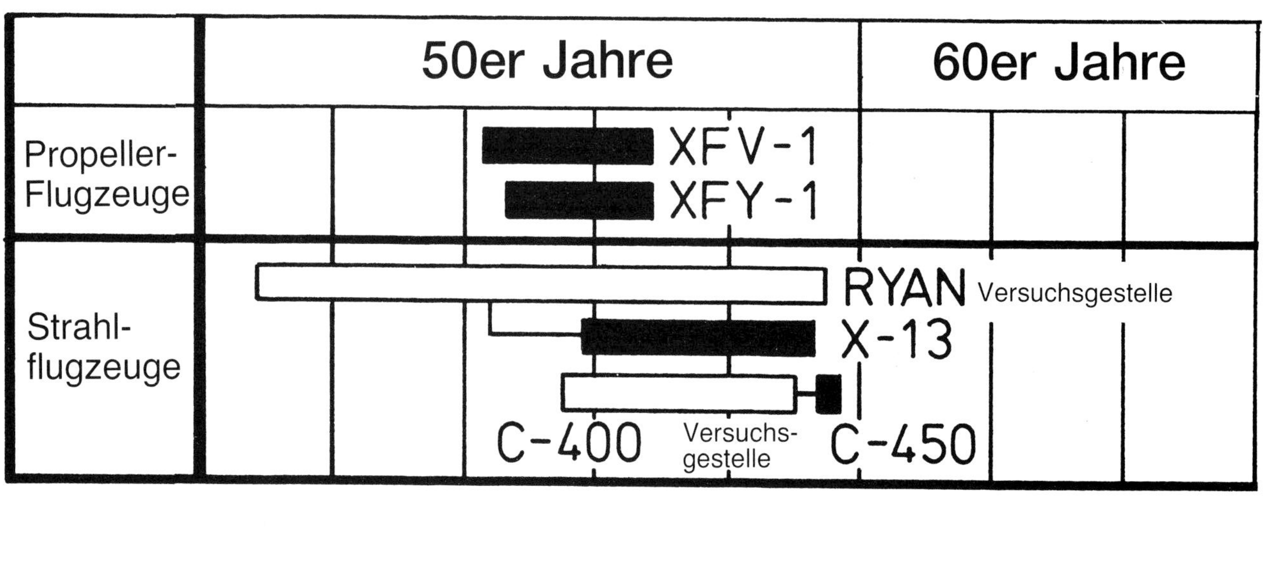

NAVY
LOCKHEED
XFV-1
LOCKHEED
XFV-1
XFV-1

VERTIJET
U.S.
41619
X-13
VERTIJET

verteidigungssystem aus kleinen VTOL-Jägern ausrüstete. 1950 wurde ein Konstruktionswettbewerb ausgeschrieben.

Angebote wurden eingereicht von Convair, Lockheed, Martin, Goodyear und Northrop. Der Vorschlag von Convair wurde als hervorragend eingestuft und versprach auch die geringsten Kosten. Auf dem zweiten Platz rangierten Lockheed und Martin, und man entschied sich für Lockheed, weil deren Kosten niedriger lagen und ihre geographische Lage günstiger für eine Arbeitskoordinierung zwischen ihnen und Convair war.

Beide Flugzeuge waren in Größe und Gewicht vergleichbar. Beide verwendeten das Triebwerk YT–40-A–14 von Allison, das aus zwei T–38-Gasturbinen bestand, die nebeneinander angeordnet waren. Im Normalbetrieb erbrachte das Triebwerk 5.500 PS Wellenvergleichsleistung, wobei jedoch beim Start eine befristete Notleistung von 7.100 PS zur Verfügung stand. In beiden Flugzeugen trieb das YT–40 ein Paar dreiblättriger, gegenläufiger Propeller von 4.87m Durchmesser an. Sie waren von Curtiss-Wright angefertigt und verfügten über elektrische Blattwinkelverstellung. Der Standschub der Propeller betrug mehr als 4.530 kp.

Die Firma Lockheed kam als erste mit ihrer XFV–1, die Clarence L. »Kelly« Johnson konstruiert hatte, heraus. Sie wurde später nach dem Testpiloten Herman »Fish« Salmon in Salmon (Lachs) umbenannt. Die XFV–1 war in ihrem Aussehen kleinen konventionellen Flugzeugen mit Propellerantrieb sehr ähnlich. Der Rumpf war 11.27m lang und hatte eine schlanke Zigarrenform; das Cockpit lag weit vorne. Der eingebaute Schleudersitz konnte nach vorne geschwenkt werden, um dem Piloten eine bessere Sitzposition zu bieten, wenn das Flugzeug auf dem Heck ruhte. Die geraden Tragflächen mit leichter Verjüngung hatten eine Spannweite von 9.14m und waren weit zurückgesetzt. Vier Stabilisierungsflossen waren kreuzförmig hinten am Rumpfheck angebracht, konventionellen Flugzeugen gegenüber jedoch um 45 Grad versetzt. Jede Flosse hatte über die volle Länge ein Ruder mit Trimmklappe. Der Abstand zwischen Tragflächen und Flossen war viel geringer als bei herkömmlichen Flugzeugen.

Die XFV–1 Salmon auf ihrem Rollgestell. Der Pilot bestieg das Flugzeug, wenn es waagerecht lag, dann hob das Gestell die Salmon – mit Pilot – in die senkrechte Startposition.

Im Schwebeflug wurde das Flugzeug gesteuert, indem man die Stabilisierungsflossen zur Ablenkung des Propellerstrahls benutzte. Die Versetzung der Flossen um 45 Grad reduzierte die Beeinflussung des Luftstroms durch die Tragflächen, und die Kürze des Rumpfhecks brachte die Flossen weiter nach vorne und somit besser in den Luftstrom. Der Übergang vom Schwebe- zum Marschflug wurde eingeleitet, indem man die Nase nach vorne neigte und horizontale Geschwindigkeit aufnahm, bis der Auftrieb der Tragflächen einsetzte. Umgekehrt wurde aus dem Marschflug heraus die Nase zur Verringerung der Geschwindigkeit so lange hochgezogen, bis das Flugzeug schwebte.

Die XFV–1 hatte man mit diversem Bodengerät versehen, zu dem auch ein Rollgestell gehörte, auf dem sie waagerecht transportiert und für den Start senkrecht aufgerichtet werden konnte. In der Vertikalen stand es auf vier Stützbeinen mit Schwenkrollen, und das Rollgestell konnte entfernt werden. Das Rollgestell verfügte über eine ausgeklügelte Kombination von Gleit- und Drehvorrichtungen, um den Schwerpunkt des Flugzeugs beim Aufrichten stets über dem Schwerpunkt des Rollgestells zu halten.

Die XFV–1 bekam zunächst ein konventionelles Fahrwerk und absolvierte ihren ersten Horizontalflug im März 1954. Insgesamt wurden in diesem Jahr 27 Flüge durchgeführt, wobei man erst die Flugeigenschaften bei niedrigen Geschwindigkeiten untersuchte und dann den partiellen Übergang in den Senkrechtflug probierte. Volle Übergänge vom horizontalen in den vertikalen Flug – und umgekehrt – wurden im Herbst 1954 durchgeführt. Dabei stieß das Programm auf verschiedene größere Probleme. Beim Übergang vom horizontalen zum vertikalen Flug stieg das Flugzeug um mindestens 100 Meter, wenn die Nase hochgezogen und kinetische Energie in potentielle Energie umgesetzt wurde. War das Flugzeug dann in vertikaler La-

Die Lockheed XFV–1 Salmon im Horizontalflug, hier mit vorübergehend angebrachtem Fahrwerk mit Rädern.

Die XFY–1 Pogo in senkrechter Startposition. Ihre gedrungene Gestalt verbesserte im Senkrechtflug den Luftstrom über die Steuerflächen. In die Pogo hineinzukommen war nicht ganz einfach.

ge, konnte man es nur sehr wenig steuern und der Pilot hatte keinen visuellen Bezugspunkt, der ihm sagte, wie schnell er stieg oder sank. Alle Flüge mit niedrigen Geschwindigkeiten sowie alle Übergangsflüge wurden in Höhen von mehr als 300 Metern durchgeführt, und vertikale Starts oder Landungen wurden nicht versucht.

Die XFV–1 wurde aufgegeben, als offensichtlich wurde, daß die verfügbaren Triebwerke und Steuersysteme nicht in der Lage sein würden, ihr adequate Senkrechtflugeigenschaften zu verleihen. Sie wurde daraufhin zum San Diego Aerospace Museum, Balbao Park, San Diego, überführt. Zwar hat sie senkrechte Starts und Landungen niemals tatsächlich durchgeführt, aber sie hat für die Konstruktion zukünftiger VTOL-Flugzeuge eine Fülle wertvoller Erkenntnisse geliefert.

Die Convair XFY–1 Pogo benutzte das gleiche Allison-Triebwerk wie die XFV–1, war aber in ihren Gesamtabmessungen mit 9.44m Länge und 7.92m Spannweite etwas kleiner. Aerodynamisch allerdings war sie völlig anders ausgelegt. Convair verwendete Deltaflächen, die dem Flugzeug bei weniger Gewicht mehr Festigkeit gaben und bei geringen Geschwindigkeiten und hohen Anstellwinkeln viel bessere Leistungen aufwiesen – ein offensichtlicher Vorteil beim Wechsel zwischen senkrechtem und waagerechtem Flug. Große senkrechte Stabilisierungsflossen waren oberhalb und unterhalb des Rumpfhecks angebracht und paßten sich der Deltaform der Tragflächen an. Die untere Flosse konnte im Notfall für eine Bauchlandung abgeworfen werden. Tragflächen und Flossen trugen Steuerflächen über fast die gesamte Länge ihrer Hinterkanten. Der Propellerstrahl wurde durch Flächen und Flossen viergeteilt, was sicherstellte, daß alle Steuerflächen beim Schwebeflug im Luftstrom lagen. Trotzdem waren im Senkrechtflug nur kleine Steuerkräfte verfügbar, und die Kontrolle über das Flugzeug kann nur begrenzt gewesen sein.

Wie die XFV–1 hatte auch die XFY–1 ein Bodentransportgestell, auf dem sie waagerecht bewegt und dann in die Senkrechte aufgerichtet wurde, wonach sie auf ihrem Heck stand. Zu Beginn des Testprogramms wurde die Spitze der unteren Flosse entfernt, wahrscheinlich um das Aufrichten auf dem Gestell zu erleichtern. Zudem hatte man eine Kuppel zum Schutz des Flugzeugs konstruiert, die sich wie eine Muschel an einem senkrechten Scharnier öffnen ließ; sie konnte an die XFY–1 herangerollt werden, um die Maschine völlig einzuschließen. Plattformen innerhalb der Kuppel ermöglichten die überdachte Wartung des Flugzeugs, auch wenn es senkrecht aufgerichtet war.

Die große Bauchflosse der Pogo erschwerte die Anbringung eines herkömmlichen Fahrwerks für horizontale Starts. Daher entschied sich Convair für Flugerprobungen an Halteseilen, die in der riesigen, 60m hohen Luftschiffhalle der Marine auf dem Flugplatz Moffett am Südende der Bucht von San Francisco stattfanden. Hier verband ein Halteseil den Bug der Pogo mit einer Winde unter dem Dach der Halle. Wenn die Pogo vom Boden abhob, straffte die Bedienung an der Winde das lockere Seil, ohne jedoch das Flugzeug selbst anzuheben. Kam der Pilot in Schwierigkeiten, gab er das Kommando: »Auffangen!« und stellte das Triebwerk ab. Der Seilführer blokkierte darauhin die Winde, und die Pogo schwang in der Mitte der Halle hin und her, bis sie vorsichtig auf den Boden herabgelassen wurde.

Im April 1954 begann der Testpilot J. F. »Skeets« Coleman mit den gefesselten Erprobungsflügen. Im beengten Raum der Halle verursachte die von der schwebenden Pogo nach unten abgestrahlte Luft verschiedene Probleme. Die Luft in der Halle entwickelte Turbulenzen, die die Steuerung des Flugzeugs erschwerten. Die Temperatur in der Halle stieg an, wodurch das Triebwerk an Leistung und Schub verlor. Rauchschwaden und Dunst entwickelten sich, Staub wurde aufgewirbelt, und all das – zusammen mit dem Lärm des über 3.000 kp starken Triebwerks in einem umschlossenen Raum – trug erheblich zur Ermüdung des Piloten bei. Konfrontiert mit diesen Schwierigkeiten, mußte Coleman lernen zu schweben. Seine Sitzposition war um 45 Grad gegen das Instrumentenbrett geneigt, während die Nase des Flugzeugs zum Dach zeigte. Er sah keinen Horizont und konnte Fluglage und Höhe nur einschätzen, indem er über seine Schulter angestrengt nach hinten und unten auf den Hallenboden starrte.

Nach mehreren Monaten gefesselter Probeflüge wurde die Pogo nach draußen geschafft, und am 1. August 1954 absolvierte Coleman seinen ersten freien Schwebeflug. Er empfand ihn als leichter als mit dem Halteseil, das unerwünschte Seitenkräfte hatte aufkommen lassen. Die Erprobungsflüge wurden jetzt mit weiteren Schwebeflügen und partiellen Übergangsflügen fortgesetzt. Der erste vollständige »Verticircuit« mit Senkrechtstart, Transition, Horizontalflug, erneutem Übergangsflug und Senkrechtlandung – die erste VTOL-Platzrunde also – gelang am 2. November 1954. Es war der erste Flug mit tatsächlich senkrechtem Start und senkrechter Landung, und Coleman gewann damit die Harmon Trophy.

Die Convair XFY–1 Pogo im Senkrechtflug. Aufzusteigen und in den Horizontalflug überzugehen war ein verhältnismäßig leichtes Manöver. Die Transition zurück in den Senkrechtflug und der Sinkflug waren schon schwieriger.

Da die Pogo nur senkrecht starten und landen konnte, mußten beide Übergangsflüge erstmalig gleich bei demselben Flug durchgeführt werden. Coleman's Kommentare zum Übergang vom horizontalen zum vertikalen Flug sind interessant zu lesen. Das Allison-Triebwerk war so stark, daß es selbst bei ganz zurückgenommener Leistung die Pogo noch mit mehreren hundert Stundenkilometern vorwärts trieb. Coleman mußte den Flugplatz mit einer Reihe ausholender Kurven anfliegen, um die Geschwindigkeit herabzusetzen, bevor er sie in den Steigflug zog, bis durch Überziehen der Strömungsabriß eintrat – an diesem Punkt mußte er Schub und Gewicht zum Schwebeflug ausbalancieren. Dann kam der schwierigste Teil: ein langsamer Sinkflug zum Boden, mit dem Heck voraus.

Die Technik vom senkrechten Starten und Landen steckte damals noch in den Kinderschuhen, und es gab eine Reihe widersprüchlicher Auffassungen über die »richtige« Art, sie zu fliegen und auch über die Dauer, die die Ausbildung hierfür erforderte. Der Testpilot von Convair, Johnny Knebel, versuchte Anfang 1955 einen Flug mit der Pogo, nachdem er lediglich auf einem schubgesteuerten Schwebegestell geübt und eine kurze Einweisung von Coleman erhalten hatte. Bei diesem Flug traten einige interessante und ungeplante Flugmanöver auf. Beide – Knebel und die Pogo – überlebten diesen Versuch, aber er machte auch deutlich, daß gefesselte Flugausbildung unverzichtbar für künftige VTOL-Piloten war.

Im April 1956 wurde C. E. Myers Projektpilot für die XFY–1. Er übte sowohl mit dem schubgesteuerten Gestell als auch mit der gefesselten Pogo. Inzwischen fanden die Fesselflüge im Freien unter einem großen Kran statt. Wo Coleman es noch vorgezogen hatte, den Boden unter sich im Auge zu behalten, bevorzugte Myers die Einbeziehung des Horizonts in Verbindung mit nahegelegenen hohen Objekten bekannter Höhe vor. So konnte er viel leichter Fluglage, Höhe und – am allerwichtigsten – Sinkgeschwindigkeit einschätzen. Allerdings konnte diese Methode nur ab 30m Höhe oder darunter angewandt werden. Wie die Salmon konnte auch die Pogo vom horizontalen in den vertikalen Flug nur übergehen, indem sie die Nase hob und dabei über 100 Meter nach oben stieg. Dann mußte sie – mit dem Heck voraus – vorsichtig auf eine senkrechte Landung ausbalanciert werden, und es war äußerst wichtig, die Sinkgeschwindigkeit sehr sorgfältig im Griff zu behalten. Sank das Flugzeug zu schnell, verloren die Steuerflächen an Wirkung, und selbst bei voller Leistung der Triebwerke konnte es unmöglich werden, den Sinkflug abzufangen, bevor der Boden erreicht war. Damals gab es noch keine für die Messung der Sinkgeschwindigkeit geeigneten Instrumente. Barometrische Geräte waren nicht empfindlich genug, um den langsamen Sinkflug zu erfassen, außerdem wurden ihre Werte durch Propellerstrahl und Vibration verfälscht – und leichte Funkhöhenmesser standen noch nicht zur Verfügung. Der Pilot stand mit einem Angehörigen des Bodenpersonals in Funkkontakt, der Höhe und Sinkgeschwindigkeit visuell einschätzte, indem er die Pogo durch ein Gitter beobachtete.

Während des gesamten Programms gab es fortwährend Probleme mit dem Triebwerk und der elektrischen Propellerverstelleinrichtung. Beide waren für ein VTOL-Projekt nicht zuverlässig genug, und beide trugen zur Einstellung sowohl des XFV–1 als auch des XFY–1-Programms mit bei. Beide Programme wurden erst einmal auf Eis gelegt und tauchten erst in Verbindung mit der Hiller X–18 wieder auf.

Die Convair XFY–1 Pogo stellte ihre Flüge im November 1956 ein und wurde im September 1957 der Smithsonian Institution übergeben.

Rückblickend muß man feststellen, daß sowohl die XFV–1 als auch die XFY–1 sehr ehrgeizige Vorhaben waren. Beide Flugzeuge hingen beim Schwebeflug an ihren Propellern und hatten weder ein getrenntes Steuersystem noch eine Autostabilisierungsanlage, und der Pilot hatte zum Boden meist keinen Sichtkontakt. Trotz all dieser Einschränkungen absolvierten beide Flugzeuge Übergangsflüge, und eines führte sogar komplette »Verticircuits« – Transitionen in beide Richtungen – durch. Verschiedene wichtige und richtungsweisende Neuerungen waren geschaffen worden: Lockheed hatte das vorübergehend angebrachte starre Fahrwerk eingesetzt, um das horizontale Flugverhalten zu erproben, und Convair hatte das schubgesteuerte Schwebegestell und den Fesselflug für die Pilotenausbildung eingeführt.

Strahl-Heckstarter

Während Lockheed und Convair ihre Propeller-Heckstarter mit Unterstützung der amerikanischen Marine erprobten, hatte Ryan mit der amerikanischen Luftwaffe einen Vertrag für einen Strahl-Heckstarter. Lockheed und Convair konnten herkömmliche Steuerflächen, die im Propellerstrahl lagen, zur Steuerung des Schwebeflugs nutzen, Ryan jedoch mußte ein eigenes Steuersystem für den Schwebeflug entwickeln. Sie begannen mit einem schubgesteuerten Testgestell, in dem ein Strahltriebwerk des Typs J33 von Allison das Eigengewicht trug. Das Gestell erlaubte dem Triebwerk, sich nach oben und nach unten zu bewegen sowie sich zur Seite zu neigen. Das Steuersystem benutzte den Schubhebel, um die »Höhe« zu regulieren, und Nick- und Gierbewegungen wurden durch Schubablenkung der Triebwerkabgase über eine Düse gesteuert, die sich wie ein »Auge« in zwei Achsen bewegen konnte. Rollbewegungen um die senkrechte Achse wurden über zwei Zapfdüsen für Heißluft gesteuert, die – eine auf jeder Seite der Hauptdüse – ihrerseits wiederum wie ein »Auge« schwenkbar waren. Dieses Testgestell absolvierte seinen ersten gesteuerten »Schwebeflug« 1950.

Ryan's Testgestell, »das Biest im Hinterhof« genannt, konnte gefesselten Schwebeflug mit Fernsteuerung durchführen.

Der nächste Schritt war ein freifliegendes Schwebegestell, das nur locker angebunden war. Es verwendete ein ähnliches Triebwerk, das ebenfalls über eine in zwei Achsen schwenkbare »Augen«-Düse für die Steuerung von Nick- und Gierbewegungen verfügte. Deltaförmige Tragflächen wurden angebaut, um eine realistische Rolldämpfung zu simulieren. Die »Augen«-Düsen für die Rollsteuerung wurden durch einfache rechtwinklige Krümmer ersetzt, die im Normalbetrieb nach unten bliesen, aber queraxial (»quer zur Flugrichtung«) so gedreht werden konnten, daß sie senkrecht zu den Tragflächen bliesen und dadurch ein Rollmoment erzeugten. Noch immer wurden die heißen Abgase benutzt, allerdings mit viel kleineren Zapfrohren. Am 24. November 1951 absolvierte das Gestell – frei unter einem Kran aufgehängt und ferngesteuert – den ersten Schwebeflug mit Strahlantrieb.

Das Testgestell wurde ständig weiterentwickelt, zunächst durch Anbringung eines Pilotensitzes auf einer Plattform über dem Triebwerk, und später durch Anbau eines Rumpfbugs (in Wirklichkeit ein ehemaliger Abwurftank einer B-47) mit dem Cockpit für den Piloten. Die Rollsteuerdüsen wurden nach außen verlagert, so daß sie kein heißes Gas mehr über die Tragflächen bliesen, das von diesen in alle Richtungen verteilt wurde; sie hatten jetzt die doppelte Hebelwirkung um die Mittelachse. In seiner endgültigen Form war das Testgestell autostabilisiert und konnte ohne Berühren der Steuerelemente geflogen werden.

Ryan's bedachtes Vorgehen beim Senkrechtflug, das über drei Stufen gefesselter Schwebegestelle führte, erlaubte die ständige Weiterentwicklung von Steuerwerk und Steuersystemen. Das Schwebegestell erwies sich auch als wertvoll für die Ausbildung sowohl der eigenen Werkstestpiloten als auch später der Testpiloten anderer Unternehmen. Der Entwurf des Gestells hatte 1947 begonnen, ab 1950 wurden die Erprobungen durchgeführt, und bis Ende der 50er Jahre blieb es im Einsatz. Die Mitarbeiter von Ryan nannten es »das Biest im Hinterhof«.

Nach dem Erfolg der Gestellversuche vergab die amerikanische Luftwaffe 1953 an Ryan den Auftrag, die Entwicklung des VTOL-Strahlflugzeugs fortzusetzen. Dieses Flugzeug folgte mit einem kleinen Rumpf, der mit 7.3m gerade lang genug war, um das Cockpit und ein Avon-Triebwerk von Rolls-Royce aufzunehmen, der generellen Auslegung des Testgestells. Quer über die Rumpfschulter wurde eine kleine Deltatragfläche von 6.40m Spannweite und gleichseitigem Zuschnitt angebracht, weiterhin ein großes dreieckiges Seitenleitwerk sowie flache Endscheiben an den Tragflächen. Das Steuersystem des Testgestells wurde übernommen. Nick- und Gierbewegungen wurden mittels Triebwerkschub über die schwenkbare Schubdüse, und Rollbewegungen über Krümmer jenseits der Endscheiben gesteuert, wo sie und die Tragflächen nicht aufeinander einwirken konnten. Die Anfertigung zweier Prototypen begann 1954.

Der erste Prototyp mit der Seriennummer 41619 wurde vorübergehend mit einem starren Fahrwerk mit Rädern ausgerüstet und absolvierte am 10. Dezember 1955 seinen Erstflug. Bei anschließenden Flügen, bei denen er noch immer horizontal startete und landete, wechselte er in größerer Höhe vom senkrechten in den waagerechten Flug und zurück.

Nachdem die konventionellen Flugeigenschaften der 41619 erprobt waren und bewiesen war, daß sie für Übergangsflüge geeignet war, wurde sie senkrecht auf ein Gestell mit schwenkbaren Rollen gesetzt, das »Rollschuh« genannt wurde. Um das zusätzliche Gewicht des Tragegestells auszugleichen, wurde sie von allem unnötigen Gewicht befreit, wozu auch die Steuerflächen und die Cockpithaube gehörten. In dieser

Bei Ryan wurde das Testgestell durch Anbau eines simulierten X–13-Cockpits modifiziert, das aus dem Kraftstofftank einer B-47 hergestellt worden war.

Aufmachung führte 41619 senkrechte Start- und Landeversuche durch. Der Testpilot, Pete Girard, praktizierte auch »Fanghaken«-Übungen mit einem Haken aus Holz, der so ausgelegt war, daß er bei einem Unfall abbrechen konnte.

Die zweite X–13, 41620, wies gegenüber der ’19 einige Verbesserungen im Detail auf. Der am ehesten ins Auge fallende Unterschied war die Cockpithaube. Wenn die ’19 senkrecht stand und der Pilotensitz nach vorne geneigt war, behinderte der Haubenstützpfeiler die Sicht des Piloten beträchtlich. Bei der ’20 öffnete sich die Haube auf die gleiche Weise, aber die Haubenstrebe war geteilt und zusätzliches Glas war – allerdings nur auf der linken Seite – eingesetzt worden.

Wie die ’19 flog auch die ’20 mit einem Räderfahrwerk, bevor sie mit einem Bughaken und zwei Bauchstützen ausgerüstet wurde. Damit war sie dann entsprechend ihrer Auslegung ausgestattet und konnte von ihrem Bodenwartungsanhänger aus starten und an ihm landen. Beim

Transport lag die Rampe waagerecht auf dem Anhänger und trug die X–13 in der herkömmlichen horizontalen Lage. Beim Start war der Rumpf verankert, der Pilot kletterte über eine kurze Leiter ins Cockpit, und die Rampe wurde hydraulisch in die Senkrechte angehoben, wobei sie das Flugzeug mitnahm. Der Fanghaken am Bug der X–13 war dabei bereits in ein trapezförmiges Drahtseil eingehängt, das von zwei Armen der Rampe gehalten wurde. Diese Arme schwenkten dann nach oben und weg von der Rampe, so daß die X–13 – frei von der Rampe – nur an diesem Drahtseil hing.

Pete Girard schob dann den Schubhebel nach vorn, bis der Vertijet gerade sein Eigengewicht trug, entfernte sich nach Weisung des Bodenpersonals rückwärts von der Rampe und führte anschließend im Steigflug den Übergang zum Marschflug durch. Beim Landen war der Ablauf umgekehrt: Übergang vom Marschflug in den Schwebeflug mit hochgezogener Nase, langsamer Sinkflug rückwärts bis in Bodennähe und dann schwebender »aufrechter Gang« zum Trapez, wiederum unterstützt durch Signale des Bodenpersonals und Sichtkontakt zur Rampe. 41620 absolvierte diesen kompletten Vorgang erstmalig am 11. April 1957 und wiederholte ihn noch oft, so auch bei Vorführungen am 28. und 29. Juli in Washington anläßlich des 50jährigen Bestehens der amerikanischen Luftwaffe.

Im Mai 1959 wurde 41620 dem Luftwaffenmuseum auf dem Fliegerhorst Wright Patterson bei Dayton, Ohio, übergeben, wo sie noch heute besichtigt werden kann. 41619 wurde der Smithsonian Institution geschenkt und steht derzeit als Leihgabe im San Diego Aerospace Museum, Balbao Park, San Diego.

Das Projekt X–13 Vertijet war ein Musterbeispiel für gute Planung und Durchführung eines Programms. Das Endziel – ein leichter VTOL-Düsenjäger – war in einer Folge kleiner Schritte nach vorn erreicht worden, wobei jeder Schritt in sich gefahrlos war und die für den nächsten Schritt erforderlichen Erkenntnisse lieferte. Bauteile, fahrbare Rampe und das Flugzeug selbst waren von Null an entworfen worden, was dieses planmäßige Vorgehen erst möglich machte.

Das Gesamtkonzept der Vertijet konzentrierte sich voll auf den Senkrechtflug, wodurch das Flugzeug von Ge-

Diese Schnittzeichnung zeigt die kompakte Bauweise der X–13 Vertijet, die gerade ausreichend Platz für Cockpit und Triebwerk aufwies. Der Schleudersitz des Piloten schwenkte im Senkrechtflug nach vorne. Zur Nick- und Giersteuerung wurde der Triebwerkstrahl von zwei hydraulischen Stellzylindern, die die Schubdüse schwenken konnten, in ihrer Schubrichtung verändert.

1 Funkantenne
2 Steuerknüppel
3 Schubhebel
4 Verhältnisregler
5 Fernmeßantenne
6 Batterie
7 Zentrallbatteriebehälter
8 Sauerstoffflaschen
9 Kraftoffumfüllpumpe
10 Kraftstoffleitungen
11 Kraftstoffzusatzpumpe
12 Kraftstoffsammelbehälter
13 Kraftstofftankentlüftungsrohr
14 Seitenruderseilzug
15 Gierdämpfer
16 Kraftstofftankentlüftung
17 Antitrudelschirmbehälter
18 Schubdüse
19 Strahltriebwerk
20 Hintere Triebwerkhalterung
21 Schwenkdüsensteuerung
22 Magnetverstärker
23 Nacheilintegrator
24 Lotkreisel (handbetätigt)
25 Mischkammer
26 Kreiselplattform
27 Antitrudelschirmauslöser
28 Nicktrimmungsstellmotor

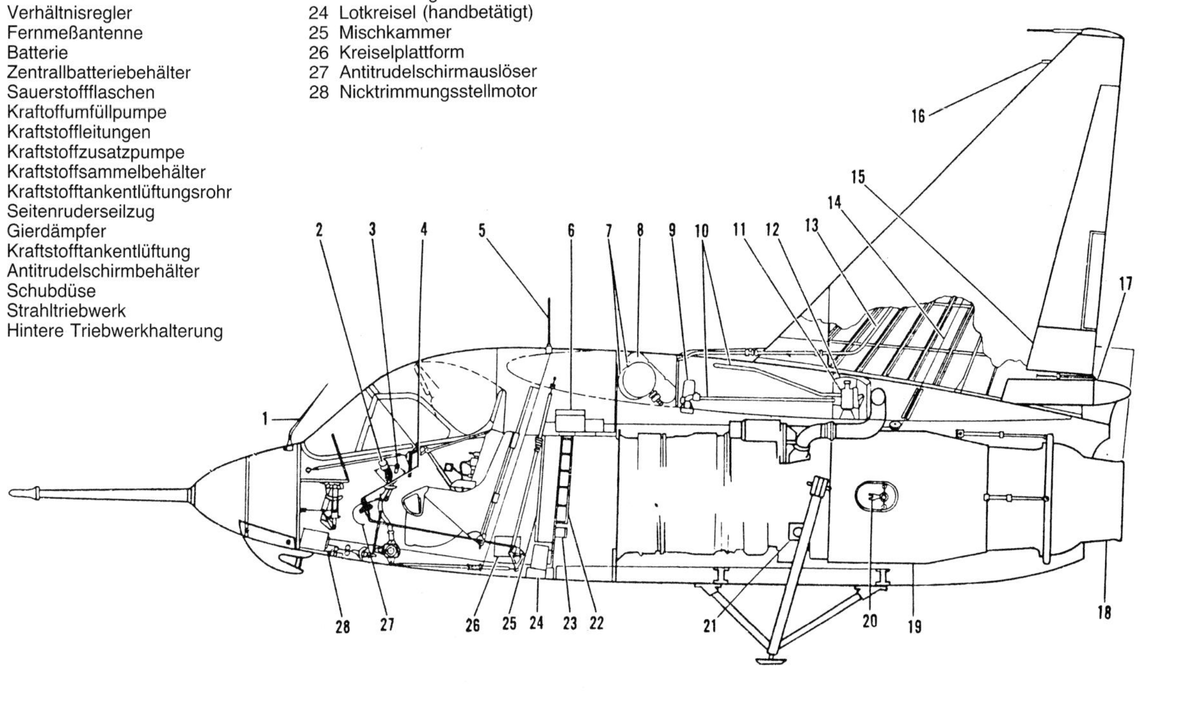

Die erste Ryan X–13 Vertijet, 41619, führte Horizontalflugversuche durch, indem sie ein vorübergehend montiertes Fahrwerk mit Rädern benutzte.

▷ Die zweite X–13 mit Fahrwerk. Die Auslegung der Cockpithaube war auf der linken Seite verbessert worden, um dem Piloten eine bessere Sicht zu gewähren, wenn sich im Senkrechtflug der Sitz nach vorne neigte.

Die erste Vertijet übt auf ihrem »Rollschuh«-Gestell Fanghakenmanöver. Dabei mußte sich der Testpilot Pete Girard zwischen den beiden gestreiften Fähnchen am Drahtseil einhängen. Für diesen Test wurde ein hölzerner Haken verwendet, der bei einem Unfall brechen konnte.

U.S. AIR FORCE
41620
X-13
VERTIJET

U.S. AIR FORCE
41620

U.S. AIR FORCE

Die zweite Vertijet nähert sich, unterstützt vom Bodenpersonal, dem Gerüst. Wenn sich die X–13 eingehängt hatte und gesichert worden war, konnte die senkrechte Rampe für den Straßentransport in die Horizontale abgesenkt werden.

Beim 50. Jahrestag der amerikanischen Luftwaffe wurde die Ryan X–13 Vertijet in Washington vorgeführt. Anhänger und Hebearme sind klar erkennbar. Die Straßenlampen gehören nicht zur obligatorischen Bodenausrüstung der X–13.

wicht, Umfang und Komplexität eines einziehbaren Fahrwerks mit Rädern befreit wurde. Daher war die Vertijet fest der reinen VTOL-Rolle verschrieben ohne jegliche Absicht, auch im Kurzstart- und -landeverfahren eingesetzt zu werden. Dadurch war ihr maximales Abfluggewicht durch den verfügbaren Triebwerkschub begrenzt, und ihre Zuladung und Reichweite waren ernsthaft beeinträchtigt. Wie die Propeller-Heckstarter litt sie unter den gleichen Nachteilen wie dem schwierigen Übergang vom waagerechten in den senkrechten Flug sowie der schlechten Sicht des Piloten während des Landevorgangs. Obwohl Ryan ein weiteres Projekt vorschlug und ein Künstler bereits die Vision eines der F-106 ähnlichen Flugzeugs darstellte, das senkrecht aus einem Silo schoß, lehnte es die US-Luftwaffe ab, Haushaltsmittel für weitere Arbeiten zur Verfügung zu stellen.

SNECMA, die Société Nationale d'Etude et Construction de Moteurs d'Aviation, arbeitete in Sèvres in Frankreich ebenfalls an einem Düsen-Heckstarter als Teil eines größeren Projekts. Sie verfolgten den Plan eines bemannten Abfangjägers mit Staustrahltriebwerk, der in der Lage sein sollte, schnell auf eine Bedrohung durch hochfliegende Bomber zu reagieren. Wenn das Staustrahltriebwerk lief, würde dieser Jäger sich eher wie eine Rakete als wie ein Flugzeug verhalten, bei geringeren Geschwindigkeiten jedoch sollte er aerodynamisch fliegen, wobei er das kreisförmige Gehäuse des Staustrahltriebwerks als Tragfläche und ein Düsentriebwerk für den Vortrieb benutzen sollte. Er sollte auf einem Anhänger transportiert werden und senkrecht starten und landen können.

Das Gesamtkonzept war überzeugend und entsprach der damaligen Forderung nach einem mobilen und flächendeckenden Verteidigungssystem. Es vermittelte auch die gleiche Illusion wie das Konzept der XFV–1 und der XFY–1, daß nämlich der Jäger senkrecht starten und kurz darauf wie eine Rakete in den Himmel schießen würde – dabei würde er in Wirklichkeit erst einmal den Übergang in den Marschflug zu absolvieren und für eine gewisse Zeit mit Düsenantrieb zu fliegen haben, bis er die Geschwindigkeit für das Staustrahltriebwerk erreicht hatte. Das gesamte Projekt war sehr ehrgeizig, denn es enthielt all die unbekannten Größen von Senkrechtflug, Ringflügel und Staustrahltriebwerk. Rückblickend erscheint schon jedes dieser Gebiete für sich kompliziert genug, und alle drei auf einmal mit den sich ergebenden und von einander abhängigen Kompromissen anzugehen, bedurfte schon einer gehörigen Portion gallischen Mutes.

SNECMA begann die Arbeiten an den VTOL-Anteilen des Projekts, indem man ein Modell auf einem gefesselten Gestell innerhalb einer Halle schweben ließ. Das Modell benutzte ein Pulsstrahltriebwerk ähnlich dem Pulsoschubrohr, das im Zweiten Weltkrieg die fliegende Bombe V 1 antrieb. Das Pulsotriebwerk hat keine rotierenden Teile und damit den Vorteil, daß es keine Kreiselwirkung kennt, was seine Steuerung erleichtert. Das ferngesteuerte Modell flog in den Jahren 1955 und 1956 erfolgreich in der Halle.

Der nächste Schritt war die C400P1 ATAR Volant (Fliegende ATAR) in voller Größe. Diese bestand aus dem Strahltriebwerk ATAR D (eine Weiterentwicklung des BMW 003), einem Kraftstofftank und einem Steuersystem, die alle senkrecht auf ein skelettartiges, vierbeiniges Landegestell montiert waren. Das Steuersystem verfügte über Autostabilisierung und erzeugte durch Schubablenkung Querstabilität, während Luftdüsen Steuerkräfte für den Seitenwinkel erzeugten. Die P1 war im Freien unter einem hohen Krangestell aufgehängt und wurde von einem Pult aus ferngesteuert, das sich in gut 40 Meter Abstand in einer Kabine befand. Ein Steuerknüppel ähnlich einem Joystick steuerte die Schräglage nach vorn, hinten und zur Seite, und ein Griff oberhalb des Steuerknüppels steuerte die Seitwärtsbewegungen der P1. Ein getrennter Hebel regelte den Triebwerkschub. Über 250 Fesselflüge wurden erfolgreich durchgeführt; sie begannen 1955 und wurden im Februar 1957 eingestellt. Die ATAR Volant und ihr Steuersystem erwiesen sich als sehr zuverlässig, und die aufgetretenen »Zwischenfälle« wurden zumeist dem Fernsteuerungssystem oder der durch die Entfernung bedingten verzögerten Reaktion des Piloten zugeordnet.

Im März 1957 war die C400 P2 flugbereit. Sie war der P1 vergleichbar, hatte

Zu den ersten Senkrechtflugversuchen von SNECMA gehörte ein Modell mit Pulsotriebwerk. Das Pulsotriebwerk kennt keine Kreiselwirkung und ist daher leichter zu steuern. Die Zuschauer scheinen für diese vorführung schlecht ausgerüstet zu sein.
◁◁

◁
Die erste SNECMA ATAR Volant, die C-400P1, flog mit Fernsteuerung im Fesselflug unter einem Krangestell.

aber zusätzlich einen Schleudersitz und ein Steuerpult für den Piloten oben auf dem ATAR-Triebwerk, knapp fünf Meter über dem Boden. Nach gefesselten Erprobungen unter dem Krangestell den ganzen März und April hindurch absolvierte der Testpilot Auguste Morel am 14. Mai 1957 seinen ersten freien Flug. Sein Bericht über Flüge »auf« der P2 hebt die Notwendigkeit hervor, Schubhebel und Seitenneigung äußerst feinfühlig zu regeln. Er verfügte über 2.900 kp Schub, die ein Gesamtgewicht des Flugapparats von 2.580 kg anheben mußten – das ließ ihm nur 0.1 g Aufwärtsbeschleunigung, um eine jegliche Sinkgeschwindigkeit abzufangen. Das bedeutete, daß die Sinkgeschwindigkeiten äußerst gering sein mußten und man den Schubhebel nur ganz vorsichtig betätigen durfte. Der geringe Schubüberschuß schränkte auch den einzunehmenden Neigungswinkel ein, denn bei einer Seitenneigung von mehr als 25 Grad reichte die nach unten gerichtete Komponente des Schubs nicht mehr aus, um das Gewicht zu tragen. Solange man diese Einschränkungen beachtete, erwies sich die P2 als eine gut steuerbare Maschine, und sie konnte ohne manuelles Eingreifen nur unter Kontrolle der Autostabilisierung schweben. Die P2 war den anderen Heckstartern deutlich überlegen, indem ihr Pilot ganz oben saß und einen ausgezeichneten und ungehinderten Überblick

Auguste Morel flog häufig mit der C400P2. Gesteuert wurde über eine Selbststabilisierungsanlage, mit der man die P2 verhältnismäßig leicht fliegen konnte – vorausgesetzt, man vermied hohe Sinkgeschwindigkeiten und zu starke Neigungswinkel.

◁
Die zweite ATAR Volant war die C-400P2. Sie wurde von Piloten gesteuert und hatte einen Schleudersitz. Hier besteigt der Testpilot Auguste Morel die P2 über eine von Arbeitskräften geschobene Kranbrücke.

über seine Umgebung – den Horizont eingeschlossen – hatte.

Die C400 P3 wiederum war der P2 ähnlich, hatte aber zusätzlich eine flugzeugähnliche Nase und ein Cockpit, die wie bei früheren Heckstartern senkrecht nach oben zeigten. Die P3 sollte die nächste Stufe im Programm werden, flog

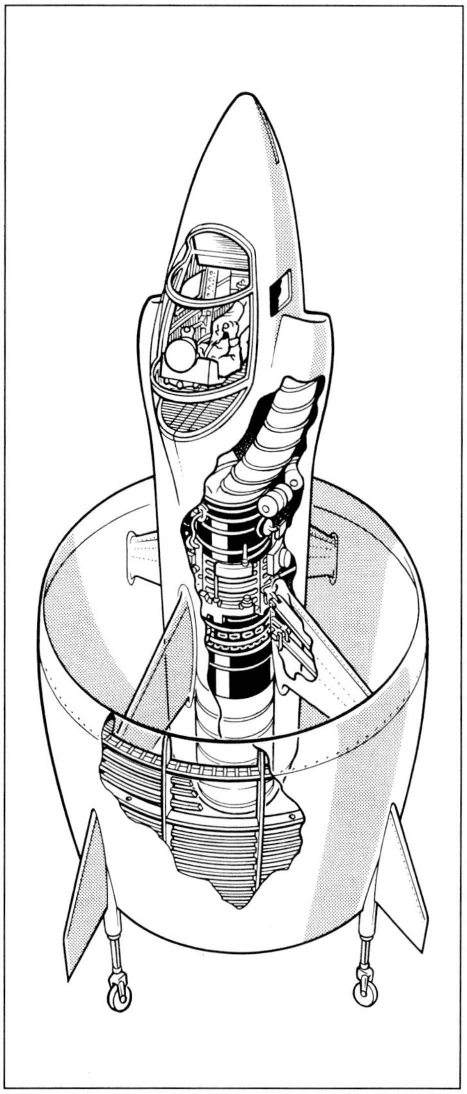

aber nicht, sondern wurde als Simulator für die Pilotenausbildung benutzt. Später wurde sie waagerecht auf einen Tiefladeranhänger eines Eisenbahnzugs montiert, um die Luftströmung bei einer Senkrechtlandung dynamisch zu simulieren. Die Schubdüse der P3 zeigte in Fahrtrichtung und der Zug beschleunigte langsam, um die Geschwindigkeit herauszufinden, bei der das ATAR begann, Probleme mit der Luftzufuhr zu entwikkeln und an Schub zu verlieren.

Die C450 Coléoptère war der nächste Schritt in diesem Programm; sie sollte sowohl den Senkrechtflug wie auch den aerodynamischen Flug durchführen können. Rumpf und Cockpit der Coléoptère ähnelten denen der C400 P3. Das Cockpit verfügte über einen schwenkbaren Schleudersitz, wie ihn andere Heckstarter auch hatten, und zusätzliche Fenster im Boden und in den Seiten des Rumpfs gewährten dem Piloten eine weitaus bessere Rundumsicht, als frühere Typen sie bieten konnten. Die Lufteinläufe der Triebwerke an beiden Seiten des Cockpits waren abgeschrägt und boten den besten Kompromiß zwischen Luftzufuhr im Marschflug und Luftzufuhr bei hohen Anstellwinkeln während des Übergangsflugs. Das Rumpfheck war von einem Ringflügel umgeben, der am Rumpf durch vier radiale Streben dicht an seiner Vorderkante befestigt war. Dieser Ringflügel trug hinten vier kleine Stabilisierungsflossen, und das Fahrwerk, das aus vier kleinen Stoßdämpfern bestand, endete in kleinen schwenkbaren Rädern. Der Rumpf war 6.70 m lang, und der Ringflügel hatte einen Durchmesser von 3.20 m.

Im Senkrechtflug wurde die Coléoptè-

△
Die SNECMA C450 Coléoptère konnte mit einem Spezialanhänger auf der Straße transportiert werden. Der Anhänger verfügte über ein hydraulisches Stellsystem, das die Coléoptère in die senkrechte Startposition aufrichtete.

◁◁
Diese Schnittzeichnung zeigt, wie Cockpit und Ringflügel um die ATAR Volant herumgebaut wurden und so die Coléoptère schufen.

re durch Ablenkung der Düsenabgase gesteuert. Wie bei der C400 wurden Leitschaufeln, die in das Strahlrohr hineinragten, zur Erzeugung einer entsprechenden Ablenkung in verschiedene Richtungen geschwenkt. Diese Methode der Strahlablenkung war gewichtssparender und kompakter als die der Ryan X–13, deren gesamte Schubdüse geschwenkt wurde. Das System hatte auch leichtere bewegliche Teile und konnte schneller auf Steuerkommandos reagieren. Während die C400 Zapfluftdüsen zur Steuerung um die Rollachse benutzte, hatte die C450 keine sichtbaren Steuermechanismen für Rollbewegungen. Man nimmt an, daß die Leitschaufeln im Abgasstrom sich unterschiedlich bewegten, um in den Gasen Dreheffekte zu erzeugen, die die Rollbewegungen auslösten. Im normalen Marschflug wurde die Coléoptère durch Drehung der vier Stabilisierungsflossen gesteuert. Darüber hinaus konnten aus dem Bug zwei kleine Zusatzsteuerflächen ausgefahren werden, um beim Übergang vom horizontalen in den vertikalen Flug die Nickbewegung nach oben zu verstärken.

Nur eine Coléoptère wurde hergestellt, und diese absolvierte am 17. April 1959

Leitschaufeln im Triebwerkstrahl der Coléoptère lenkten den Schub des ATAR ab und steuerten ihre Nick- und Gierbewegungen.

Ihre ersten Schwebeversuche führte die SNECMA C450 Coléoptère gefesselt unter einem Kran durch. Der Metallring stellte sicher, daß die Belastungen gleichmäßig auf die Ringflügelstreben verteilt wurden.

einen gefesselten Schwebeflug, der 14 Minuten dauerte. Die ersten drei freien Schwebeflüge dauerten dreieinhalb Minuten und wurden am 5. Mai 1959 von Testpilot Auguste Morel durchgeführt. Weitere Flüge folgten, und bei seinem sechsten Flug begann Morel mit der Erprobung des Übergangsflugs. Beim siebten und achten Flug wurde gegen Ende des Sinkflugs eine leichte Pendelbewegung festgestellt.

Der neunte Flug fand am 25. Juli 1959 statt. Wie bei vorangegangenen Flügen sollten Teiltransitionen in die Horizontale und zurück in die Vertikale erprobt werden. Der Flugplan legte einen senkrechten Start mit senkrechtem Steigflug fest, dann eine ständige Vorwärtsneigung um 6 Grad pro Sekunde, dies 6 Sekunden lang, und danach ein Wiederaufrichten in die Senkrechte – all dies während des Steigflugs. Nach Beendigung des Steigflugs sollte das Flugzeug in 600 Metern Höhe schweben und dann mit dem Heck voran senkrecht mit 7 Metern pro Sekunde den Sinkflug durchführen. Der langsame Sinkflug sollte eine bei früheren Flügen aufgetretene Situation vermeiden, bei der die Coléoptère mit höheren Sinkgeschwindigkeiten um die Rollachse nicht mehr zu steuern war und in den anderen Achsen eine geringe Instabilität entwickelt hatte. Die Sinkgeschwindigkeit sollte vom Windgeschwindigkeits-

Der Zugang zur Coléoptère erforderte ein Krangestell und vom Piloten behutsame Bewegungen.

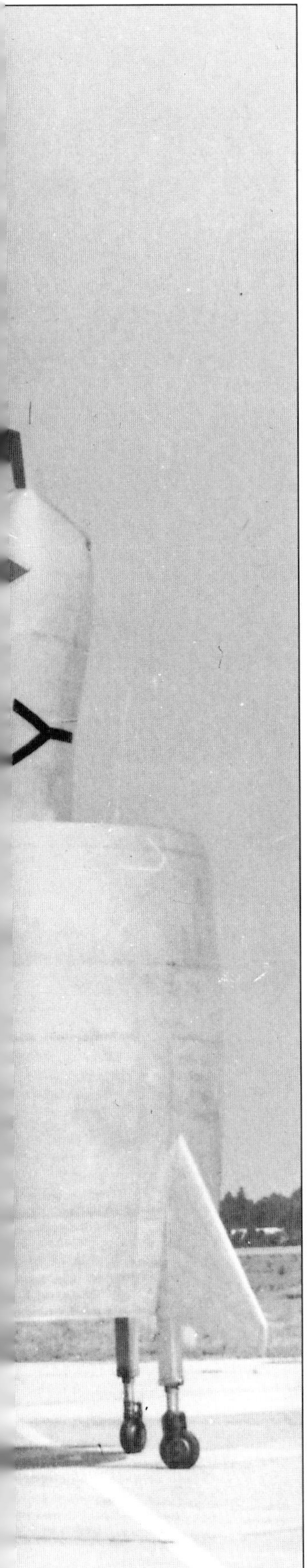

Die SNECMA C450 absolvierte viele erfolgreiche Flüge einschließlich Schwebeflügen und Teiltransitionen aus dem Steigflug in den Horizontalflug. Auf diesem Bild sieht man das Bodenleitpersonal mit Funkgerät.

meßgerät eines Hubschraubers angezeigt werden, dessen Skala von 10 bis 70 Meter pro Sekunde reichte.

Der größte Teil dieses Fluges wurde wie geplant durchgeführt. Die Coléoptère hob senkrecht ab, flog in konstanter Fluglage, richtete sich wieder auf und stieg weiter. Am Ende des Steigflugs war sie mit über 900 Metern höher als vorgesehen und begann – mit angezeigten 10 Metern pro Sekunde – auch schneller als geplant zu sinken: mit langsamen, nicht auszusteuernden Bewegungen um die Rollachse und leichten Pendelbewegungen um die beiden anderen Achsen. Der Pilot des begleitenden Hubschraubers machte Morel auf die zu hohe Sinkgeschwindigkeit aufmerksam, aber Morel hatte den Schubhebel bereits ganz nach vorne auf volle Leistung geschoben und verlor trotzdem an Höhe. Der Sinkflug der Coléoptère beschleunigte sich und überstieg ihre stabile senkrechte Sinkrate, wobei sie sich um einen Winkel von 50 Grad seitwärts neigte. Morel rettete sich in 45 Metern Höhe mit dem Schleudersitz, wurde aber schwer verletzt – teilweise, weil er keine Zeit mehr hatte, die richtige Position im Schleudersitz einzunehmen, und teilweise, weil sich beim waagrechten Herausschleudern in dieser geringen Höhe sein Fallschirm nicht mehr ganz öffnete und er sehr hart auf dem Boden aufschlug. Die Coléoptère blieb in der um 50 Grad geneigten Fluglage und beschleunigte auf nahezu 370 km/h, dann ging sie noch fast in den Horizontalflug über, bevor sie aufschlug. Der Ringflügel mit dem darin enthaltenen Kraftstofftank barst und ging in Flammen auf, aber der Rumpf brach frei und schlitterte von den Flammen weg, wodurch die Aufzeichnungsgeräte geborgen werden konnten.

Die Coléoptère war bei diesem Flugunfall zerstört worden; sie wurde nicht wieder instandgesetzt. Die ATAR Volant C400 P2 allerdings blieb erhalten; sie ist im Musée de l'Air auf dem Flughafen Le Bourget bei Paris ausgestellt.

XFV–1, XFY–1, X–13 und auch die Coléoptère waren alle ein Ergebnis der frühen, nach dem Zweiten Weltkrieg aufgekommenen Begeisterung für heckstartende VTOL-Abfangjäger. Danach wandte man sich von den Heckstartern ab. Dies wird zum Teil auch mit der Entwicklung besserer Frühwarnsysteme und weitreichender Flugabwehrraketensysteme begründet. Abfangjäger wurden nicht mehr benötigt, und der Schwerpunkt verlagerte sich auf Luftüberlegenheit, Luftangriff und – in geringerem Umfang – Auflockerung der Kräfte. Obwohl die Heckstarter zu klein für die Luftüberlegenheitsrolle waren, verfügten sie doch über die wichtigsten Merkmale für Luftangriff und Auflockerung. Was ihnen fehlte, waren Flugfähigkeit und Anpassungsfähigkeit. Sie konnten nur eine geringe Zuladung mitführen und hatten eine sehr begrenzte Flugdauer und damit Reichweite. Selbst unter idealen Bedingungen war es schwierig, sie zu fliegen. Der Übergang vom horizontalen in den vertikalen Flug war heikel, und die anschließende Landung lag schon fast im Bereich des Unmöglichen. So wurden die Heckstarter von Flugzeugen abgelöst, die in waagrechter Haltung senkrecht starteten und so den Piloten eine bessere Sicht boten; zudem erlaubten diese Flugzeuge die Wahl entweder eines Senkrechtstarts mit geringer Zuladung oder eines Starts mit kurzer Rollstrecke und damit höherer Zuladung.

5 FLIEGENDE PLATTFORMEN

Bereits 1946 experimentierte Charles H. Zimmerman mit einer kleinen Plattform, die gegenläufige Luftschrauben für den Auftrieb besaß und von einem Piloten, der aufrecht auf ihr stand, gesteuert werden konnte. Der natürliche Instinkt des Piloten, die aufrechte Haltung beizubehalten, übertrug sich durch seine Füße auf die Plattform, die entsprechend reagierte. Diese ersten Versuche erzielten vielversprechende Ergebnisse, und 1950 konnte Zimmerman die Unterstützung der NACA* für ein ausgedehntes Programm gewinnen, das auf die Herstellung einfacher und billiger fliegender Einmannplattformen zielte, die auf dem Gefechtsfeld eingesetzt werden sollten.

Die Erprobungen begannen an der Langley Pilotless Aircraft Research Station (Forschungsstelle für unbemannte Flugzeuge) in Virginia, die deshalb ausgewählt worden war, weil sie einen sehr großen Vorratstank für Druckluft hatte. Es war diese Verfügbarkeit großer Mengen Druckluft, die den einfachsten Flugapparat der Welt zum Fliegen brachte. Er bestand aus einer Sperrholzplattform von 50 X 75 cm Seitenlänge, in die eine Luftdüse eingebaut war. Die Düse wurde über zwei Schläuche, die an gegenüberliegenden Enden der Plattform befestigt waren, mit Druckluft gespeist. Die Verwendung zweier Schläuche vermied jegliche Behinderung durch Überdehnung eines Schlauchs oder seine Tendenz, sich unter Druck gerade auszurichten. Der Pilot bestieg die Plattform, die Druckluft wurde aufgedreht, und Plattform wie Pilot hoben ab und schwebten wenige Meter über dem Boden. Die Höhe konnte durch Dosierung der Druckluft, die der Luftdüse zugeführt wurde, be-

* NACA = National Advisory Committee for Aeronautics = Nationale Beratungskommission für die Luftfahrt (Anm. d. Übers.)

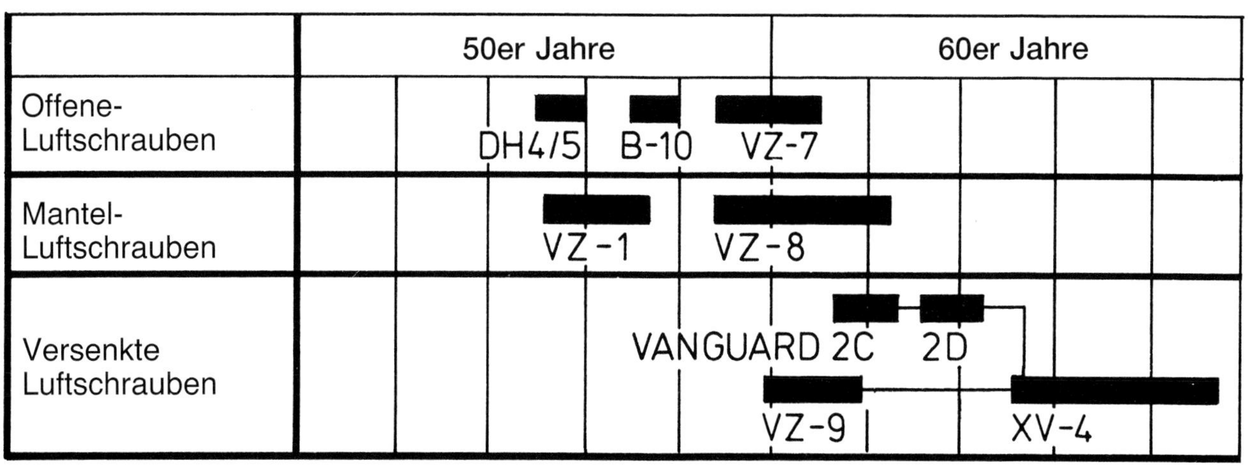

Plattformen und Flugzeuge mit Luftschraubenauftrieb wurden in den Jahren zwischen 1955 und 1965 entwickelt.

stimmt werden, denn die Plattform stieg mit dem daran befestigten Schlauch so weit aufwärts, bis das Gewicht von Pilot, Plattform und Schlauch dem Luftdüsenschub entsprach. Es war Sache des Piloten, durch Balancieren Nick- und Rollbewegungen und damit Bewegungen nach vorne, nach hinten und zur Seite zu steuern. In der Praxis erwies es sich als leichter, die Plattform per Instinkt zu steuern. Je weniger der Pilot sich bewußt auf die Steuerung konzentrierte, desto besser konnte er sein Gleichgewicht wahren. Aus Sicherheitsgründen war der Pilot, der ein Gurtwerk wie das eines Fallschirms trug, über ein Seil mit einem Portalkran über sich verbunden. Diese Vorsichtsmaßnahme bewies ihre Berechtigung, wenn der Pilot – anstatt den Horizont im Auge zu behalten – gelegentlich hinab zur Plattform oder hinauf zum Kran schaute. Sobald er das nämlich tat, ging alles schief. Dann fing die Plattform heftig an zu schlingern und der ganze Apparat – samt Pilot und Schläuchen – kippte um und entschwand seitwärts wie eine menschliche Rakete; den Piloten rettete dann nur noch sein Sicherheitsgurtzeug.

Die Theoretiker verblüffte die Leichtigkeit, mit der ein menschlicher Pilot die Plattform zu steuern lernte. Sie hatten alle möglichen Balanceakte erwartet, aber offensichtlich hatte das menschliche Gehirn – daran gewöhnt, den instabilen zweibeinigen Körper bei den verschiedensten und fremdartigsten Tätigkeiten wie Gehen, Laufen, Springen, Radfahren und so weiter auf den Beinen zu halten – längst Wege und Möglichkeiten gefunden, die relativ belanglose Aufgabe, nur stillzustehen, erfolgreich zu meistern.

Die Ergebnisse der Experimente mit dieser Luftdüsenplattform waren so ermutigend, daß die NACA beschloß, die Arbeiten mit der Erprobung einer Plattform, die von Propellern angetrieben wurde, fortzusetzen. Um Gewicht zu sparen, verwendete man wiederum Druckluft als Kraftquelle: diesmal trieb sie einen Propeller von 2.13 m Durchmesser über Luftdüsen in den Blattspitzen an. Die Propellerlager waren fest mit der Standfläche des Piloten verbunden, und diese war ihrerseits federnd auf einer Stahlplattform von 53 cm Durchmesser befestigt. Diese Plattform war von

Die de Lackner DH-5 Aerocycle war eine fliegende Plattform mit gegenläufigen Rotoren, die von einen Außenbordmotor angetrieben wurden.

röhrenförmiger Bauart und schloß Propellerabdeckung, Landebeine und Geländer für den Piloten mit ein. Das Drehmoment wurde durch Luftdüsen in Gürtelhöhe ausgeglichen.

Die Plattform wurde unter verschiedenen Steuerungsarten erprobt. Wenn sich der Pilot nicht am Geländer festhielt, sondern einfach auf der Plattform stand und sie mit den Füßen steuerte, war eine zufriedenstellende Kontrolle über eine begrenzte Spanne von Fluglagen möglich. Erfahrene Piloten konnten die Plattform sogar fliegen, wenn sie sich am Geländer festhielten. Wurde der Propeller starr mit der Plattform verbunden und die elastische Anbringung somit stillgelegt, wurde die Steuerung der Plattform schwieriger; war er aber über Sprungfedern befestigt, war die Steuerung wieder angemessen. In geringer Höhe trug der Bodeneffekt in gewissem Umfang zur Verbesserung der Stabilität bei. Die Propellerplattform war bei Windstille stabiler als die erste Luftdüsenplattform, reagierte aber empfindlicher auf Windböen.

Weitere Testergebnisse lieferte ein ferngesteuertes Modell mit elektrischem Antrieb, das über Leitschaufeln im nach unten gerichteten Propellerluftstrahl gesteuert wurde.

Die Testdaten wurden jetzt von der NACA zusammengetragen und der Luftfahrtindustrie zur Verfügung gestellt. Drei Unternehmen – de Lackner, Hiller und Bensen – reagierten daraufhin mit Entwürfen für fliegende Plattformen.

De Lackner's DH-4 Helivector und DH-5 Aerocycle verwendeten gegenläufige Rotoren von 4.50 m Durchmesser. Die große Rotorkreisfläche bewirkte eine sehr geringe Kreisflächenbelastung, wodurch ein 40 PS starker Kiekhaefer-Mercury-Außenbordmotor als Antrieb ausreichte. Der Pilot stand auf einer kleinen Plattform über den Rotoren und hielt sich an einem Lenkstangenaufbau mit einem Drehgriff zur Leistungsregelung fest. Unter den Rotoren waren an vier waagerechten Streben Schwimmer angebracht, wodurch der Helivector auf Festland oder Wasser aufsetzen konnte. Die Höhe wurde mit dem Leistungsdrehgriff geregelt, und die Fluglage bestimmte man durch die Körperhaltung. Zu den Leistungsdaten wurde angegeben, daß horizontale Geschwindigkeiten von bis zu 120 km/h möglich seien, ferner zusätzlich zum Piloten eine Zuladung von 55 kg sowie eine Flugdauer von einer Stunde. Die Rotoren des Helivector bestrichen eine große Fläche und waren ziemlich gefährlich, besonders bei Landungen auf rauhem Boden oder auf einem begrenzten Areal.

Die fliegende Plattform VZ-1 Pawnee von Hiller verwendete gegenläufige Propeller von 1.5 m Durchmesser. Die Propeller waren ummantelt, um ihren Schub zu verbessern.

Hiller's fliegende Plattform war das Ergebnis von Studien, die Hiller für das ONR (Office of Naval Research = Marine-Forschungsamt) auf dem Gebiet ummantelter Luftschrauben durchgeführt hatte. Das ONR zeigte sich an Arbeiten mit fliegenden Plattformen interessiert und vergab an Hiller den Auftrag, ein Einmann-VTOL-Fluggerät mit gegenläufigen und ummantelten Propellern zu entwickeln. Der Mantel sollte den Auftrieb erhöhen und die Verwendung einer Kreisfläche kleineren Durchmessers zulassen. Darüber hinaus sollte er das Personal vor Verletzungen schützen und für leichteres Landen auf rauhem Boden sorgen.

Hiller konstruierte eine Plattform, die von zwei Zweitakt-Kolbenmotoren des Typs Nelson H-59 mit je 44 PS angetrieben wurde. Die Propeller drehten sich in einem kreisförmigen Mantel von 1.52 m Durchmesser, von dem man sich eine Erhöhung des Schubs um 20 Prozent versprach. Der Pilot stand auf einer Plattform über den Propellern und steuerte das Gerät, indem er einen Gasdrehgriff betätigte, ferner hielt er sich an einem ringförmigen Geländer fest und bestimmte die Neigung der Propeller durch seine Körperhaltung. Mit dieser Version wurden ausgedehnte Fesselflugerprobungen durchgeführt; der erste freie Flug fand damit am 4. Februar 1955 statt.

Dabei wurde die Plattform so weiterentwickelt, daß man sie leichter steuern konnte. Die Landestelzen wurden verlängert, um ihr mehr Bodenfreiheit zu geben, und im nach unten gerichteten Propellerstrahl wurden zusätzliche Steuerflächen angebracht. Photographien bele-

Diese spätere Version der Hiller Pawnee hatte größere (2.4 m Durchmesser) Mantelschrauben. Die Kreisfläche war mehr als verdoppelt worden, was eine viel geringere Kreisflächenbelastung, mehr Effizienz und weniger Lärm zur Folge hatte. ▷

Als die VZ-1 Leitschaufeln für die Steuerung bekam, konnte sie freihändig geflogen werden. So konnte der Pilot den Gegner ins Visier nehmen, während dieser sich mit der Feuererwiderung höflich zurückhielt.

▷ Diese Zeichnungen der Bensen B-10 sind Rekonstruktionen, die das ungefähre Aussehen der fliegenden Plattform Bensen B-10 vermitteln. Die beiden Festblattpropeller wurden von zwei getrennt bedienten Motoren angetrieben. Die Fluglage wurde teils über Leitblenden und teils über die Motorleistung geregelt.

gen, daß die Stabilität dieser weiterentwickelten Version so gut war, daß der Pilot die Hände von den Steuerorganen nehmen und mit einem Gewehr Zielübungen durchführen konnte.

Eine spätere Version, die im Auftrag des amerikanischen Heeres als Beobachtungsplattform entwickelt worden war, erhielt die Bezeichnung VZ-1E Pawnee. Diese Spähplattform hatte drei Motoren, die größere ummantelte Propeller von 2.44 m Durchmesser antrieben; auch sie wurde durch Leitflächen im Propellerstrahl gesteuert. Die größeren Propeller erhöhten die Kreisfläche von 1.85 auf 4.67 m^2 und verringerten damit die Kreisflächenbelastung auf weniger als die Hälfte des bisherigen Wertes. Dies

wiederum führte zu erhöhter Zuladung und Reichweite sowie zu reduzierter Propellerstrahlgeschwindigkeit und weniger Lärm.

Eine Variante der VZ-1 für schwerere Lasten besaß eine viel tiefere Ummantelung. Die größere Tiefe dieses Mantels verringerte die Rezirkulation des Luftstroms und erhöhte so die Propellerleistung. Der verlängerte Mantel vergrößerte auch den Bodenabstand, bei dem der Auftrieb noch durch Bodeneffekte verstärkt wurde.

Hiller's Pawnee-Plattform kann in der Smithsonian Institution sowie im Hill Country Museum in Gilroy, Kalifornien, besichtigt werden.

Die dritte Einmann-Plattform war die B-10 Propcopter von Bensen. Sie verwendete einen Längsholm als Grundlage ihrer Bauart. Der Pilot saß rittlings auf der Mitte des Holms, der seinen Auftrieb von zwei Propellern mit 1.21 m Durchmesser bezog – einer vor und einer hinter dem Piloten, beide in Gürtelhöhe. Die Propeller wurden von zwei 72 PS starken 4318E-Motoren von McCulloch angetrieben. Ohne Pilot wog die Plattform insge-

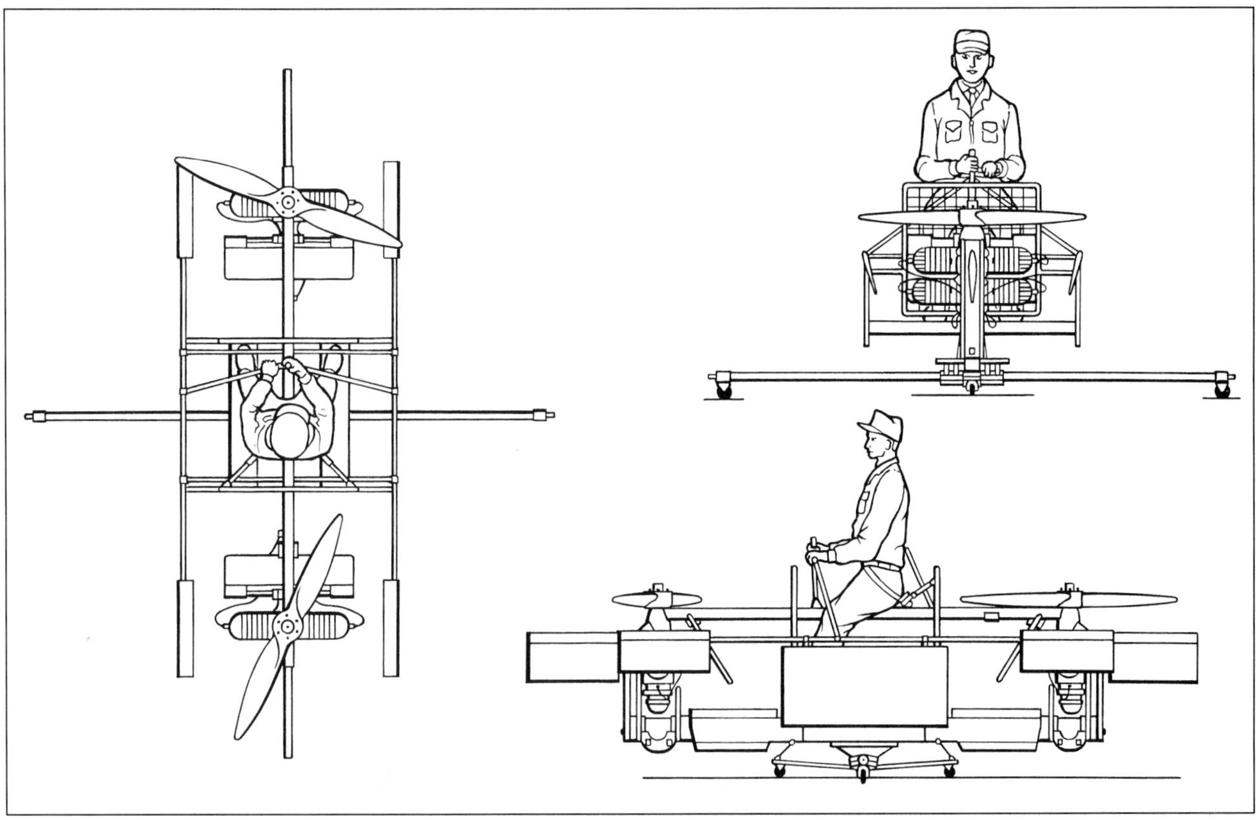

Bei dieser VZ-1 mit längerer Ummantelung wurde der Auftrieb durch Verlängerung des Rezirkulationswegs verbessert. Sie konnte größere Zuladungen tragen und eine höhere Vorwärtsgeschwindigkeit erreichen.

samt 295 kg. Sie wurde durch Schubhebel sowie durch im Propellerstrahl angebrachte Längs- und Querleitbleche gesteuert. Die gemeinsame Betätigung der Schubhebel bestimmte die Höhe, getrennte Betätigung die Nickbewegung, und ein unterschiedlicher Einsatz der Längsablenkflächen regelte das Gieren.

Das Schweben über einem festen Bezugspunkt am Boden wurde nach vorn und zur Seite durch gemeinsame Betätigung der Längs- und Querablenkbleche erreicht; diese wurden auch für Flugmanöver mit geringen Geschwindigkeiten benutzt. Zur Vorwärtsbewegung mit höheren Geschwindigkeiten senkte man die B-10 vorne ab, so daß der Schubvektor eine Komponente nach hinten entwikkelte; dabei gab man mit beiden Schubhebeln mehr Gas, um die Höhe zu halten, denn die vertikale Komponente des Schubs hatte sich ja etwas verringert. Ein so komplexes Gerät wie die B-10 ohne die Mithilfe eines Autostabilisators zu fliegen erforderte vom Piloten ein Höchstmaß an Konzentration. Geflogen wurde die B-10 während des Jahres 1959.

Die Einmann-Plattformen verwendeten als Antrieb kleine und leichte Kolbenmotoren und konnten daher nur eine sehr geringe Zuladung mitführen. Später, als Gasturbinen zur Verfügung standen, erlaubte deren höheres Leistungsgewichtsverhältnis den Bau größerer Flugapparate, und das amerikanische Heer zeigte sich an »fliegenden Jeeps« und »fliegenden Lastwagen« interessiert. Das Forschungsamt für Transportwesen des amerikanischen Heeres vergab jetzt an den Unternehmensbereich Aero-Physics von Curtiss-Wright sowie an Piasecki Aufträge zur Entwicklung von Transportplattformen in der Klasse von ein bis zwei Tonnen.

Dem Unternehmensbereich AeroPhysics von Curtiss-Wright in Santa Barbara wurde für seinen fliegenden Lastwagen die Bezeichnung VZ-7AP zugeteilt. Er hatte einen kastenförmiges Holmgerippe als Rumpf. Steuerpult und Pilotensitz lagen im Bug der Plattform auf der Oberseite des Gestells. Der Auftrieb wurde von vier waagerechten Propellern erzeugt, von denen je einer links und rechts neben Rumpfbug und Rumpfheck lag; sie waren an diagonalen Querträgern befestigt. Das Triebwerk, ein 425 PS starker Turbomotor des Typs Artouste IIB von Turboméca, lag unter der Mitte des Gestells und trieb die Propeller über ein System von Getrieben und Wellen an. Die Plattform hatte ein herkömmliches Dreibeinfahrwerk mit einem Bugrad unter dem Sitz des Piloten und zwei Hauptlaufrädern an jeder Seite neben dem Triebwerk. Die VZ-7 war 5.18 m lang, 4.88 m breit und wog – einschließlich 250 kg Zuladung – insgesamt etwa 770 kg.

Die Steigung der vier Propeller der VZ-7 war in der Luft gemeinsam verstellbar, und die Flughöhe wurde durch gemeinsamen Wechsel des Anstellwinkels der

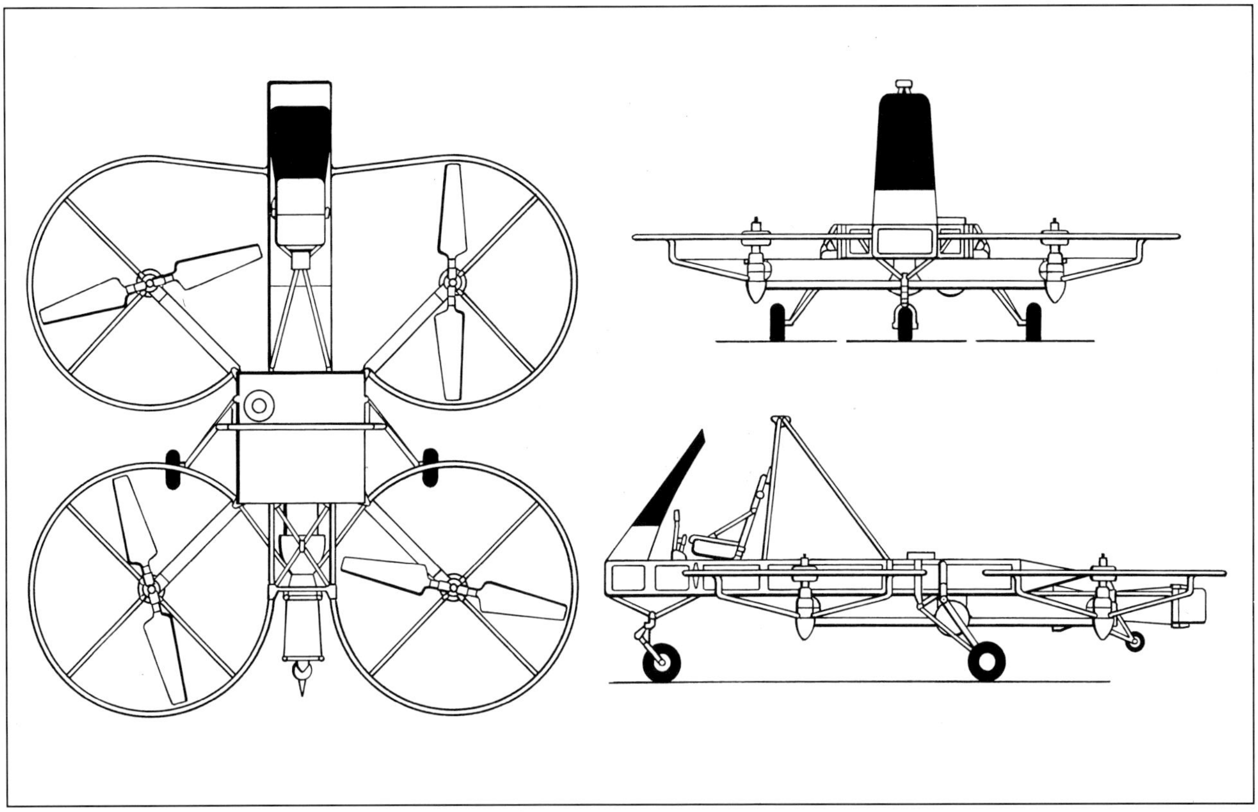

Der »fliegende Lastwagen« VZ-7 von Curtiss-Wright wurde von vier Propellern angehoben, deren Radialkomponente für den Vortrieb genutzt wurde. Gesteuert wurde über Propellerblattsteigung und Ruder im Triebwerkstrahl des Turboméca Artouste.

Die Piasecki VZ-8P Airgeep flog mit Mantelrotoren. Sie wurde über gemeinsame und periodische Rotorblattverstellung sowie über Ablenkblenden in den Rotorstrahlen gesteuert.

Die VZ-8P(B) war eine verbesserte Version der Airgeep mit mehr Leistung und größerer Tragfähigkeit. Der Kippwinkel des hinteren Rotors verringerte den Luftwiderstand und erzeugte höhere Vorwärtsgeschwindikeiten.

vier Luftschrauben verändert. Nick- und Rollbewegungen wurden durch Betätigung der Nicksteuerung geregelt, indem man die Propeller paarweise nach vorn oder hinten für den Nickwinkel oder zur Seite für den Rollwinkel neigte. Die Triebwerkabgase wurden durch ein Rohr zum Rumpfheck geleitet, und ein Ruder in dieser Gasströmung ermöglichte die Steuerung der Gierbewegung. Die VZ-7 verfügte über einen Dämpfungsregler zur Erhöhung ihrer Stabilität. Meß- oder Wendekreisel meldeten jede Nick- oder Gierbewegung, und der Regler glich sie durch entsprechende Steuerkommandos aus.

Die VZ-7 wurde in den Jahren 1959 und 1960 erprobt. Das Programm endete 1961, danach wurde sie dem Army Aviation Museum in Fort Rucker, Alabama, übergeben.

Der andere Mitbewerber im Programm des Forschungsamts für Transportwesen des US-Heeres war die 59 H Airgeep von Piasecki, vom Heer als VZ-8P bezeichnet. Die Airgeep war 7.92 m lang und 2.74 m breit; der größte Teil ihrer Fläche wurde von den zwei horizontalen, ummantelten Rotoren vorn und hinten in Anspruch genommen. Pilot und Passagier saßen in der Mitte nebeneinander. Die Rotoren von 2.44 m Durchmesser hatten je drei Blätter und rotierten gegenläufig, um die Kreiselwirkung auszuschalten. Sie wurden von zwei 180 PS starken Kolbenmotoren des Typs O-360-A2A von Lycoming angetrieben, die so ausgelegt waren, daß jeder beide Rotoren antreiben konnte, sollte ein Motor ausfallen.

Jeder Rotor war mit kollektiver Blattverstellung und periodischer Quersteuerung ausgestattet. In der Verkleidung unter den Rotoren konnte der Rotorstrahl durch Steuerflächen in Längs- und Querrichtung abgelenkt werden. Nickbewegungen wurden durch getrennte Änderung der kollektiven Blattverstellung beider Rotoren gesteuert, Rollbewegungen durch Änderung der periodischen Quersteuerung beider Rotoren, und Gierbewegungen wurden durch unterschiedliche Steuerung der Ablenkflächen unter den Rotoren beeinflußt. Durch gemeinsame Steuerung der Quer- und Längsablenkflächen konnten die Bewegungen nach vorne und zur Seite bestimmt werden. Eine Vorwärtsbewegung mit höherer Geschwindigkeit wurde erreicht, indem man den gesamten Apparat nach vorne neigte. Obwohl die Steuermechanismen denen der Propcopter ähnlich waren, war die Airgeep leichter zu steuern, da die Rotoren relativ groß und dicht genug am Boden waren, um noch vom Luftkisseneffekt zu profitieren.

Die Airgeep absolvierte ihren Erstflug am 12. Oktober 1958. Nach einer kurzen Vorführung kehrte sie in die Werkstatt zurück, wo ihre Lycoming-Kolbenmotoren entfernt und durch eine 425 PS starke Gasturbine des Typs Artouste IIB von Turboméca ersetzt wurden. Am 28. Juni 1959 flog sie erstmalig mit diesem Artouste-Triebwerk. In dieser Form wog sie jetzt 1.133 kg und konnte – inklusive Pilot – eine Zuladung von 544 kg mitführen. Das Artouste wiederum wurde später von dem leichteren und stärkeren Triebwerk 331–6 von AiResearch abgelöst. Die Airgeep wurde sowohl vom Heer wie auch von der Marine erprobt. Für die Versuche der Marine, die im Juni 1961 begannen, wurden große Schwimmer angebracht, so daß die VZ-8, jetzt PA–59N SeaGeep genannt, auch auf dem Wasser landen konnte.

Piasecki entwickelte die 59 H ständig weiter und bot dann mit der 59 K eine Verbesserung an. Das Forschungsamt für Transportwesen des amerikanischen Heeres reagierte mit einem weiteren Kontrakt, und die 59 K erhielt die Bezeichnung VZ-8P (B) Airgeep II. Die Auslegung der Airgeep II war der der Airgeep I ähnlich, aber Rotoren und Verkleidung waren voneinander weggeknickt, so daß ihre Luftströme besser getrennt waren und der induzierte Luftwiderstand beim Marschflug herabgesetzt war. Sie verfügte über zwei je 400 PS starke Turbomotoren des Typs Artouste IIC von Turboméca, die ihr mehr als das Doppelte der Leistung verliehen, als die von Lycoming-Motoren angetriebene Airgeep I aufwies, und das maximale Abfluggewicht auf 2.175 kg erhöhten. Die Wellenleistungen beider Triebwerke liefen in einem Getriebe zusammen, so daß jedes von ihnen beide Propeller antreiben konnte, was die Sicherheit beim Ausfall eines Triebwerks erhöhte. Ein Triebwerk konnte darüber hinaus über eine Flüssigkeitskupplung mit den Rä-

Die Avro VZ-9 Avrocar war der Versuch, eine Beobachtungsplattform zu schaffen, die innerhalb und außerhalb des Bodeneffekts schweben und auch aerodynamisch fliegen konnte. Ihre Stabilisierung erwies sich jedoch als zu schwierig, daher flog sie nur kurz im Bodeneffekt.

AIR FORCE
NO STEP
SERVICING
STARTING
28 VDC
NO STEP

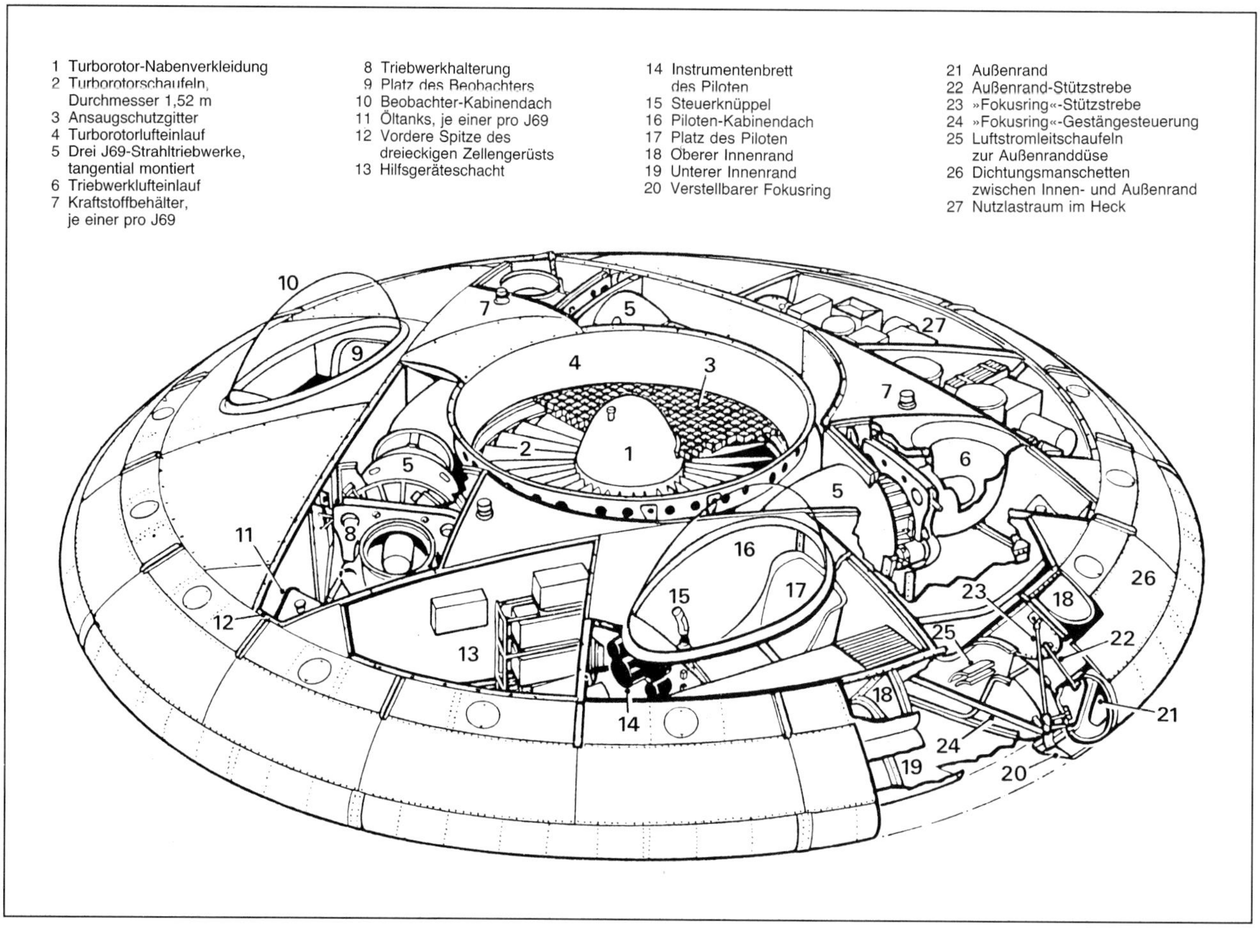

Die Avrocar war um einen dreieckigen Rahmen gruppiert; Turborotor und Triebwerke lagen innerhalb dieses Dreiecks, Cockpits und Frachtraum außerhalb.

dern des Fahrwerks verbunden werden, wodurch die 59K mit Geschwindigkeiten von bis zu 65 km/h fahren konnte.

Die Plattformfamilie der Airgeep hatte gegenüber Hubschraubern deutliche Vorteile. Sie waren kleiner und manövrierfähiger und konnten dicht an Hindernisse oder sogar unter ihnen hindurch fliegen. Auch als Waffenplattform waren sie besser, da der Flugapparat hinter einer Deckung bleiben konnte und nur die Waffe sich zeigen mußte. Die Vorzüge des Hubschraubers allerdings lagen darin, daß er auch auf rauhem Gelände aufsetzen konnte und man in ihm bequemer saß. Der auffallendste Unterschied jedoch lag im Kraftstoffverbrauch: im Vergleich zu Hubschraubern hatten die Airgeep sehr kleine Rotorkreisflächen und verbrauchten, um die gleiche Zuladung anzuheben, erheblich mehr Treibstoff.

Die Technik des Luftschraubenauftriebs war nunmehr ausgereift und in der Lage, auch größere Gewichte in die Luft zu bringen. Es schien jetzt angeraten, sich mit der Verbindung der Senkrechtflugfähigkeit von Plattformen und der aerodynamischen Flugfähigkeit von Flugzeugen zu befassen. Allerdings war es nicht einfach, die beiden Technologien zu vereinigen, weil der Luftschraubenauftrieb nicht leicht in einem aerodynamischen Flugzeug unterzubringen war.

Zwei ehemalige Ingenieure von Piasecki, Edward G. Vanderlip und John J. Schneider, gründeten die Vanguard Air and Marine Corporation mit der erklärten Absicht, ein senkrechtstartendes Geschäftsflugzeug zu bauen. Ihr Ziel war, »disk lift« – also »Scheiben«- oder Rotoren-Auftrieb – mit aerodynamischem Auftrieb dadurch zu verbinden, daß sie diese Scheiben in den Tragflächen eines Flugzeugs unterbrachten. Ihr Vanguard Omniplane Modell 2C bestand aus dem 7.62 m langen Rumpf eines Leichtflugzeugs des Typs Ercoupe und den Rotoren und der Kraftübertragung eines früheren Verwandlungshubschrauber-Projekts von Jacobs. Die dreiblättrigen Rotoren von 1.83 m Durchmesser waren in die kissenförmigen Tragflächen von 6.70 m Spannweite eingebaut. Diese Rotoren wurden über mechanische Kupplungen angetrieben, so daß sie bei Start und Landung mitliefen und während des aerodynamischen Fluges stillstanden. Abdeckungen über den Rotoren und Jalousien in der Unterseite der Tragflächen schlossen beim normalen Flug bündig mit der Fläche ab. Den Vortrieb lieferte ein ummantelter Propeller von 1.52 m Durchmesser im Heck des Flugzeugs. Höhen- und Seitenruder lagen direkt hinter dem Propellermantel, wodurch dem Flugzeug die Möglichkeit gegeben werden sollte, beim senkrechten Starten oder Landen in Nick- und Gierrichtung steuerbar zu bleiben. Die Rollbewegung wurde durch unterschiedliche Blattsteigung der beiden Hubrotoren geregelt. Angetrieben wurde dieses Modell 2C von zwei 265 PS starken Kolbenmotoren des Typs O-540-A1A von Lycoming. Als Abfluggewicht für den Senkrechtstart waren 1.180 kg vorgesehen.

In ihrer Auslegung als Modell 2C wurde die Omniplane von der NASA in Ames erprobt, die daraufhin verschiedene Modifizierungen – besonders des Steuersystems – verlangte. Vanguard baute diese Änderungen ein und präsentierte 1961 die verbesserte Omniplane als Modell 2D. Der Kolbenmotor von Lycoming war jetzt durch einen 600 PS starken Turbomotor des Typs YT53-L-1 von Lycoming ersetzt und der Bug um 1.52 m verlängert worden, um einen dritten waagerechten Propeller aufzunehmen. Aufgabe dieses zusätzlichen Bugpropellers war es, die Nick- und Giersteuerung beim Schwebeflug zu verbessern. In der jetzigen Auslegung geschah die Rollsteuerung durch unterschiedliche Blattsteigung der Tragflächenpropeller, die Nicksteuerung durch entsprechende Blattsteigung des Bugpropellers, und Gierbewegungen wurden durch Schwenken von Ablenkflächen gesteuert, die in Längsrichtung im Strahl des Bugpropellers untergebracht waren.

Die Omniplane Modell 2D absolvierte alle ihre gefesselten Erprobungsflüge, bei anschließenden Windkanaluntersuchungen jedoch brach ihre mechanische Kraftübertragung. Anfang 1962 wurde daraufhin ihre Weiterentwicklung aufgegeben. Obwohl die Omniplane keine Freiflüge mehr durchführte, war das Konzept des Luftschraubenauftriebs in der Tragfläche eines Flugzeugs erfolgreich in die Praxis umgesetzt worden, und man konnte ihre Erprobungsergebnisse bei späteren Arbeiten nutzen.

Auch in einem Werk von Avro Canada – in Malton, Toronto – hatte eine Gruppe, angeführt von dem Engländer John Frost, den Weg gewählt, den Luftschraubenauftrieb mit aerodynamischem Auftrieb zu verbinden, indem sie das Hubtriebwerk im Flugobjekt unterbrachte. Sie konstruierte eine fremdartig anmutende Maschine, die sie Projekt Y oder Avrocar nannte. Dieser Flugapparat war völlig rund und besaß keine sichtbaren Steuerflächen.

Obwohl schon das Äußere der Avrocar ziemlich auffällig war, war doch ihr wichtigstes Merkmal in ihr verborgen. Avro Canada hatte die Kraft eines Strahltriebwerks gezähmt, ohne es in einen Turbomotor umzuwandeln – und diese Aufgabe hatte man sehr wirkungsvoll bewältigt. Die hohe Geschwindigkeit des Abgasstroms des Strahltriebwerks war zum Antrieb einer Turbine an der Peripherie eines beschaufelten Laufrads genutzt worden. Diese Turbine trieb ihrerseits das Laufrad an, das einen hohen Luftdurchsatz mit viel geringerer Geschwindigkeit erzielte. Turbine und Laufrad (= Turborotor) bezogen ihre Energie vom Triebwerkstrahl mit hoher Strömungsgeschwindigkeit und niedrigem Luftdurchsatz und wandelten ihn in einen Luftstrom von geringerer Geschwindigkeit und hohem Luftdurchsatz um. Und da der Auftrieb vom Luftdurchsatz abhängt, war das Endergebnis eine Steigerung des Auftriebs.

Die Avrocar sollte senkrecht starten, während der Beschleunigung auf Fluggeschwindigkeit aber im Bereich des Bodeneffekts bleiben. Danach sollte sie aerodynamisch das Zielgebiet anfliegen, wo sie in größerer Höhe schweben oder im Bodeneffekt ihren Einsatz abwarten sollte. Der Rückflug sollte wieder aerodynamisch ablaufen, gefolgt von einer senkrechten Landung. Die Nutzung des Bodeneffekts beim Start sollte die Menge des mitzuführenden Kraftstoffs erhöhen, wie auch dessen Nutzung beim Warten im Zielgebiet den Treibstoffverbrauch mindern würde. Diese doppelte Inanspruchnahme des Bodeneffekts sollte ihre verfügbare Flugdauer – und damit ihre Reichweite – erheblich steigern.

Die Avrocar maß 5.49 m im Durchmesser und war 1.07 m hoch; ihre Unterseite war flach, die Oberseite konvex. In der Mitte der Oberseite befand sich ein großer Lufteinlauf für das Laufrad, das 31 Schaufeln und einen Durchmesser von 1.52 m hatte. Weitere Öffnungen in der Oberseite dienten als Lufteinläufe für die drei Strahltriebwerke. Es gab drei Tankstutzen, jeweils einen pro Triebwerk. Zwei Flugzeugführerkabinen mit gewölbten Hauben lagen ziemlich weit außen und vorne, und die Oberfläche davor war mattschwarz gestrichen, um Spiegelungen zu vermeiden.

Die interne Struktur hatte die Gestalt eines gleichseitigen Dreiecks. Einen Großteil im Inneren dieses Dreiecks nahm der von Avro sogenannte Turborotor ein. Er wurde von den Abgasen der drei J69-Strahltriebwerke von Continental angetrieben, die – zusammen mit ihren Kraftstoffbehältern – in den Spitzen des Dreiecks angebracht waren. Von den drei Segmenten der Scheibe, die außerhalb des Dreiecks lagen, waren zwei für die beiden Cockpits und das dritte als Stauraum für die Nutzlast verwendet worden.

Die durch den Turborotor geblasene Luft war mit dem heißen Gas der Turbine vermischt und diente der Avrocar sowohl als Auftrieb für den Schwebeflug als auch als Vortrieb. Solange sie im Tiefflug im Bereich des Bodeneffekts war, liefen ihre Triebwerke mit geringerer Leistung, und die Luft wurde unter Triebwerken, Cockpits und Stauraum hindurch zu einer Düse am Außenrand geleitet, die den gesamten Umfang der Avrocar umgab. Sie lenkte den Luftstrom nach unten und nach innen und schuf so ein Kissen hochverdichteter Luft wie bei einem Luftkissenfahrzeug. Bei Flügen in größerer Höhe – außerhalb des Bereichs des Bodeneffekts – liefen die Triebwerke mit voller Leistung, und der Luftstrom des Turborotors wurde, wie bei den fliegenden Plattformen, direkt nach unten geleitet; allerdings war die erforderliche Leistung wegen der kleineren Kreisfläche höher als bei den Plattformen. Beim Marschflug wurde der Luftstrom der umlaufenden Düse zur Erzeugung von Vortrieb nach hinten gerichtet, und die aerodynamische Form der Avrocar sorgte für den Auftrieb.

Wegen ihrer ungewöhnlichen Gestalt und des Fehlens jeglicher Stabilisierungsflossen war die Avrocar beim Vorwärtsflug instabil. Daher benötigte sie, sowohl für den Marschflug als auch für den Schwebeflug auf dem Luftkissen am Boden wie den Schwebeflug in der Höhe, einen Autostabilisator. Diese Selbststabilisierungsanlage setzte den Turborotor recht genial als Zweiachsenwendekreisel wie auch als Steuereinheit ein. Das Laufrad war elastisch auf Federn montiert. Wenn nun die Avrocar sich zu einer Seite neigte, tendierte das Laufrad dazu, seine Lage beizubehalten und erzeugte zwischen Laufrad und Avrocar eine Relativbewegung. Diese Relativbewegung wurde über Verbindungen an Störklappen in der Ringdüse weitergegeben, die den Düsenluftstrom so modifizierten, daß Nick- oder Rollmomente entstanden, die die Avrocar wieder in die gewünschte Lage zurückbrachten. Das war zwar ein sehr einfaches und zuverlässiges Steuersystem, aber es sah keine Feineinstellung der Steuerparameter vor und ließ auch keine Änderung dieser Parameter zu, so daß es sich den drei Flugbetriebsarten nicht anpassen konnte.

Die Avrocar zog bald die Aufmerksamkeit des amerikanischen Verteidigungsministeriums auf sich, das 1955 mit Avro einen Entwicklungsvertrag abschloß und der Avrocar die Bezeichnung VZ-9AV zuwies. Diese absolvierte am 5. Dezember 1959 in Malton ihren ersten gefesselten Flug. Nach weiteren Fesselflügen wurde sie für Windkanalversuche zur NASA nach Ames geschafft. 1961 kehrte sie nach Malton zurück und begann am 17. Mai 1961 mit Marschflugversuchen. Hier führte sie zwei Flüge entlang der Startbahn durch, und zwar in geringer Höhe und noch im Bereich des Bodeneffekts. Sie erwies sich als nicht völlig stabil; ein Bericht aus jener Zeit vermerkt, daß sie die Startbahn »entlangtorkelte«.

Bei einer Höhe von mehr als etwa 1.20 m über dem Boden erwies sich die

Avrocar als instabil, daher wurden alle weiteren Flüge aus Sicherheitsgründen gefesselt durchgeführt. Der Entwicklungsvertrag lief im Dezember 1961 aus, und das Projekt wurde aufgegeben. Aus heutiger Sicht war es gewagt anzunehmen, daß ein einfacher, mechanischer Kreiselstabilisator die Avrocar in ihren drei unterschiedlichen Flugbereichen stabil halten könnte. Selbst mit moderner Technologie würde es noch schwierig genug sein, ein derartiges Vehikel zu steuern.

Von den zwei hergestellten Avrocar wurde eine verschrottet und die andere der Smithsonian Institution überlassen.

Das signifikanteste Merkmal der Avrocar war ihr Jetfan – der von Strahltriebwerken angetriebene Turborotor. Dieser Jetfan ließ die Strahltriebwerke im Schwebeflug sparsamer arbeiten. Das Forschungsamt für Transportwesen des amerikanischen Heeres vergab im November 1961 an General Electric einen Auftrag für zwei Forschungsflugzeuge, die das Konzept von Laufrädern in den Tragflächen der Vanguard Omniplane mit den Jetfans der Avrocar verbinden sollte. GE übernahm die Verantwortlichkeit für Triebwerke und Laufräder und vergab einen Unterauftrag für Konstruktion und Bau der Zellen an Ryan. Die Heeresbezeichnung für die Flugzeuge war zunächst VZ-11, bald darauf wurde sie in XV–5A umgewandelt. Ryan folgte der in dieser Firma üblichen Praxis und gab den Flugzeugen den werksinternen Namen Vertifan.

Die Konstruktion der XV–5A war von der Notwendigkeit bestimmt, die Laufräder unterzubringen und anzutreiben. Die Tragflächen wurden um die beiden Hauptauftriebslaufräder gebaut; sie waren innen leicht und außen stärker gepfeilt und hatten eine gerade Hinterkante. Die beiden Triebwerke waren in Rumpfmitte untergebracht, damit ihr Gasstrom entweder den Laufrädern für den Auftrieb oder aber den Strahlrohren für den Vorwärtsschub zugeführt werden konnte. Der einzige Lufteinlauf für die Triebwerke lag auf der Rumpfoberseite, um die Wechselwirkung mit dem Luftstrom der Laufräder so gering wie möglich zu halten. Der lange, klobige Bug enthielt das dritte Laufrad und seine Leitbleche.

Der Rumpf war 13.41 m lang und trug ein T-förmiges Leitwerk. Der Winkel des Höhenruders war verstellbar und so programmiert, daß er beim Übergangsflug das Nickmoment ausgleichen konnte. Die Spannweite betrug 9.14 m. Da die Tragflächen von den Laufrädern ausgefüllt waren, mußte das Fahrwerk in den Rumpf eingefahren werden, was zu einer relativ schmalen Spurweite führte. Die Strahltriebwerke des Typs J85-GE-5 waren von General Electric und leisteten jedes einen Standschub von 1.200 kp. Sie waren gegenseitig so miteinander verbunden, daß jedes von ihnen im Notfall alle drei Laufräder antreiben konnte, wenn auch mit weniger Leistung. Die Laufräder in den Tragflächen waren vom Typ X353–5B, das Buglaufrad vom Typ X376, beide von General Electric. Der Gesamtschub der Triebwerke von 2.400 kp wurde durch Turbine und Laufräder vervielfacht und konnten einen Aufwärtsschub von 7.250 kp erreichen. Das Flugzeug wog leer 3.170 kg, das maximale VTOL-Abfluggewicht lag bei 5.525 kg.

Das Buglaufrad war mit Klappen abgedeckt, und die Laufräder in den Tragflächen trugen oben Drosselklappen und unten Querjalousien. Zur Vorbereitung des Senkrechtflugs wurden Klappen und Jalousien geöffnet und die Triebwerke hochgefahren. Ein Störklappensystem für den Vorschub verhinderte, daß sich das Flugzeug nach vorne in Bewegung setzte. Sobald die Triebwerke ihre volle Leistung erreicht hatten, wurde der Schub für den Senkrechtstart den Laufrädern zugeführt.

Im Senkrecht- wie im Schwebeflug wurden Rollbewegungen durch unterschiedliche Einstellung des Schubs der Laufräder in den Tragflächen gesteuert, Nicken durch Regelung des Buglaufradschubs, und Gieren durch unterschiedliche Bewegung der Jalousien unter den Laufrädern in den Tragflächen. Diese Jalousien konnten auch gemeinsam zur Erzeugung von Vorwärts- und Rückwärtsschub eingesetzt werden.

Der Übergang zum Marschflug wurde durch Schwenkung der Tragflächenjalousien nach hinten eingeleitet, was Vortrieb hervorrief. Ab einer Fluggeschwindigkeit von etwa 220 km/h war der Flächenauftrieb groß genug, um das Flugzeugge-

Die Ryan XV–5A Vertifan wurde von strahlgetriebenen Laufrädern getragen. Die zweischaligen Lukenklappen über den Tragflächenlaufrädern sind geöffnet, und die Buglaufradablenkschaufeln sind gerade noch an beiden Seiten des Bugs erkennbar.

wicht zu tragen, der Schub wurde zu den Schubdüsen umgeleitet, und die Abdekkungen der Laufräder wurden geschlossen.

Im Vorwärtsflug wurde die XV–5 mit herkömmlichen Steuerflächen gesteuert. Der Übergang vom aerodynamischen zum Senkrechtflug begann bei 280 km/h, indem die Laufradabdeckungen geöffnet und der Triebwerkschub zum Antrieb der Laufräder umgeleitet wurden. Der Schub der Triebwerke wurde auf eine Sinkgeschwindigkeit von 0.9 bis 1.2 m/s eingestellt, und das Flugzeug setzte sanft auf dem Boden auf.

Insgesamt wurden zwei XV–5A Vertifan hergestellt. Der Erstflug fand am 25. Mai 1964 statt. Beide Flugzeuge nahmen an dem Flug- und Erprobungsprogramm teil. Im April 1965 ging eine Maschine bei einem Flugunfall verloren. Die zweite setzte die Testflüge fort, bis auch sie im Oktober 1966 beschädigt wurde. Sie wurde in abgeänderter Form instandgesetzt und diente als XV–5B

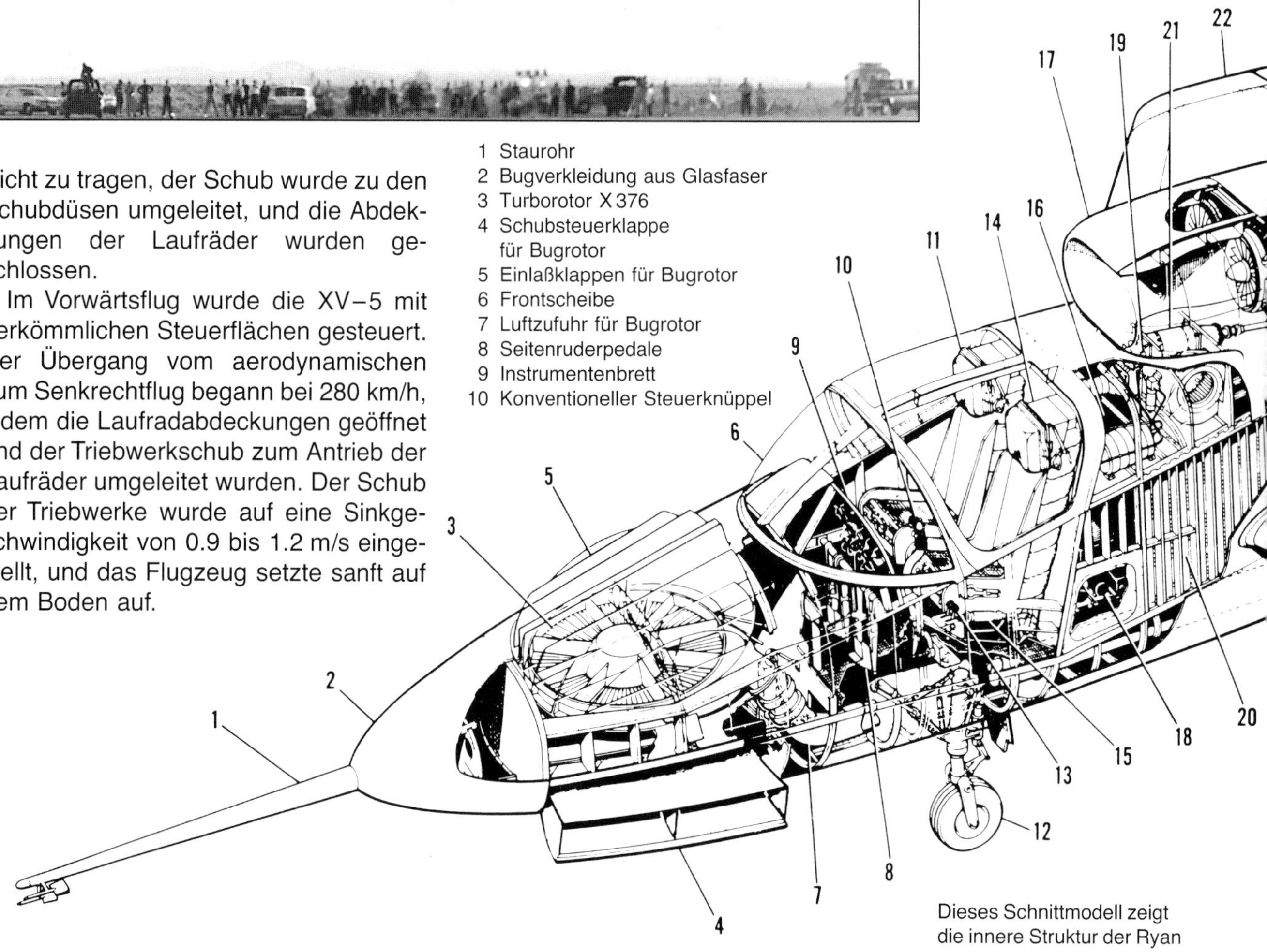

1 Staurohr
2 Bugverkleidung aus Glasfaser
3 Turborotor X 376
4 Schubsteuerklappe für Bugrotor
5 Einlaßklappen für Bugrotor
6 Frontscheibe
7 Luftzufuhr für Bugrotor
8 Seitenruderpedale
9 Instrumentenbrett
10 Konventioneller Steuerknüppel
11 Schleudersitz des Beobachters
12 Bugfahrwerk
13 Schubhebel
14 Schleudersitz des Piloten
15 Auftriebssteuerung
16 Hydraulikraum
17 Gemeinsamer Lufteinlauf für J 85
18 Elektrikraum
19 Hydraulikpumpe
20 Hauptkraftstofftank
21 Generator
22 Rechte Tragfläche
23 Gasgenerator J 85

Dieses Schnittmodell zeigt die innere Struktur der Ryan Vertifan. Die Triebwerkeinläufe lagen auf dem Rumpf hinter dem Cockpit. Der Triebwerkstrahl wurde entweder zur Schubdüse oder zu den drei Laufrädern geführt.

▷
Eine Ryan XV–5A wurde zur hier abgebildeten XV–5B umgebaut. Das größere Buglaufrad und das breiter ausgelegte starre Fahrwerk sind deutlich zu sehen.

24 Rechtes Querruder
25 Querkanal
26 Stellvorrichtung für Tragflächenrotor-Auslaßklappen
27 Umlenkventil
28 Einlaßklappen für Tragflächenrotor
29 Turborotor X 353-5 B
30 Triebwerkschubdüse
31 Linkes Hauptfahrwerk
32 Linke Tragfläche
33 Linkes Querruder
34 Linke Landeklappe
35 Linke Strahlbremse

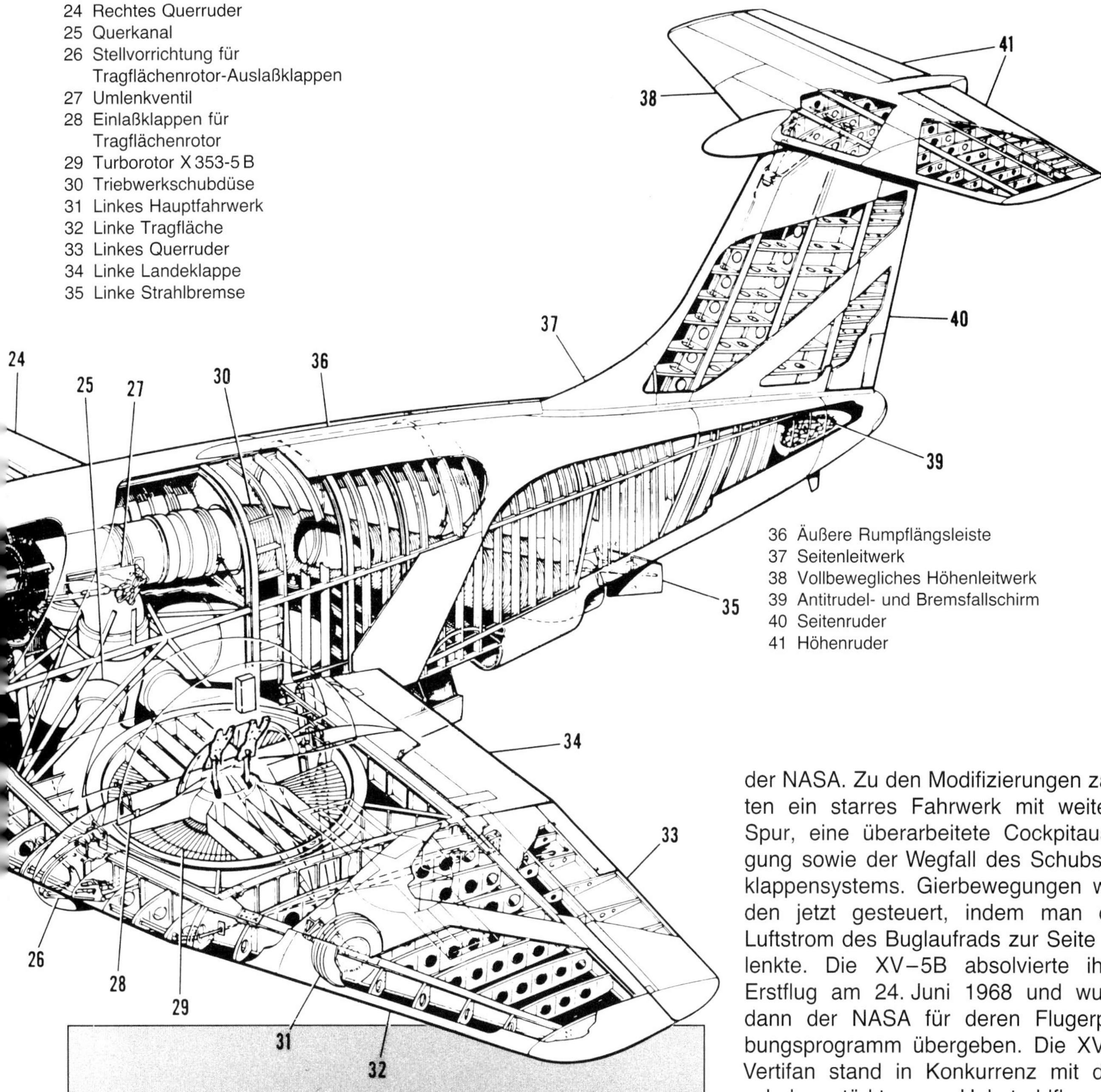

36 Äußere Rumpflängsleiste
37 Seitenleitwerk
38 Vollbewegliches Höhenleitwerk
39 Antitrudel- und Bremsfallschirm
40 Seitenruder
41 Höhenruder

der NASA. Zu den Modifizierungen zählten ein starres Fahrwerk mit weiterer Spur, eine überarbeitete Cockpitauslegung sowie der Wegfall des Schubstörklappensystems. Gierbewegungen wurden jetzt gesteuert, indem man den Luftstrom des Buglaufrads zur Seite ablenkte. Die XV–5B absolvierte ihren Erstflug am 24. Juni 1968 und wurde dann der NASA für deren Flugerprobungsprogramm übergeben. Die XV–5 Vertifan stand in Konkurrenz mit dem schubverstärkten Hubstrahlflugzeug Lockheed XV–4 Hummingbird und dem Schwenkdüsen-Mantelstromflugzeug Hawker XV–6 Kestrel.

Der Jetfan – das von einem Strahltriebwerk angetriebene beschaufelte Laufrad – war ein bemerkenswert einfaches und hochwirksames Prinzip, den Schub eines Strahltriebwerks zu vervielfachen, und erwies sich als gute Lösung für das Problem des Düsensenkrechtflugs, das sich aus dem Mißverhältnis von Marschflugschub und Schwebeflugschub ergab. Ryan veröffentlichte Anregungen für eine Reihe von Jetfan-Verwendungen, so für Hochgeschwindigkeits-Abfangjäger, schwere Transportflugzeuge und Passagierflugzeuge.

Die Nachteile des Jetfan lagen in seinem Umfang, seinem Gewicht und der Notwendigkeit, ihn an passender Stelle ohne Störung der Flugzeugstruktur unterzubringen. Bei der XV–5 mit ihrer Laufradschubmodulation muß die Reaktion auf Steuerausschläge langsam gewesen sein, aber dies hätte nicht zu Schwierigkeiten geführt, wenn man getrennte Steuermechanismen verwendet hätte.

Es ist interessant, die Parallelen zu vergleichen, die zwischen den turbinengetriebenen Gebläsen, wie sie die Avrocar und die Vertifan verwendeten, und dem turbinengetriebenen Gebläse bestehen, das die vorderen Schwenkdüsen des Mantelstromtriebwerks Pegasus versorgte.

6 DREHFLÜGLER

Der Rotor ist das wirksamste Hilfsmittel für den Senkrechtflug, da seine große Kreisfläche zu einer sehr geringen Kreisflächenbelastung führt, was die Forderungen an die Antriebsleistung für den Schwebeflug senkt und auch den nach unten gerichteten Rotorstrahl verringert, dem darunterliegende Objekte ausgesetzt sind. Natürlich braucht auch er eine ausreichende Leistung, und der Rotorstrahl ist noch immer eine nennenswerte Größe – aber in einem viel geringerem Ausmaß als bei Flugzeugen mit kleineren Kreisflächen.

Der konventionelle Hubschrauber, der einen Rotor großen Durchmessers verwendet, ist im Senkrechtflug sehr leistungsfähig und sollte eigentlich das ideale Fluggerät hierfür sein. Aber obwohl er dem Hubschrauber derartige Vorteile im Senkrechtflug verleiht, zeigt der Rotor im Marschflug schwerwiegende Einschränkungen, da er nur bei niedrigen Vorwärtsgeschwindigkeiten eingesetzt werden kann.

Der herkömmliche Hubschrauber hat einen angetriebenen Rotor mit Schlag- und Schwenkgelenken, gleichsinniger und periodischer Blattwinkelverstellung sowie einen Heckrotor für die Giersteuerung. Beim Vorwärtsflug muß jedes Rotorblatt auf der einen Seite des Hubschraubers schneller »reisen« als dieser und auf der anderen Seite langsamer, trotzdem aber muß auf beiden Seiten der gleiche Auftrieb erhalten bleiben. Die Schlaggelenke erlauben den Blättern ein Ansteigen und Fallen, und jedes Blatt senkt sich naturgemäß auf der »langsamen« Seite nach unten, was den Auftrieb erhöht, und steigt auf der »schnellen« Seite an, was den Auftrieb herabsetzt. Das kann man beim langsamen Vorwärtsflug hinnehmen, bei höheren Vorwärtsgeschwindigkeiten allerdings schafft es Probleme. Die Geschwindigkeit des sich vorwärts bewegenden Blattes darf seine kritische Machzahl nicht überschreiten, und die des sich nach hinten bewegenden Blattes darf nicht so gering sein, daß die Strömung abreißt und es zu flattern beginnt.

Die Situation wird noch erschwert durch die Notwendigkeit, den Rotor nach vorne zu neigen, um Vortrieb zu erzeugen. Das Ergebnis ist, daß herkömmliche

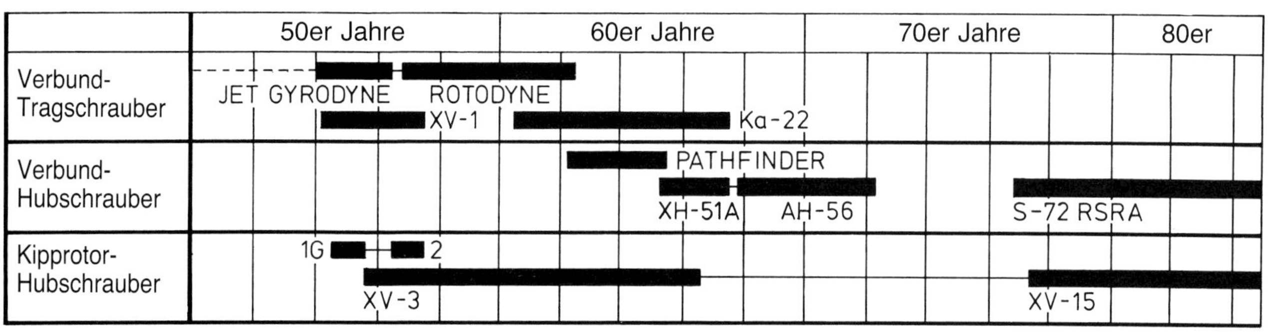

Die Entwicklung von Verwandlungshubschraubern mit Rotoren erstreckt sich über die Jahre von 1950 bis heute. Verbundtragschrauber gab es bis Mitte der 60er Jahre, und Verbundhubschrauber bis Anfang der 70er Jahre. Die Versuche mit Kipprotoren dauern noch an.

Hubschrauber in ihrer maximalen Vorwärtsgeschwindigkeit auf etwa 370 km/h begrenzt sind. Die Versuche, diese Geschwindigkeitsbegrenzungen der rotorgetragenen Hubschrauber zu umgehen, führten zu einer Anzahl von Verwandlungshubschraubern, die als Hubschrauber starten und dann auf unterschiedlichste Weise den aerodynamischen Flug aufnehmen.

Die ersten zwei Familien dieser Verwandlungshubschrauber waren die, die weiterhin den Rotor verwendeten, aber getrennten Vorwärtsschub und zusätzlichen aerodynamischen Auftrieb einsetzten. Der zusätzliche Vorwärtsschub enthob sie der Notwendigkeit, den Rotor nach vorne neigen zu müssen, und der zusätzliche aerodynamische Auftrieb entlastete den Rotor und verringerte das

Ein Verbundhubschrauber hat einen angetriebenen Rotor, Schub und Auftrieb. Darüber hinaus gab es noch eine zweite, sehr ähnliche Gruppe von Verwandlungshubschraubern, bei der der Rotor – obwohl beim Start angetrieben – beim Marschflug vom Antrieb abgekoppelt war. Es waren die Verbundtragschrauber, die über einen nichtangetriebenen Rotor, Schub und Auftrieb verfügten. Weil sie Rotoren verwendeten, waren diese beiden Typen der Verwandlungshubschrauber – Verbundhubschrauber und Verbundtragschrauber – in ihrer Geschwindigkeit noch immer durch die horizontalen Rotoren begrenzt. Die Geschwindigkeitsbeschränkungen lagen zwischen 370 km/h bei einem belasteten Rotor und etwa 520 km/h bei einem völlig unbelasteten Rotor unter idealen Bedingungen.

Auf- und Abschwingen der Rotorblätter. Beide Effekte führten dazu, daß der Rotor jetzt schneller geflogen werden konnte. Theoretisch kann ein dünner, starrer Rotor mit Geschwindigkeiten von nahezu 0.5 Mach geflogen werden, so daß das nach vorne schwenkende Blatt nicht ganz Mach1 erreicht, und das nach hinten schwenkende sich noch nicht rückwärts bewegt. In der Praxis allerdings war es sehr schwierig, alle diese Bedingungen für eine optimale Geschwindigkeit herzustellen – immerhin jedoch führten zusätzlicher Schub und aerodynamischer Auftrieb dazu, daß höhere Geschwindigkeiten erreicht werden konnten.

Indem man den Hubschraubern zusätzlichen separaten Vortrieb und aerodynamischen Auftrieb gab, schuf man die Familie der Verbundhubschrauber unter den Verwandlungshubschraubern.

Theoretisch gab es noch eine dritte Familie von Verwandlungshubschraubern, deren Rotor nach dem Start angehalten wurde, wenn das Flugzeug in den aerodynamischen Flug übergegangen war. Es waren verschiedene Arten der

Herstellung von Verwandlungshubschraubern mit angehaltenen Rotoren vorgeschlagen worden, aber von keinem ist bekannt, daß er je geflogen sei.

Eine vierte Familie von Verwandlungshubschraubern war die, deren Rotor um 90 Grad nach vorne geschwenkt wurde. Dadurch hörte er auf, ein Rotor zu sein, und wurde zum Propeller, der den Vortrieb erzeugte und die Geschwindigkeitsbegrenzung des Rotors im Marschflug umging. Beim Vorwärtsflug wurde der Auftrieb von herkömmlichen aerodynamischen Tragflächen erbracht. Die Familie der Kipprotor-Verwandlungshubschrauber vereinigte alle Vorteile eines Hubschraubers im Senkrechtflug mit denen eines Flugzeugs im Vorwärtsflug.

Da die Drehflügler weniger Antriebsleistung benötigen, war es ganz natürlich, daß die Rotor-Verwandlungshubschrauber die ersten der frühen Senkrechtstartentwürfe waren. Bei den Drehflüglern konnte man Kolbenmotoren verwenden – alle anderen Senkrechtstarter jedoch mußten, mit Ausnahme der leichten Plattformen, auf das leichtere und stärkere Gasturbinentriebwerk warten.

In diesem Kapitel werden senkrechtstartende Rotor-Verwandlungshubschrauber beschrieben. Der konventionelle Hubschrauber und der Tragschrauber werden weggelassen, da sie nicht in den aerodynamischen Flug übergehen; zudem wird auf beide in anderen Publikationen ausführlich eingegangen.

Verbundtragschrauber

Ein herkömmlicher Tragschrauber hat einen sich frei drehenden Rotor sowie sowie einen Antrieb für die Vorwärtsbewegung. Wird der Rotor vorwärts durch die Luft bewegt, wird die Peripherie des Rotors durch den Luftstrom angetrieben und versetzt den Rotor in eine Drehbewegung; die innere Kreisfläche des Rotors erzeugt dabei Auftrieb. Da das Fluggewicht nur von einem Teil des Rotors getragen wird, ist die Kreisflächenbelastung höher als bei einem Hubschrauber von gleichem Gewicht und Rotordurchmesser. Der Tragschrauber ist damit weniger leistungsfähig als der Hubschrauber.

Ein reiner Tragschrauber hätte nur seinen nichtangetriebenen Rotor und wäre nicht in der Lage, senkrecht zu starten. Man konnte jedoch durchaus einen Teil der Antriebsenergie an den Rotor ankuppeln, wodurch der Rotor – obwohl sein Antrieb nicht für den Hubschrauberstart ausreichte – in Segelstellung auf eine vorausberechnete Drehzahl gebracht werden konnte. Eine plötzliche Erhöhung des Blattverstellwinkels konnte dann die Maschine in die Luft springen lassen, wenn die Schwungradenergie des Rotors in potentielle Energie umgewandelt wurde. Gleichzeitig beschleunigte der Propeller die Maschine auf Marschfluggeschwindigkeit. Dieses riskante Manöver trägt allerdings nur wenig zum Vertrauen und zum Sicherheitsbedürfnis von Passagieren bei, und so wurde der einfache Tragschrauber hauptsächlich zu sportlichen Zwecken verwendet.

Ein Verbundtragschrauber verfügt über die Möglichkeit, die volle Leistung für den Hubschrauberstart auf den Rotor zu übertragen, und ebenso hat er Tragflächen, die den Rotor im Marschflug entlasten. Theoretisch vereinigt er die besten Merkmale aller Flugzeugtypen in sich. Bei Start und Landung ist er ein Hubschrauber, der den Senkrechtflug mit geringer Kreisflächenbelastung ermöglicht. Im Übergangsflug wird er zum Tragschrauber, und im Marschflug zum Flugzeug, dessen Rotor nur einen kleinen Teil des Auftriebs erzeugt; die sehr geringe Kreisflächenbelastung erlaubt dabei einen schnelleren Vorwärtsflug.

Verbundtragschrauber wurden von McDonnell, Fairey und Kamow gebaut. Die McDonnell XV–1 nahm Mitte der 50er Jahre an den Ausschreibungen des amerikanischen Heeresforschungsamts für Transportwesen teil, Fairey führte von 1947 bis 1962 ein ausgedehntes Programm mit der Gyrodyne, der Jet Gyrodyne und der Rotodyne durch, und Kamow entwarf die Ka-22, die von 1960 bis 1966 flog.

Die McDonnell XV–1 wurde gemeinsam von der McDonnell Aircraft Corporation, dem Transportkommando des amerikanischen Heeres und dem Zentrum für Luftfahrtentwicklungen der US-Luftwaffe in Wright entwickelt. Ursprünglich war sie als L-25 (Liaison = Verbindungsflugzeug) bezeichnet, dann aber der Hubschrauberentwicklung der US-Luftwaffe

Der McDonnell XV–1 Verbundtragschrauber hebt vom Boden ab. Der Rotor arbeitete mit Blattspitzenantrieb, und der Druckpropeller war starr.

zugeschlagen worden, womit sie die Bezeichnung H-35 erhielt. 1952 wurde sie als erste der V-Serie zur XV–1.

Die XV–1 hatte einen kurzen, plumpen Rumpf mit einer Plexiglasnase im Hubschrauberstil und ein Cockpit mit zwei hintereinanderliegenden Sitzen. Der Motor lag in Rumpfmitte und trieb einen Druckpropeller an. Das Fahrwerk bestand aus zwei Gleitkufen unter dem Rumpf. Als Schulterdecker hatte sie eine Spannweite von 7.92 m, und zwischen zwei Heckholmen befand sich das Höhenruder und auf ihnen je ein Seitenruder. Ein verkleideter Außenlastträger über dem Rumpf trug den Rotor mit einem Durchmesser von 9.5 m. Die Gesamtlänge betrug 15.2 m; das Leergewicht lag bei 1.950 kg, das Abfluggewicht bei 2.490 kg.

Der Antrieb war ein 550 PS starker Siebenzylinder-Sternmotor des Typs R-975–19 von Continental. Er konnte für den Marschflug mit dem zweiblättrigen Druckpropeller von 1.83 m Durchmesser verbunden werden oder – für den Start – mit zwei Drucklufterzeugern, die die Brenner von Druckdüsen an den Blattspitzen mit Luft versorgten. Diese Druckdüsen kann man sich als Düsentriebwerke ohne bewegliche Teile vorstellen. Anstatt die Energie einer Schubdüse zu entnehmen und sie zur Verdichtung der einlaufenden Luft zu benutzen, wurden die Düsen an den Blattspitzen mit Druckluft von den motorgetriebenen Kompressoren gespeist. Ihr wurde Kraftstoff beigemengt und das Gemisch in den Düsen verbrannt, was einen Schub erzeugte, der die Rotoren direkt in Rotation versetzte.

Der erste Prototyp begann Anfang 1954 mit Erprobungen im gefesselten Schwebeflug und absolvierte seinen ersten Freiflug am 11. Februar. Der zweite Prototyp flog erstmalig am 14. Juli, wurde aber bei Autorotationsversuchen im Dezember 1954 beschädigt. Der erste Übergang zum Horizontalflug erfolgte am 29. April 1955, und bei Versuchen am 10. Oktober 1956 wurde eine Geschwindigkeit von 370 km/h erzielt. Die XV–1 war der erste Drehflügler, der je diese Geschwindigkeit erreichte.

Die XV–1 wäre vielleicht der Vorläufer einer größeren Familie von Tragschrau-

Auf dieser seltenen Aufnahme sind die beiden XV–1-Verwandlungshubschrauber gemeinsam zu sehen.

bern geworden, aber weiterentwickelte Hubschrauber holten rasch auf, so daß das Programm 1957 aufgegeben wurde.

Auch die britische Firma Fairey versuchte, einen Kompromiß zwischen Hubschrauber, Tragschrauber und aerodynamischem Auftrieb zu finden. In den Jahren 1945 bis 1947 hatte sie die Gyrodyne gebaut, einen kleinen Verbundtragschrauber.

Der Rumpf der Gyrodyne war 7.62 m lang. Die beiden Piloten saßen im Bug nebeneinander, und hinter ihnen war noch Platz für zwei oder drei Passagiere. Der Motor war in Rumpfmitte untergebracht; dieser Rumpf lief zum Heck hin spitz zu, wo das Höhenleitwerk mit zwei Endscheiben als Seitenruder befestigt war. Die 5.18 m langen Stummelflügel waren in der Mitte des Rumpfes montiert. Das Dreibeinfahrwerk bestand aus dem Bugrad und zwei Hauptlaufrädern unter den Tragflächen.

Ein kleiner, verkleideter Pylon auf dem Rumpf trug den Rotor von 15.8 m Durchmesser. An der Spitze nur der rechten Tragfläche war eine zweiblättrige Luftschraube angebracht. Diese Luftschraube erzeugte sowohl das Gegendrehmoment als auch den Vortrieb, während der Rotor lediglich für den Auftrieb benötigt wurde. Das verringerte die Belastung des Rotors und erhöhte seinen Sicherheitsfaktor.

Die Gyrodyne wurde von einem 520 PS starken Neunzylinder-Sternmotor des Typs Leonides von Alvis angetrieben. Dieser Antrieb allein stellte, zusammen mit einem komplizierten System von Getrieben und Kupplungen, die Hälfte des Tragschraubergewichts, das leer bei 1.630 kg und mit Zuladung bei 2.175 kg lag.

Der Rotorauftrieb wurde über einen Schubhebel gesteuert, der automatisch die gemeinsame Blattverstellung veränderte, sobald Gas gegeben wurde. Die Steuersäule für die periodische Blattverstellung veränderte die Rotorblattdrehung in Bezug auf die Rotornabe, und über Pedale wurden sowohl die Steigung der Luftschraube als auch die Seitenruder gesteuert. Der erste Prototyp der Gyrodyne war im September 1947 fertiggestellt und flog erstmalig am 7. Dezember 1947. Am 28. Juni 1948 gewann sie den Internationalen Geschwindigkeitsrekord für Hubschrauber der Klasse G mit der höchsten Durchschnittsgeschwindigkeit über eine gerade Meßstrecke. Die Meßstrecke mußte zweimal abgeflogen werden, und die erreichte Durchschnittsgeschwindigkeit betrug 230.2 km/h. Im darauffolgenden Jahr wurde der Rekord für geschlossene Strecken in Angriff genommen, aber die Gyrodyne stürzte ab, wobei die beiden Bestzungsmitglieder den Tod fanden. Als Ursache des Absturzes wurde Materialermüdung des Rotorkopfes festgestellt, und der zweite Prototyp erhielt Flugverbot, bis eine eingehende Untersuchung und eine Materialüberprüfung abgeschlossen waren.

Der zweite Prototyp der Gyrodyne wurde dann zur Jet Gyrodyne umgebaut. Diese behielt Rumpf, Tragflächen und Motor, bekam aber einen neuen Rotor, Druckschrauben und ein neues mechanisches Kraftübertragungssystem. Beim Marschflug drehte sich der Rotor in Autorotation, und im Senkrechtflug wurde er von Blattspitzendüsen, ähnlich denen der McDonnell XV-1, angetrieben.

Sie hatte zwei Druckpropeller mit verstellbarer Steigung, einen an jeder Tragflächenspitze, die über Zahnradantrieb mit dem Motor verbunden waren. Über unterschiedliche Blattsteigung wurde die Seitensteuerung geregelt. Es gab kein Gegendrehmoment, also mußten die Propeller ein sehr geringes Drehmoment erzeugen, um die Reibung im Rotorkopf auszugleichen.

Der Durchmesser des Rotors war von 15.8 auf 18.3 m angestiegen, was die Kreisflächenbelastung um nützliche 25 Prozent verringerte. Der längere Hebelarm verbesserte auch – bei gleichem Schub der Düsen in den Blattspitzen – das Drehmoment um 12 Prozent. Das Gewicht der Jet Gyrodyne hatte sich jetzt allerdings von 2.175 auf 2.720 kg erhöht.

Im Januar 1954 begannen gefesselte Flugversuche, und der erste freie Flug wurde Ende desselben Monats durchgeführt. Die Leistung der Jet Gyrodyne erwies sich jedoch als zu schwach ausgelegt, und sie hatte, selbst mit dem Leonides auf voller Leistung, große Mühe, vom Boden freizukommen. Die ersten vollständigen Übergangsflüge wurden im März 1955 durchgeführt, aber wiederum reichte die Leistung nicht aus, um im Autorotationsflug die Höhe zu halten. Der Übergang vom Horizontalflug zum vertikalen Sinkflug war besonders gefährlich, weil die Motorleistung an die Kompressoren abgegeben werden mußte, bevor die Blattspitzendüsen gezündet werden konnten. Die Jet Gyrodyne befand sich dann im Übergangsflug ohne Antrieb der Propeller in einer ebenfalls antriebslosen Autorotation, und ein Fehlschlag beim Zünden der Brenner mußte

Die Fairey Gyrodyne war ein Verbundhubschrauber. Der Leonides-Motor von Alvis trieb sowohl den Rotor als auch den versetzten Propeller an.

unweigerlich zu einer Autorotationslandung führen. Trotz dieser Probleme unternahm die Jet Gyrodyne zahlreiche Flüge, und Ende 1956 hatte sie mehr als 200 Übergangsflüge abgeschlossen. Sie ist heute im Aerospace Museum auf dem Fliegerhorst Cosford in England ausgestellt.

Einmal mehr hatte sich klar herausgestellt, daß der Kolbenmotor für den sicheren Senkrechtflug nicht das nötige Leistungsgewichtsverhältnis aufwies. Diese beim Erprobungsprogramm der Jet Gyrodyne gewonnene Erkenntnis trug wesentlich zur Konstruktion ihrer Nachfolgerin bei, der erheblich größeren Rotodyne mit Turbinenantrieb.

Die Fairey Rotodyne war für den VTOL-Transport mittlerer Kapazität ziviler wie auch militärischer Art vorgesehen. Vorangegangene Konstruktionsstudien von 1947 bis 1949 hatten zu einem formellen Angebot für einen Verwandlungshubschrauber mit 15 Sitzplätzen geführt, dessen an den Tragflächen montierte Leonides-Motoren von Alvis im Marschflug Propeller und im Senkrecht- und Schwebeflug einen vierblättrigen Rotor mit Blattspitzendüsen antreiben sollte. Diese Auslegung basierte auf Daten des Gyrodyne-Programms und auf Untersuchungen, die Fairey in Hayes mit dem Blattspitzen-Düsenantrieb durchgeführt hatte. Die Blattspitzendüsen sollten an der Jet Gyrodyne erprobt werden.

Der Entwurf nahm beständig an Größe zu: vom ursprünglichen Entwurf mit 15 Sitzen und Leonides-Antrieb über Turbopropversionen mit Mamba von Armstrong Siddeley oder Dart von Rolls-Royce bis hin zu einer Version mit 40 Sitzplätzen, die von zwei 2.800 PS starken Eland-Turboprops von Napier angetrieben wurde. Dieser Entwurf wurde dann schließlich als Prototyp der Rotodyne, auch Y-Version genannt, gebaut.

Der Prototyp der Rotodyne hatte einen kastenförmigen Rumpf mit einer Gesamtlänge von 18 m, dessen innerer Laderaum 2.13 m breit, 1.82 m hoch und

Eine der Gyrodyne wurde zum Verbundtragschrauber Jet Gyrodyne umgebaut. Der Leonides-Motor erzeugte hier Druckluft für den Blattspitzenantrieb des Rotors im Senkrechtflug und trieb im Horizontalflug die beiden Druckpropeller an.

15.24 m lang war. Im Bug befand sich ein zweisitziges Cockpit im Hubschrauberstil, das eine gute Sicht nach vorne und nach unten ermöglichte. Der kastenförmige Rumpf wurde bis zum Heck verlängert, wo er in zweischaligen Ladeklappen auslief. Hochangesetzte, gerade Tragflächen von 14 m Spannweite trugen die Motoren und das Hauptfahrwerk in großen Gondeln unter der Flächenmitte. Ein auf dem Rumpfheck aufliegendes Höhenleitwerk trug Seitenruder an seinen Spitzen; während der nachfolgenden Weiterentwicklung wurde noch ein drittes Seitenruder in der Mitte angebracht. Auf der Rumpfmitte trug eine hohe Flosse den vierblättrigen Rotor von 18.28 m Durchmesser. Dieser Rotor war aus rostfreiem Stahl gefertigt und enthielt Luftkanäle und Kraftstoffleitungen zur Versorgung der Blattspitzendüsen.

Beim Marschflug wurde die Rotodyne von ihren Propellern angetrieben, und der Rotor lief in Autorotation. Ungefähr die Hälfte ihres Eigengewichts wurde vom aerodynamischen Auftrieb der Tragflächen getragen, und den Rest trug der Rotor – damit war er positiv belastet und konnte zur Steuerung mitbenutzt werden. Im Senkrechtflug liefen die Propeller in Segelstellung, und zum Antrieb des Rotors wurden die Blattspitzendüsen eingesetzt.

Die Turboproptriebwerke des Typs Eland 7 von Napier trieben die Propeller direkt an und konnten zusätzlich über hydraulische Kupplungen Kompressoren mitlaufen lassen. Waren die Kompressoren angekuppelt, wurde der größte Teil der Triebwerkleistung zur Erzeugung von Druckluft eingesetzt, die durch den Rotor den Blattspitzendüsen zugeführt wurde. Jeder Kompressor versorgte ein gegenüberliegendes Paar von Rotorblättern, um sicherzustellen, daß im Falle eines Triebwerkausfalls der Rotor ausgeglichen weiterarbeiten konnte. Der Kraftstoff wurde den Blattspitzendüsen durch die Zentrifugalkraft des Rotors zugeleitet. Kraftstoff und Druckluft wurden hier vermischt und in den von Fairey konstruierten Düsen verbrannt, wodurch sie den

Wie die Jet Gyrodyne verwendete auch die Rotodyne den Rotor, jetzt mit Blattspitzenantrieb, beim Start und setzte erst im Horizontalflug ihre Propeller ein.

Dieses Foto der Fairey Rotodyne beim Auftanken läßt den Blattspitzenantrieb sehr deutlich erkennen. Der Lärm dieser Antriebsart erwies sich jedoch als ein großes Problem.

Schub entwickelten, der den Rotor zur Rotation brachte.

Der Rotor war halbstarr und hatte Schlaggelenke, aber keine Schwenkgelenke. Die Schlaggelenke erlaubten den Blättern, nach herkömmlicher Hubschrauberart auf- und abzusteigen, um den Auftrieb zwischen sich vor- und rückwärtsbewegenden Blättern auszugleichen. Schwenkgelenke waren nicht erforderlich, weil die Blätter sich selbst antrieben. Es gab auch Pläne, zwei gegenüberliegende Blätter über einen Antrieb einzuklappen, um die Parkfläche zu verringern. Jedes Blatt enthielt drei Luftkanäle, Kraftstoffleitungen und Zündkreise für die Düsen. Die Hauptstruktur des Rotors war aus rostfreiem Stahl, um den hohen Temperaturen der Druckluft standzuhalten, und seine Vorderkanten aus Aluminium waren unterteilt, um Belastungen durch unterschiedliche Ausdehnung zu vermeiden.

Die Steuerung war der der Jet Gyrodyne ähnlich. Gierbewegungen wurden durch unterschiedliche Blattsteigung der beiden Propeller ausgeglichen, während Nicken und Rollen über die periodische Blattverstellung des Rotors gesteuert wurden. Diese Steuerungsart wurde im senkrechten wie im waagerechten Flug beibehalten, wodurch das Steuersystem – verglichen mit anderen Verwandlungshubschraubern – sehr einfach ausgelegt werden konnte. Im Marschflug gewährten Seitenruderausschläge eine zusätzliche Giersteuerung. Anfangs wurden die Höhenruder beim Vorwärtsflug lediglich zum Austrimmen in Nickrichtung benutzt, indem sie den Anstellwinkel und den Tragflächenauftrieb bestimmten. Das erwies sich als unzureichend, und so wurde die Nicksteuerung später dahingehend modifiziert, daß sie im Schwebeflug die periodische Blattverstellung und im Marschflug die Höhenruder einsetzte. Noch später wurden Querruder eingebaut, die bei höheren Geschwindigkeiten die Rollsteuerung übernahmen. Das war auch naheliegend, denn die Rotodyne sollte ja den größten Teil ihrer Zeit im Horizontalflug eingesetzt werden, und so war es nur vernünftig, dem Piloten für den Geradeausflug komfortable und stabile Steuermöglichkeiten zur Verfügung zu stellen.

Die Rotodyne wurde einem langwierigen Erprobungs- und Entwicklungsprogramm unterzogen. Kritische Systemteile wurden 1956 und 1957 zunächst am Boden und die Blattspitzendüsen mit der Jet Gyrodyne in der Luft erprobt. Der Prototyp der Rotodyne absolvierte am 6. November 1957 seinen ersten Hubschrauberflug. Bei weiteren Hubschrauberflügen erreichte er Geschwindigkeiten von bis zu 280 km/h und Höhen von bis zu 2.150 Metern. Bis zum 10. April 1958 hatte man genügend Erfahrungen gesammelt, um den Übergang zum Tragschrauberflug – und zurück – zu versuchen. Diese Übergangsflüge ging man mit einer gewissen Vorsicht und schrittweise an. Dabei traten Schwierigkeiten mit dem erneuten Zünden der Düsen in größeren Höhen auf, und man veränderte sowohl die Auslegung der Kompressoren als auch die Flugvorschriften. Es wurde Oktober, bevor man Übergangsflüge mit gutem Gewissen durchführen konnte.

Ein Problem, das der Rotodyne eigen war, war der Lärm ihrer Blattspitzendüsen. Diese Düsen waren sehr klein und konnten mit ihrem geringen Luftdurchsatz den erforderlichen Schub nur erzeugen, indem sie mit hoher Austrittsgeschwindigkeit arbeiteten. Das allerdings erzeugte starken Lärm, der deswegen als besonders lästig empfunden wurde, weil die Drehung des Rotors ihn in jeder Stellung als eine Serie scharfer Schläge erscheinen ließ. Die Lösung war, einen höheren Luftdurchsatz mit geringerer Austrittsgeschwindigkeit zu verbinden, und es war sogar geplant, getrennte Verdichter einzusetzen und die Düsen über die Rotorvorderkanten hinaus zu verlängern.

Ende 1958 flog die Rotodyne einen geschlossenen Kurs von 100 km mit einer Durchschnittsgeschwindigkeit von 353.7 km/h – fast 100 km/h schneller als der bestehende Hubschrauberrekord. Trotz ihrer langen Entwicklungszeit erwies sich die Rotodyne auf dem Markt für VTOL-Kurzstrecken-Transportflugzeuge mittlerer Zuladung als sehr starke Konkurrenz. Sowohl eine zivile wie auch eine militärische Version wurden mit dem Typ

Die Kamow Ka-22 Vintokrulja war ein großer Verbundtragschrauber. Die bei Start und Landung eingesetzten Rotoren wurden mechanisch angetrieben.

Z angeboten, der im Grunde das gleiche Flugzeug war, aber längere Tragflächen, stärkere Turboprops des Typs Tyne von Rolls-Royce und eigene RB-176-Turbinen von Rolls-Royce als Antrieb für die Kompressoren haben sollte. Die britische Regierung zeigte für eine militärische Verwendung Interesse, desgleichen British European Airways für eine zivile Nutzung, und auch Hersteller sowie Luftverkehrsgesellschaften in Übersee waren interessiert.

Bei all dieser Nachfrage hätte die Entwicklung so schnell wie möglich vorangetrieben werden müssen. Fairy jedoch wurde von Westland übernommen, die Entwicklung zog sich hin, und die potentiellen Kunden verloren das Interesse. 1962 stellte die britische Regierung jegliche Unterstützung für militärische Verwendungen ein, womit das Programm nur noch auf dem zivilen Sektor vertreten war. Die Rotodyne wurde auch von London aus eingesetzt, um zu beweisen, daß VTOL-Transporter zwischen Stadtzentren verkehren konnten – aber der unmäßige Lärm ihrer Blattspitzendüsen erwies sich als für städtische Regionen nicht tragbar. Und in anderen Verwendungen konnte sich die Rotodyne gegen modernere Transportflugzeuge und Hubschrauber nicht durchsetzen.

Die Rotodyne wurde später für die Verschrottung zerlegt, Teile von ihr jedoch blieben erhalten und können heute im International Helicopter Museum, The Airport, Weston-super-Mare, Avon, England, besichtigt werden. Man findet dort einen kleinen Teil des Rumpfes, einen Testrotor mit Blattspitzendüse, ein Triebwerk mit aufgeschnittenem Verdichter und die komplette Rotorkopfgruppe. Dieser Rotorkopf ist sehr interessant, da er eine konzentrische Kombination der Rotorsteuerung, die zwei getrennten Zuleitungen für die Druckluft, die Kraftstoffleitung und die Zündkreise für die Blattspitzendüsen zeigt.

Die Kamow K-22 Vintokrulja mit der NATO-Bezeichnung Hoop wurde der Öffentlichkeit erstmalig 1961 vorgestellt; sie war praktisch ein Zeitgenosse der Rotodyne. Sie hatte einen 23 m langen, kastenförmigen Rumpf mit einem runden, verglasten Bug und ein konventionelles, nach oben gebogenes Leitwerk mit Laderampe. Hochangesetzte, gerade Tragflächen von 20.4 m Spannweite trugen an den Spitzen die Gondeln für die 5.680 PS Wellenvergleichsleistung starken Turbomotoren des Typs TB-2. Jede Turbine trieb einen Propeller an der Vorderseite der Gondel an sowie – über ein System von Getrieben und Kupplungen – einen Rotor auf einem verkleideten Rotorbock oberhalb der Gondeln. Man vermutet, daß die beiden Gondeln über eine Querwelle verbunden waren, so daß jedes Triebwerk beide Rotoren antreiben konnte, wenn das andere ausgefallen war.

Mit 409.2 km/h brach die Ka-22 den Geschwindigkeitsrekord der Rotodyne, der bei 353.7 km/h gelegen hatte. Sie stellte auch eine Reihe von Nutzlast/Höhen-Rekorden auf, darunter auch den, bei dem sie 16.308 kg auf 2.590 m Höhe schleppte. Das war mehr als das Abfluggewicht der meisten VTOL-Flugzeuge.

Alle Verwandlungstragschrauber brachen Rekorde und setzten neue Maßstäbe für Flugleistungen – aber keiner von ihnen erreichte die Serienherstellung. Der Hauptgrund hierfür war sicherlich, daß – während sie in ihrer Entwicklung langsam verschiedene grundlegende Probleme überwanden – sich die Triebwerktechnologie sprunghaft weiterentwickelte. Wo früher nur der Verbundtragschrauber unter den Drehflüglern die Geschwindigkeit von 370 km/h erreichen konnte, ermöglichten jetzt die stärkeren und leichteren Turbomotoren auch dem normalen Hubschrauber, genauso schnell zu fliegen. Und vom wirtschaftlichen Standpunkt her waren die Verwandlungshubschrauber nur Prototypen, die kein Geld einbrachten, wohingegen jede weitere Hubschrauberentwicklung eine Umsatzsteigerung bedeutete, die man wiederum für Folgeentwicklungen verwenden konnte.

Verbundhubschrauber

Als sich die Hubschrauber entwickelten und die Triebwerke immer leistungsfähiger wurden, wurden auch immer höhere Vorwärtsgeschwindigkeiten verlangt. Unterschiedliche Wege wurden hierfür beschritten, und am erfolgreichsten erwies sich der starre Rotor. Um höhere Geschwindigkeiten zu erzielen, strebte man

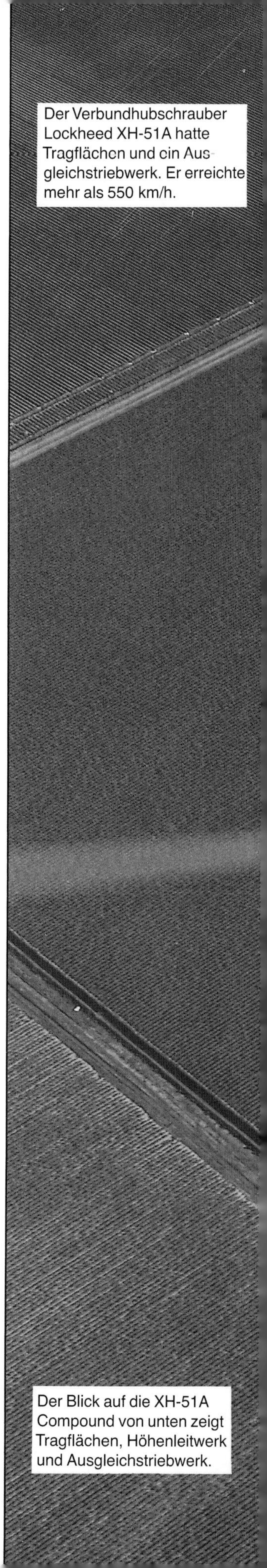
Der Verbundhubschrauber Lockheed XH-51A hatte Tragflächen und ein Ausgleichstriebwerk. Er erreichte mehr als 550 km/h.

Der Blick auf die XH-51A Compound von unten zeigt Tragflächen, Höhenleitwerk und Ausgleichstriebwerk.

ARMY

eine Entlastung des Rotors durch zusätzlichen Vorwärtsschub und aerodynamischen Auftrieb an. So entstand der Verbundhubschrauber: ein Hubschrauber mit Tragflächen und entweder Propeller- oder Strahltriebwerkschub.

Wie der Verbundtragschrauber an Geschwindigkeit gewann, indem er mit entlastetem Rotor mehr als konventionelles Flugzeug flog, so tat der Verbundhubschrauber genau das gleiche. Der Unterschied war lediglich, daß der Rotor des Verbundhubschraubers leicht belastet war und einen Antrieb besaß, während der Rotor des Verbundtragschraubers ebenfalls leicht belastet war, aber in Eigendrehung (Autorotation) mitlief.

Es gab verschiedene Hochgeschwindigkeits-Verbundhubschrauber. Piasecki baute die 16H-1 Pathfinder, und Lockheed die Verbundversion der XH-51A, der der Hochgeschwindigkeits-Kampfhubschrauber AH-56 Cheyenne folgte. Sikorsky stellte für die NASA das Rotorsystem-Forschungsflugzeug S-72 her, das auch – als notwendige Folge seiner Rotorsystemuntersuchungen – ein Verbundhubschrauber war.

Die 16H-1 Pathfinder von Piasecki war ein früher Versuch, einen Verbundhubschrauber für hohe Geschwindigkeiten herzustellen. Sie war 11.3 m lang, wog maximal 5.000 kg, hatte eine Spannweite von 6 m und einen Rotor von 13.4 m Durchmesser sowie einen ummantelten Heckpropeller von 1.67 m Durchmesser. Als Antrieb diente ein Turbomotor des Typs PT6B-2 mit 550 PS Wellenleistung von Pratt&Whitney, der später durch einen T58 mit 1.250 PS Wellenleistung von General Electric und noch später durch einen 1.500 PS starken T58-GE-5 ersetzt wurde.

Beim Start ging die meiste Antriebsleistung an den Rotor, und der Heckrotor wurde nur zur Erzeugung des Gegendrehmoments mit Hilfe senkrechter Leitbleche im Rotormantel benutzt. Mit Zunahme der Vorwärtsgeschwindigkeit wurde mehr Leistung auf den Heckpropeller übertragen, und die Tragflächen übernahmen den Auftrieb vom Rotor, was höhere Geschwindigkeiten zuließ.

Die Pathfinder flog erstmalig 1962 und erreichte Geschwindigkeiten von bis zu 280 km/h. Nach umfangreichen Modifizierungen steigerten sich 1964 die Ge-

Die Cheyenne im Flug, beide Heckrotoren sind zu erkennen. Schwierigkeiten mit der Rotorstabilität verhinderten, daß die Cheyenne ihre maximale Auslegungsgeschwindigkeit erreichte.

Lockheed baute die AH-56 Cheyenne nach Forderungen des Heeres. Sie hatte Tragflächen für den Auftrieb bei hohen Vorwärtsgeschwindigkeiten und einen zweiten Heckrotor für den Vortrieb.

schwindigkeiten auf bis zu 360 km/h. Die Pathfinder war ein ausgesprochenes Forschungsprogramm und führte nicht zu weiteren Konstruktionen. 1965 wurde das Programm beendet.

Der Hochgeschwindigkeits-Forschungshubschrauber XH-51 von Lockheed war ein herkömmlicher Hubschrauber mit starrem Rotor für bessere Steuerung und höhere Leistung. Die Laboratorien für Luftfahrtmaterial des amerikanischen Heeres unterstützten eine Version der XH-51, die Tragflächen und ein Düsentriebwerk hatte und als XH-51A Com-

Die Sikorsky S-72 RSRA (Rotor Systems Research Air craft = Forschungsflugzeug für Rotorsysteme) kann als Hubschrauber, Verbundhubschrauber oder Starrflügler fliegen. Als Verbundhubschrauber kann sie auch Rotoren erproben, die zu klein sind, um das volle Gewicht der RSRA zu tragen.

pound bezeichnet wurde.

Die ursprüngliche XH-51 hatte einen 9.5 m langen Rumpf, der so ausgelegt und konstruiert war, daß er den Luftwiderstand verringerte. Von den flach nach hinten geneigten Frontscheiben bis zum spitz zulaufenden Heck war er stromlinienförmig zugeschnitten, der Rotormechanismus war von einer strömungsgünstigen Verkleidung abgedeckt, die Gleitkufen schlossen bündig mit der Unterseite ab, und selbst die Nietköpfe waren in die Außenhaut versenkt. Der starre Rotor hatte einen Durchmesser von 10.7 m und wurde von einem 500 PS starken Turbomotor des Typs T74 von Pratt & Whitney angetrieben.

Die XH-51A Compound hatte Tragflächen von 5.2 m Spannweite und ein J60-P-2-Strahltriebwerk mit 1.180 kp Standschub von Pratt &Whitney, das an der linken Tragfläche angebracht war, wo sein Schub mithelfen konnte, das Drehmoment auszugleichen. Nur eine Compound wurde hergestellt. Sie flog als Hubschrauber erstmalig am 21. September 1964 und als Verbundhubschrauber im Mai 1965. Sie wurde zu Forschungen für Hubschrauberflüge in höheren Geschwindigkeitsbereichen eingesetzt.

Die XH-51A Compound stellte mit 560.4 km/h einen inoffiziellen Geschwindigkeitsrekord für Hubschrauber auf. Das war ein gewaltiger Anstieg gegenüber früheren Geschwindigkeitsrekorden und bewies, daß ein dünner, starrer und unbelasteter Rotor mit Geschwindigkeiten nahe 0.5 Mach geflogen werden konnte – der Grenze, die man einhalten muß, wenn die Rotorblätter nicht die Schallgrenze überschreiten und sich (über Grund) nicht rückwärts bewegen sollen.

Die XH-51A und die XH-51A Compound kann man im US Army Aviation Museum in Fort Rucker, Alabama, besichtigen.

Lockheed folgte der XH-51A mit dem Verbundhubschrauber AH-56A Cheyenne, der für eine Verwendung durch das amerikanische Heer konstruiert war. Die Cheyenne hatte einen schlanken Rumpf von 16.8 m Länge, dessen Breite durch Anordnung der Pilotensitze in Tandemform verringert worden war. Sie hatte einen Rotor von 15.2 m Durchmesser und Tragflächen mit einer Spannweite von 8.2 m. Außerdem hatte sie zwei Heckrotoren – einen konventionellen Gegendrehmoment-Rotor und einen Druckpropeller. Als Triebwerk diente ein Turbomotor des Typs T64-GE-16 von General Electric, der 3.480 PS Wellenleistung aufbrachte.

Die Cheyenne hatte ein weiterentwickeltes mechanisches Steuersystem der dritten Generation, bei dem der mechanische Kreisel von seinem Platz über den Rotorblättern nach unten in den Rumpf verlegt worden war.

Für einen Kampfhubschrauber war die Cheyenne groß. Ihr Leergewicht betrug 5.435 kg, das durchschnittliche VTOL-Abfluggewicht 7.700 kg oder maximal 9.966 kg, und in der Rolle als Kurzstarter (STOL) brachte sie es auf erstaunliche 12.685 kg maximales Abfluggewicht.

Sie absolvierte ihren Erstflug am 21. September 1967, und bereits Mitte 1968 waren zehn Prototypen hergestellt. Man hatte Höchstgeschwindigkeiten um 400 km/h erwartet, aber das Rotorsystem erwies sich bei mehr als 370 km/h als gefährlich unstabil, und der dritte Prototyp verunglückte am 12. März 1969, als der Rotor mit dem Rumpfheck in Berührung kam.

Die Cheyenne war äußerst wendig und auch eine stabile Waffenplattform – aber sie war zu teuer, weswegen der Entwicklungsauftrag aufgrund von Haushaltsmittelkürzungen 1972 auslief. Ein Exemplar steht heute im US Army Aviation Museum in Fort Rucker, Alabama.

Auch die Sikorsky S-72 ist ein Verbundhubschrauber, allerdings aus einem anderen Grund. Sie war als RSRA (Rotor Systems Research Aircraft = Forschungsflugzeug für Rotorsysteme) für die NASA gebaut worden und ist so ausgelegt, daß sie jeden denkbaren Rotortyp in der Luft erproben und auch ein Rotorversagen überleben kann. Im Notfall können die Rotorblätter abgesprengt werden, wonach die S-72 in den aerodynamischen Flug mit ihren kleinen Tragflächen übergeht, angetrieben von zwei Strahltriebwerken. Der Auftrieb dieser Tragflächen ermöglicht auch die Erprobung von Rotoren, die zu klein sind, um die 8.155 kg Eigengewicht der S-72 zu tragen.

Die S-72 RSRA hat einen 21.6 m langen Rumpf mit Hubschrauberbug und einem Cockpit für drei Mann Besatzung.

Der Rumpf verjüngt sich zum Heck hin, das aus Heckrotor und gepfeiltem Seitenleitwerk besteht. Die beiden Hauptlaufräder und das Heckrad werden in den Rumpf eingezogen. Ihr Standardrotor hat einen Durchmesser von 18.9 m und wird von zwei Turbomotoren des Typs T58-GE-5 von General Electric mit 1.520 PS Wellenleistung angetrieben.

Zu den Ausstattungsextras der S-72 zählen tief angesetzte Tragflächen von 13.7 m Spannweite, zwei Mantelstromtriebwerke des Typs TF34-GE-2 von General Electric, die an Auslegern direkt vor dem Rotor angebracht werden, ein Höhenleitwerk und ein Seitenruder.

Die S-72 war ganz gezielt für die Rotorerprobungsrolle konstruiert worden, daher verfügt sie über eine umfangreiche Instrumentierung, mit der die Rotorleistungen gemessen und aufgezeichnet werden können. Ihre Ausrüstung läßt auch die Erprobung von Rotoren ohne Lager, Rotoren veränderlicher Geometrie, gelenklosen Rotoren, Rotoren in Gegenrotation und Strahlklappenrotoren (Dorand-Rotoren) zu.

Zwei S-72 wurden hergestellt, und der Erstflug fand am 12. Oktober 1976 statt. Beide wurden 1978 an die NASA ausgeliefert, und bei einem wurden ab 1982 die Tragflächen zur X-Form modifiziert.

Verbundtrag- und Verbundhubschrauber trugen viel zur Steigerung der Leistungsfähigkeit der Drehflügler bei. Sie wurden später, als sich das Leistungsgewichtsverhältnis der Triebwerke besserte, von herkömmlichen Hubschraubern eingeholt, während die Verbundhubschrauber mit Gelenkrotoren – selbst wenn diese unbelastet waren – über 370 km/h nicht hinauskamen. Zwar flog der Forschungshubschrauber XH-51A Compound mit starrem Rotor mehr als 550 km/h, aber das fand unter speziell überwachten Bedingungen statt und konnte von den späteren AH-56 Cheyenne der Serienproduktion nicht wiederholt werden.

Hubschrauber mit Stoprotoren

Immer wieder hat man versucht, den Rotor im Flug anzuhalten. Der erste dieser Versuche war das Projekt S-57 von Sikorsky aus dem Jahre 1952. Die S-57

Diese Vision eines Künstlers zeigt, wie eine RSRA aussehen wird, wenn sie mit angehaltenen Rotoren zum Kreuzflügler wird.

Der Verbundhubschrauber S-72 RSRA von Sikorsky war für die NASA als Rotor Systems Research Aircraft (Forschungsflugzeug für Rotorsysteme) gebaut worden.

Die Ryan X–13 Vertijet auf ihrem Anhänger in waagerechter Transportlage. Die »Augapfel«-Düse, hier zur Seite geschwcnkt, diente zur Steuerung der Nick- und Gierbewegungen.

Die Ryan X–13 Vertijet löst sich für ihre erste vollständige Transition von ihrer senkrecht aufgerichteten Anhängerrampe.

Die Ryan XV–5 Vertifan hatte in jeder Tragfläche ein beschaufeltes Laufrad unter Drosselklappen und ein weiteres im Bug.

Die Ryan XV–5 Vertifan hatte zwei Strahltriebwerke, die im Senkrecht- und Schwebeflug drei Laufräder antrieben.

Die Vertol Model 76 oder VZ-2 war einer der ersten Kippflügler. Die Fäden auf diesem Bild sollen den Verlauf des Luftstroms an ihrer Oberfläche kenntlich machen.

Die Ryan VZ-3 Vertiplane fliegt mit voll nach unten ausgefahrenen Klappen ganz langsam über den Windkanal der NASA in Ames. Im Hintergrund erkennt man die Staatsstraße 101 und erste Anfänge von Silicon Valley.

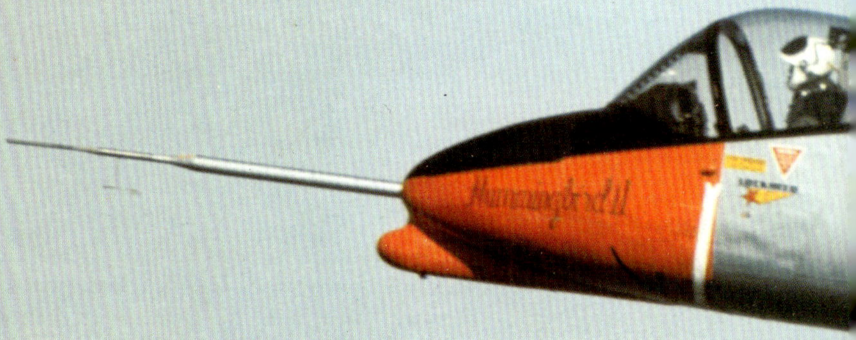

Die Lockheed XV–4A Hummingbird schwebte mit angehobenem Bug, da der Triebwerkstrahl eine Vorwärtskomponente aufwies, die die Beschleunigung zum Vorwärtsflug unterstützte.

Die Lockheed XV–4B Hummingbird II hatte vier zusätzliche Hubstrahltriebwerke und ein verbessertes elektrisches Flugsteuerungssystem.

Die Bell XV–15 im Horizontalflug; die Rotoren erzeugen hier den Vortrieb.

Triebwerkgondeln und Rotoren der Bell XV–15 schwenken beim Übergang in den Senkrechtflug nach oben.

Bei voll nach oben geschwenkten Gondeln schwebt die Bell XV–15 mit leicht nach unten gesenktem Bug.

Die Grumman A2F-1, die später zur A–6 Intruder weiterentwickelt wurde, benutzte Schwenkdüsen zur Schubablenkung, um kürzere Startstrecken und bessere Hindernisfreiheit zu erzielen.

Die Kaltstrahlverbrennung wurde in einem Pegasus-Triebwerk erprobt und dann in einer kompletten Flugzeugzelle unter einem Kran getestet. Dieses Verfahren wurde später bei einem BS100-Triebwerk angewandt, das die Hawker P.1154 angetrieben hätte.

Eines von nur sechs hergestellten Überschalltriebwerken mit Kaltstrahlverbrennung des Typs BS100, hier in prächtigen Farben dargestellt. Jede Farbe verändert sich bei einer bestimmten Temperatur, um bei Probeläufen ein Erhitzen der Komponente anzuzeigen. Man erkennt die geteilten vorderen Düsen und das bewegliche Versuchsgestell.

Bei der McDonnell YC-15 bliesen die Triebwerke in die Klappen, und nicht über sie hinweg. Die größere C-17, die in Kürze in Produktion gehen wird, verwendet die gleiche Technik. Hier wird ein PW2037-Triebwerk von Pratt & Whitney unter einem Teil einer C-17-Tragfläche erprobt.

Bei der Boeing YC-14 waren die Triebwerke vor und über den Tragflächen angebracht, so daß der Triebwerkstrahl über die Tragflächenoberseite und die Klappen blies.

Mit diesem Schwebegestell erprobte VFW die Systeme der VAK 191. Es wurde von fünf Hubtriebwerken des Typs Rolls-Royce RB108 getragen.

Beim von der NASA getragenen Projekt QSRA bliesen die Triebwerke über die Tragflächenoberseiten und komplexe Klappen, um Kurzstarteigenschaften zu erzielen.

Das aus der C-8A weiterentwickelte NASA Augmentor Wing Jet STOL Research Aircraft (Kurzstartforschungsstrahlflugzeug der NASA mit Hochauftriebstragflächen) hatte zwei Mantelstromtriebwerke des Typs Rolls-Royce Spey mit Schwenkdüsen zur Erzeugung von Auftrieb und Vortrieb.

Die Hawker Harrier wurde als AV–8S Matador an Spanien verkauft. Hier sieht man eine AV–8S und ein TAV–8S-Schulflugzeug vor der Auslieferung.

Bei der Royal Air Force wird die Harrier II als Harrier GR.5 eingesetzt. Mit ihr hat der Pilot eine viel bessere Rundumsicht. Man erkennt eine nach hinten gerichtete Schwenkdüse und den verbreiterten Ansatz der verlängerten Tragflächen.

Sea Harriers werden vorwiegend von den englischen Marinefliegern eingesetzt. Hier ist die Version für die indische Marine zu sehen.

Aus der Zusammenarbeit von Hawker und McDonnell Douglas entstand die Harrier II, leichter gebaut und mit neuen Tragflächen und Auftriebshilfen. Sie hat die doppelte Waffenzuladung und Eindringtiefe wie ihre Vorgängerin.

Der erste Prototyp der V–22 Osprey absolvierte seinen Jungfernflug am 19. März 1989, angetrieben von zwei T406-AD-400-Turbomotoren von Allison.

Diese Vision eines Künstlers zeigt eine Geiselrettung mit der Bell-Boeing V–22 Osprey. Die Klappen sind nach unten gerichtet, um die Wirksamkeit des Rotorstrahls zu erhöhen.

Die Osprey, wie sie beim Verlassen der Montagehalle zu sehen war: in den Tarnfarben der Marineinfanterie.

UNITED STATES
47212

bekam die Bezeichnung XV–2 und wäre in der Ausschreibung des amerikanischen Heeres für einen kleinen und schnellen Gefechtsfeldtransporter gegen die XV–1 von McDonnell und die XV–3 von Bell angetreten. Sie hatte den Rumpf eines Flugzeugs, ein Cockpit, das dem der späteren A–6 von Grumman ähnelte, und hochangesetzte, gepfeilte Tragflächen. Ihr Rotor hatte nur ein Blatt, das auf der gegenüberliegenden Seite durch einen kurzen Arm mit entsprechender Masse ausbalanciert war. Nach einem senkrechten, vom Rotor getragenen Start und Beschleunigung auf Fluggeschwindigkeit sollte der Rotor in Segelstellung gehen, in nach hinten gerichteter Position angehalten und dann in eine Luke eingezogen werden. Nach Abschluß der Konstruktionsstudien wurde das Projekt jedoch als nicht durchführbar aufgegeben.

Ein anderer Versuch, den Rotor im Flug anzuhalten, war der Gasrotor. Jeder Rotor war ein langes Rohr symmetrischen Querschnitts. Im Steigflug sollte ein starker Gasstrahl durch Schlitze in diesem Rohr nach unten geblasen werden, um Auftrieb zu erzeugen. Im Horizontalflug sollte die Gaszufuhr eingestellt werden, und der symmetrische Querschnitt der röhrenförmigen Rotoren hätte ein Anhalten mit anschließendem Verstauen zugelassen.

Ein weiteres Stillsetzsystem für Rotoren ist das der X- oder Kreuzflügel. Es soll an einer S-72 RSRA von Sikorsky erprobt werden, die so umgebaut wurde, daß sie einen Rotor mit vier Blättern symmetrischen Querschnitts aufnehmen kann. Dieser Rotor wirkt, wenn er angetrieben wird, wie ein normaler Hubschrauberrotor, und sobald er angehalten wird, erzeugt er aerodynamischen Auftrieb. Die Fähigkeit der RSRA, ohne Rotor ihr eigenes Gewicht zu tragen, wird sich als wertvoll erweisen, wenn man schrittweise darangeht, die Rotoreigenschaften zu erkunden.

Hubschrauber mit Kipprotoren

Eine weitere Möglichkeit, dem Rotorproblem näherzukommen, lag in der Erkenntnis, daß die Geschwindigkeitsgrenze von 370 km/h nur zum Tragen kam, wenn die Rotorachse senkrecht verlief. Wenn der Rotor nach vorne geschwenkt und damit praktisch zu einer großen Luftschraube würde, müßten eigentlich viel höhere Vorwärtsgeschwindigkeiten möglich sein. Zwei Typen von Kipprotorflugzeugen wurden in den 50er Jahren gebaut, die T1-G von Transcendental und die XV–3 von Bell; beide verwendeten Kolbenmotoren geringer Leistung. Zwei Jahrzehnte nach der XV–3 brachte Bell die XV–15 heraus, die schließlich zum jetzigen gemeinsamen Projekt V–22 von Bell und Boeing führte.

Der erste Kipprotorhubschrauber, der flog, war die Model 1-G von Transcendental. Transcendental Aircraft war eine Firma, die 1945 von Mario Guerrieri und Robert Lichten gegründet worden war. Sie liehen sich in Teilzeitbeschäftigung Ingenieure von anderen Firmen aus, um die Model 1-G zu konstruieren und zu bauen, und begannen 1951 mit der Bodenerprobung. Ihre Konstruktion wies jedoch erhebliche dynamische Schwierigkeiten auf, und ihr Hubschrauber wurde bei einem Unfall während dieser Erprobungen stark beschädigt. Als sie erkannten, daß die Probleme grundlegend mit ihrer Kipprotorkonstruktion zusammenhingen, bekam Transcendental von der amerikanischen Luftwaffe den Auftrag, mit den Arbeiten fortzufahren. Die Jahre 1952 und 1953 verbrachten sie mit Untersuchungen des Verhaltens von Rotoren im Übergangsflug, mit Untersuchungen der Kreiselwirkung sowie der Schrägströmung der Luft unter großen Anstellwinkeln.

Die Model 1-G hatte einen kurzen Rumpf mit einem stark verglasten Cockpit, und als Antrieb diente ihr ein 160 PS starker Kolbenmotor des Typs O-290-A von Lycoming. Eine Heckstrebe, die Seiten- und Höhenruder trug, gab ihr eine Gesamtlänge von 7.9 m. Die Tragflächen von 6.4 m Spannweite waren hochangesetzt; an ihren Spitzen liefen zwei Rotoren von 5.2 m Durchmesser. Innerhalb der Tragflächen übertrug eine Antriebswelle mechanisch die Kraft auf die Rotoren, und drei konzentrische Rohre um diese Welle steuerten die Schwenkung des Rotors sowie die gemeinsame und die periodische Blattverstellung. Der Motor lief mit 3.000 U/min; seine Drehzahl wurde allerdings auf 633 U/min herabgesetzt, wenn die Rotoren als Luftschrauben arbeiteten, und auf 240 U/min, wenn sie als Hubschrauberrotoren eingesetzt wurden.

Die Model 1-G flog erstmals als Hubschrauber am 6. Juli 1954, und im Dezember 1954 gelang ihr der erste Übergangsflug, der drei Minuten dauerte. Sie absolvierte mehr als hundert Flüge und kam auf eine Gesamtflugzeit von über zwanzig Stunden. Am 20. Juli 1955 ging sie bei einem Flugunfall verloren, als ein mechanisches Versagen der Rotorsteuerung zum Absturz in den Fluß Delaware führte.

Später baute Transcendental die Model 2 mit einem 250 PS starken Kolbenmotor und einem Gesamtfluggewicht von 1.810 kg. Die Model 2 flog 1956 zwar, war aber nicht in der Lage, mit der XV-3 von Bell mitzuhalten, und so wurde das Programm 1957 aufgegeben. Die geplante Model 3 mit einem Turbomotor wurde nicht mehr gebaut.

Robert Lichten trennte sich daraufhin von Transcendental und ging zu Bell, wo er die Konstruktion der XV-3 leitete.

Die XV-3 von Bell war der dritte Mitbieter in der Ausschreibung des Transportkommandos des amerikanischen Heeres. Die XV-1 Compound Autogyro von McDonnell war nur zwei Jahre lang geflogen, und die XV-2 Stowed Rotor von Sikorsky war nicht gebaut worden. Die XV-3 hatte Kipprotoren und unterlag daher nicht den Geschwindigkeitseinschränkungen der Typen mit feststehenden Rotoren. Die NASA erkannte die grundlegenden Vorteile des Schwenkrotorkonzepts, und die XV-3 wurde einem ausgedehnten Erprobungsprogramm unterzogen, das sich über fünfzehn Jahre erstreckte und zu nachfolgenden Projekten wertvolle Erkenntnisse beisteuerte.

Die XV-3 hatte einen runden, stark verglasten Bug, in dem Pilot und Kopilot hintereinandersaßen. Die ursprünglich geplante Serienversion sollte einen Piloten und drei Passagiere aufnehmen. Der Motor, ein 450 PS starker Kolben-Sternmotor des Typs R-985 von Pratt&Whitney, war in Rumpfmitte hinter dem Cockpit eingebaut. Von dort an verjüngte sich der Rumpf nach hinten und nach oben bis zu einem herkömmlichen Flugzeugheck mit einer großen Seitenflosse mit Seitenruder und zwei Höhenflossen mit Höhenrudern. Zwei lange Gleitkufen waren unter dem Rumpf mit hydraulischen Stoßdämpfern befestigt. In den Gleitkufen befanden sich kleine Räder, die einen rollenden Start von befestigten Oberflächen aus zuließen.

Der Rumpf war 9.1 m lang und trug etwas unterhalb der Schulterhöhe schlanke Tragflächen von 9.4 m Spannweite. An jeder Tragflächenspitze waren in Gondeln die Rotorlauflager, die Steuergestänge und der Kippmechanismus der Rotoren untergebracht. Die ursprünglichen Rotoren hatten drei Blätter mit einem Durchmesser von 7 m und verfügten über Schwenk- und Schlaggelenke. Die Rotorachsen wurden von je einem elektrischen Motor geschwenkt, der sich ebenfalls in diesen Gondeln befand. Die Motoren konnten eine volle Schwenkung von 90 Grad in 10 Sekunden durchführen und in Zwischenstellungen angehalten werden, damit der Übergangsflug langsamer und schrittweise ablaufen konnte.

Zu den weniger offensichtlichen Merkmalen zählten ein Umlaufgetriebe mit zwei Gängen, über das die Drehzahl im Horizontalflug herabgesetzt werden konnte, sowie zwei Stufen der Rotorblattverstellung, eine für Hubschrauberflug und eine für Propellereinsatz.

Der Pilot steuerte die XV-3 über konventionelle Ruderpedale und einen Steuerknüppel sowie über einen in Hubschraubern üblichen Hebel für kollektive Blattverstellung mit einem Drehgriff zur Regelung der Motorleistung. Die Rotorneigung wurde über einen Schalter auf dem Steuerknüppel bestimmt, und über zwei weitere Schalter wählte man die Stufe der Rotorblattverstellung sowie das Übersetzungsverhältnis für den Motor.

Mit Steuerknüppel und Ruderpedalen konnte man Querruder, Höhen- und Seitenruder zu jeder Zeit betätigen, allerdings natürlich ohne Wirkung bei geringen Geschwindigkeiten und im Schwebeflug. Im Übergangs- wie im Schwebeflug steuerten Knüppel und Pedale zusätzlich die Rotoren. Bewegte man den Steuerknüppel zur Seite, bewirkte man eine unterschiedliche Blattanstellung der Rotoren und damit eine Rollbewegung. Drücken und Ziehen des Steuerknüppels steuerten die periodische Blattverstel-

Diese historische Aufnahme zeigt die erste Bell XV–3, 4147, bei ersten Schwebeversuchen mit ihren ursprünglichen Dreiblattrotoren und vor Verstrebung der Tragflächen.

lung in Längsrichtung und mithin den Nickwinkel. Mit den Ruderpedalen erzeugte man eine unterschiedliche periodische Blattverstellung der beiden Rotoren in Längsrichtung und steuerte somit das Gieren. Diese hubschraubertypischen Steuerfunktionen wurden im Übergangsflug progressiv zu- oder abgekuppelt. Der Übergangsmechanismus steuerte auch die gemeinsame Blattverstellung.

Der erste Auftrag für die XV–3 wurde 1951 vergeben. In den folgenden fünf Jahren wurden die verschiedenen Teile des Hubschraubers konstruiert, hergestellt und einzeln getestet. Windkanaluntersuchungen mit einem Modell, das ein Viertel so groß wie das Original war, belegten die Wirksamkeit der Standardauslegung des Motors sowohl für den Schwebeflug als auch für den Marschflug. Komponenten der Zelle wurden Belastungsproben unterzogen und – wo notwendig – verstärkt, Getriebeteile liefen im Dauereinsatz, und die Rotorläufer mußten sich auf dem Schleuderprüfstand bewähren.

Die erste XV–3 wurde nach ihrer Fertigstellung am 8. Februar 1955 dem amerikanischen Heer übergeben. Sie war mit dem vollgelenkigen, ursprünglich dreiblättrigen Rotor ausgerüstet und flog erstmalig im August 1955 als Hubschrauber. Bevor sie bei einer harten Landung am 25. Oktober 1956 beschädigt wurde, probte sie den Übergangsflug, indem ihre Rotoren bis zu 15 Grad vorwärts geschwenkt wurden.

Die zweite XV–3 wurde einem längeren Erprobungsprogramm sowohl im Windkanal als auch auf Testgestellen un-

Die zweite XV–3, 4148, wurde ausgedehnten Windkanalerprobungen unterzogen, um die Festigkeit der halbstarren Zweiblattrotoren im Übergangsflug zu erproben.

terzogen. Als Folge dieser Erprobungen wurde eine Reihe von Modifikationen durchgeführt. Die ursprünglich dreiblättrigen, vollgelenkigen Rotoren hatten ein leichtes Flattern gezeigt und wurden durch einen zweiblättrigen, halbstarren Rotor von 7.3 m Durchmesser mit veränderter Blattsteuerung ersetzt. Die Steifheit dieser Rotoren sollte auch die Kreiselwirkung im Übergangsflug vermindern helfen. Gleichzeitig wurde die Rotorsteuerung verstärkt, und die sehr schlanken Tragflächen wurden durch Streben abgestützt. Ein Viertel der Tragflächenhinterkante wurde so ausgelegt, daß sie im Schwebeflug nach unten zeigte – einmal, um die Abdeckung des nach unten gerichteten Rotorstrahls zu verringern, und zum anderen, um die Überzieh- oder »Stall«-Geschwindigkeit der Tragfläche auf 155 km/h zu reduzieren, was einen Übergangsflug bei geringeren Vorwärtsgeschwindigkeiten ermöglichte.

Die Leistungsbelastung der XV–3 lag bei mehr als 4.5 kg des Flugzeuggewichts pro PS Nutzleistung des Motors. Bell kündigte zwar eine Senkung der Belastung auf etwa 2 kg pro PS für künftige Konstruktionen an, blieb aber trotz seiner geringeren Leistung beim R-985 als Antrieb, da dieser Motor eine sehr hohe Zuverlässigkeit gezeigt hatte. Die Kühlung des Motors im Vorwärtsflug wurde dadurch verbessert, daß man einen nach vorne gerichteten Lufteinlauf auf dem Rumpf anbrachte.

Während sich die XV–3 im Windkanal befand, hatten die Piloten Gelegenheit, die Verfahren für den Übergangsflug und die Gangwechsel zu üben. Der Übergangsflug selbst erwies sich als ziemlich unkompliziert, und zwar sowohl als kontinuierliches Verfahren als auch, wenn er schrittweise durchgeführt wurde. Was Schwierigkeiten bereitete, war der Gangwechsel für die Drehzahl des Motors. Es

Die zweite Bell XV–3 demonstriert den Schwebeflug in ihrer ersten Konfiguration. Die Spannung der Tragflächenverstrebung konnte im Flug verstellt werden.

Die zweite XV–3, 4148, beim Teilübergang in den Horizontalflug. Die Haube über dem Mittelrumpf sollte im Vorwärtsflug dem Motor zusätzliche Kühlluft zukommen lassen.

▷ Die Bell XV–3 mit einer zusätzlichen Flosse unter dem Heck. Einzelheiten der aufgerichteten Rotoren sind deutlich zu erkennen.

U. S. ARMY
4148
XV-3

U. S. ARMY
4148
BELL XV-3

Von 1959 bis 1961 wurde die zweite Bell XV–3, 4148, von der NASA zu Flugerprobungen herangezogen. Hier trägt sie die Farben der NASA und am Bug einen Ausleger für Testinstrumente. Der Übergang in den Horizontalflug ist vollständig abgeschlossen.

bedurfte einer beträchtlichen Manipulation an der Steuerung von Blattverstellung und Motorleistung, und in beiden Richtungen der Transition benötigte man zwanzig Sekunden für den Gangwechsel.

Die Flüge mit der XV–3 wurden am 12. Dezember 1958 in der Hubschrauberkonfiguration wiederaufgenommen, einschließlich einer Erprobung der Autorotation, bei der sich eine optimale Sinkgeschwindigkeit von 500 m/min bei einer Vorwärtsgeschwindigkeit von 90 km/h herausstellte. Die Flugeigenschaften als Hubschrauber erwiesen sich besonders im Marschflug bei hohen Geschwindigkeiten als gut, und Vibrationen und Beanspruchung der Besatzung waren geringer als vorher.

Am 17. Dezember wurde eine Konversion von 30 Grad durchgeführt, gefolgt von einer Konversion bis 70 Grad am 18. Dezember. Nach geringfügigen Nachjustierungen gelang noch am gleichen Tage ein zweiter Flug mit einer Vollschwenkung von 90 Grad. Der Übergang wurde schrittweise vorgenommen; er begann mit 165 km/h im Hubschrauberflug und endete mit 210 km/h im voll aerodynamischen Flug. Eine zweite Transition folgte am Tag darauf und wurde drei Minuten lang beibehalten. Übergang wie aerodynamischer Flug liefen glatt ab, nur die Richtungsstabilität erwies sich als verbesserungsbedürftig. Dieses Problem löste man, indem man der Seitenflosse unter dem Heck mehr Fläche gab.

Die Vorwärtsgeschwindigkeit im Horizontalflug war zunächst durch die Motordrehzahl auf knapp 200 km/h eingeschränkt. Am 14. April 1959 wurde der erste Gangwechsel im Flug durchgeführt, und es konnte eine Marschgeschwindigkeit von 220 km/h bei einer viel niedrigeren Motordrehzahl und weniger Vibrationen beibehalten werden.

Schließlich wurde vorübergehend ein

Fahrwerk mit Rädern angebracht, um die Kurzstarteigenschaften zu erproben. Die XV–3 hob mit zwei Drittel ihrer Motorleistung nach weniger als 60 m ab, was bedeutete, daß sie mit voller Leistung 50 Prozent mehr an Nutzlast mitführen konnte. Die Kurzstarts wurden im Hubschrauberflug durchgeführt, wobei die Rotorwelle um 10 Grad nach vorne geneigt war, was eine Vorwärtsgeschwindigkeit von 55 km/h ergab.

Die Erprobung der XV–3 wurde von Bell, der NASA und der amerikanischen Luftwaffe gemeinsam vorgenommen. Die Windkanaluntersuchungen der zweiten XV–3 fanden bei der NASA in Ames statt, die Flugerprobungen bis zum April 1959 bei Bell, und daran schlossen sich sieben Wochen Flugtests durch die US-Luftwaffe auf dem Fliegerhorst Edwards an. Sie wurde dann einmal mehr zum Forschungszentrum der NASA in Moffett Field überführt, wo ihre Flugerprobung bis 1961 andauerte.

Von 1962 bis 1965 arbeiteten Ingenieure von Bell unter Vertrag der NASA an Verbesserungen von Steuerung und Stabilität bei hohen Geschwindigkeiten. Dabei wurden an der XV–3 die notwendigen Veränderungen vorgenommen, und sie absolvierte eine ganze Reihe von Windkanalversuchen, bevor sie bei der Montage eines Außenlastträgers beschädigt wurde.

Insgesamt hat die XV–3 über 250 Testflüge und 110 volle Übergangsflüge mit neun verschiedenen Testpiloten absolviert. Sie hat nachgewiesen, daß der Kipprotor als Hubschrauber wie als Flugzeug Übergangsflüge in beiden Richtungen sicher und glatt durchführen kann. Sie konnte senkrecht starten oder – mit größerer Nutzlast – nach einem kurzen Anlauf am Boden konventionell abheben. Obwohl sie selbst keine großartigen Vorwärtsgeschwindigkeiten erreichte, bewies sie, daß man den Rotor aus der horizontalen Ebene schwenken und der Hubschrauber sich damit aus der Geschwindigkeitseinschränkung befreien konnte. Das XV–3-Programm lief fünfzehn Jahre, von 1951 bis 1966, und schuf die Grundlagen für weitere Arbeiten mit Kipprotoren.

Bell Helicopter beschäftigte sich weiterhin mit dem Kipprotorkonzept und unterbreitete Angebote für den Kipprotor-Hubschrauber Model 266, der sowohl die Forderung des amerikanischen Heeres nach einem leichten taktischen Transporthubschrauber abdecken als auch der Zivilluftfahrt als Nahverkehrsflugzeug mit dreißig Sitzplätzen dienen sollte. Das Gesamtgewicht würde bei 9.515 kg liegen, die Kreisflächenbelastung bei 4.53 kg pro 0.0929 m², als Antrieb waren zwei T64 von General Electric mit 2.890 PS Wellenleistung vorgesehen, was zu einer Leistungsbelastung von 1.7 kg pro PS Triebwerksleistung führte. Diese Parameter sollten im Schwebeflug aus dem Bodeneffekt heraus eine Dienstgipfelhöhe von 2.135 m ermöglichen, eine Vorwärtsgeschwindigkeit von 650 km/h und eine Reichweite von 740 km bei 3.625 kg Nutzlast.

Während die XV–3 in ihren Leistungen noch durch die Verwendung verfügbarer Hubschrauberrotorblätter eingeschränkt war, sollte die D266 Blätter bekommen, die speziell für die Verwendung als Kipprotoren entwickelt und für höhere Leistungsfähigkeit sowohl als Hubschrauberrotoren wie auch als Flugzeugpropeller optimiert worden waren. Die entgegengesetzten Forderungen waren, daß im Hubschrauberflug eine geringe Verwindung für einen feinen Anstellwinkel ausreichte, während im Propellerflug eine größere Verwindung für die grobe Steigung im Hochgeschwindigkeitsmarschflug vonnöten war. Diesen Widerspruch wollte man lösen, indem man zur Erfüllung der Propellerfunktion von der Nabe bis zu 40 Prozent der Radiuslänge eine starke Verwindung verwendete, und von dort bis zur Rotorblattspitze eine geringere Verwindung zur Erfüllung der Rotorfunktion im Hubschrauberflug. Diese Rotorkonstruktion »zweifacher Verwindung« sollte brauchbarere Leistungen sowohl im Schwebeflug wie auch bei Vorwärtsgeschwindigkeiten von bis zu 550 km/h ermöglichen.

Die D266 war ein sehr ehrgeiziges Projekt, und man entschied sich für die Anfertigung eines kleineren Forschungshubschraubers mit Kipprotor, um erst einmal die Technologie zu erproben. Am 13. April 1973 erhielt Bell von der NASA in Ames und vom Forschungs- und Entwicklungslaboratorium für Lufttransportwesen des amerikanischen Heeres den Auftrag, im Rahmen eines Vierjahresprogrammes zwei ihrer Kipprotorforschungsflugzeuge des Typs Model 301 unter der militärischen Bezeichnung XV–15 zu bauen.

Die XV–15 hatte einen flugzeugartigen Rumpf von 12.8 m Länge und zwei nebeneinanderliegende Pilotensitze in einem Cockpit, das ebenso gut zu einem Hubschrauber oder einem leichten Flugzeug gepaßt hätte. Ihr Fahrwerk war dreibeinig, wobei das Bugrad in einen Schacht vor dem Cockpit eingefahren wurde und das Hauptfahrwerk in Ausbuchtungen im unteren Rumpf, wie sie auch die Hercules hat. Das Hauptfahrwerk kam vom Kippflügler CL-84 von Canadair. Das Leitwerk bestand aus einer hochangesetzten Höhenflosse mit zwei Endscheiben als Seitenleitwerk. Die Tragflächen von 10.7 m Spannweite waren ebenfalls hochangesetzt und aus Schwerpunktgründen um 7 Grad negativ gepfeilt. Die Triebwerke, zwei LTC1K-4K von Avco Lycoming, waren an den Tragflächenspitzen montiert und leisteten jedes 1.550 Wellen-PS Dauerleistung oder 1.800 PS Kurzleistung für zwei Minuten. Jedes Triebwerk trieb einen dreiblättrigen, halbstarren Rotor von 7.6 m Durchmesser an, wobei die Triebwerke mit den Rotoren schwenkten, wenn sie sich von der Vertikalen in die Horizontale bewegten. Die Rotorgetriebe waren durch eine Querwelle in den Tragflächen miteinander verbunden, so daß jedes Triebwerk bei Ausfall des anderen beide Rotoren antreiben konnte.

Die Rotorblätter waren aus rostfreiem Stahl und hatten eine starke Verwindung. Sie hatten keine Schlaggelenke und waren somit starr auf die Rotationsebene begrenzt. Sie waren jedoch schwenkbar gelagert, um den Luftwiderstand auszugleichen, und wurden durch Fesselfedern aus Weichkunststoff gedämpft.

Das Bemessungsabfluggewicht der XV–15 betrug 5.890 kg bei einer Kreisflächenbelastung des Rotors von 6.4 kg pro 0.1 m^2 und einer Leistungsbelastung von 1.9 kg pro PS Wellenleistung. Zu den voraussichtlichen Leistungen zählten eine Höchstgeschwindigkeit im Horizontalflug von 610 km/h, eine Dienstgipfelhöhe von 8.800 m und eine Reichweite von 925 km.

Die erste XV–15 befand sich im Oktober 1975 in der Endmontage, und ihr »Roll-out« fand am 22. Oktober 1976 im Flugforschungszentrum in Arlington statt. Am 3. Mai 1977 absolvierte sie ihren ersten Schwebeflug in Arlington mit der Seriennummer N702. Im März 1978 wurde sie der NASA in Ames für ausgedehnte Windkanaluntersuchungen überstellt. Die zweite XV–15, N703, begann im August 1978 in Arlington mit ihren Bodenerprobungen und führte am 23. April 1979 ihren ersten Schwebeflug durch. Am 24. Juli gelang ihr der erste Übergang vom Hubschrauberflug zum aerodynamischen Flug, und ihre beiden Piloten Ron Erhart und Dorman Cannon erhielten für die »herausragendsten Pilotenleistungen des Jahres« von der American Helicopter Society die Frederick-L.-Feinberg-Medaille.

Am 17. Juni 1980 stellte die XV–15 in Arlington, Texas, mit 557 km/h einen inoffiziellen Geschwindigkeitsweltrekord für Hubschrauber auf.

Am 13. August 1980 wurde die zweite XV–15 dem Flugforschungszentrum der NASA in Dryden für weitere Versuche übergeben. Im Oktober wurden Erhart und Cannon von der Society of Experimental Test Pilots als »Piloten des Jahres« ausgezeichnet. Im August 1982 setzte die XV–15 ihre Bordeinsätze mit Decklandungen auf der USS *Tripoli* fort und begann im August 1984 eine Rundreise mit Flugvorführungen durch den Osten der Vereinigten Staaten.

1986 hatten die beiden XV–15 insgesamt 530 Flugstunden angesammelt, 1.500 Konversionen durchgeführt, 7.925 m Höhe und im Sturzflug eine Geschwindigkeit von 735 km/h erreicht. Bei künftigen Erprobungen sollen Rotorblätter aus Nomex-Glaskohlefaser von Boeing eingesetzt werden, die eine Verwindung von 43 Grad aufweisen und so ausgelegt sind, daß sie das Gesamtfluggewicht von 6.070 auf 6.795 kg und die Horizontalgeschwindigkeit von 555 auf 600 km/h steigern können.

Während das XV–15-Programm lief, schloß sich Bell mit Boeing Vertol zusammen, um im JVX-Programm (Joint Services Advanced Vertical Lift Aircraft = gemeinsames Programm der Teilstreitkräfte für zukünftige Senkrechtflugzeuge) den Konstruktionsvorschlag eines Kipprotors vorzulegen. Bell's unermüdliches Engagement seit 1951 auf dem Gebiet

Die Bell XV–15 im Übergang vom Flugzeug- zum Hubschrauberflug. Start und Landung wurden als Hubschrauber durchgeführt. Kurzstarts konnten mit kleinen Kippwinkeln und kurzer Rollstrecke absolviert werden.

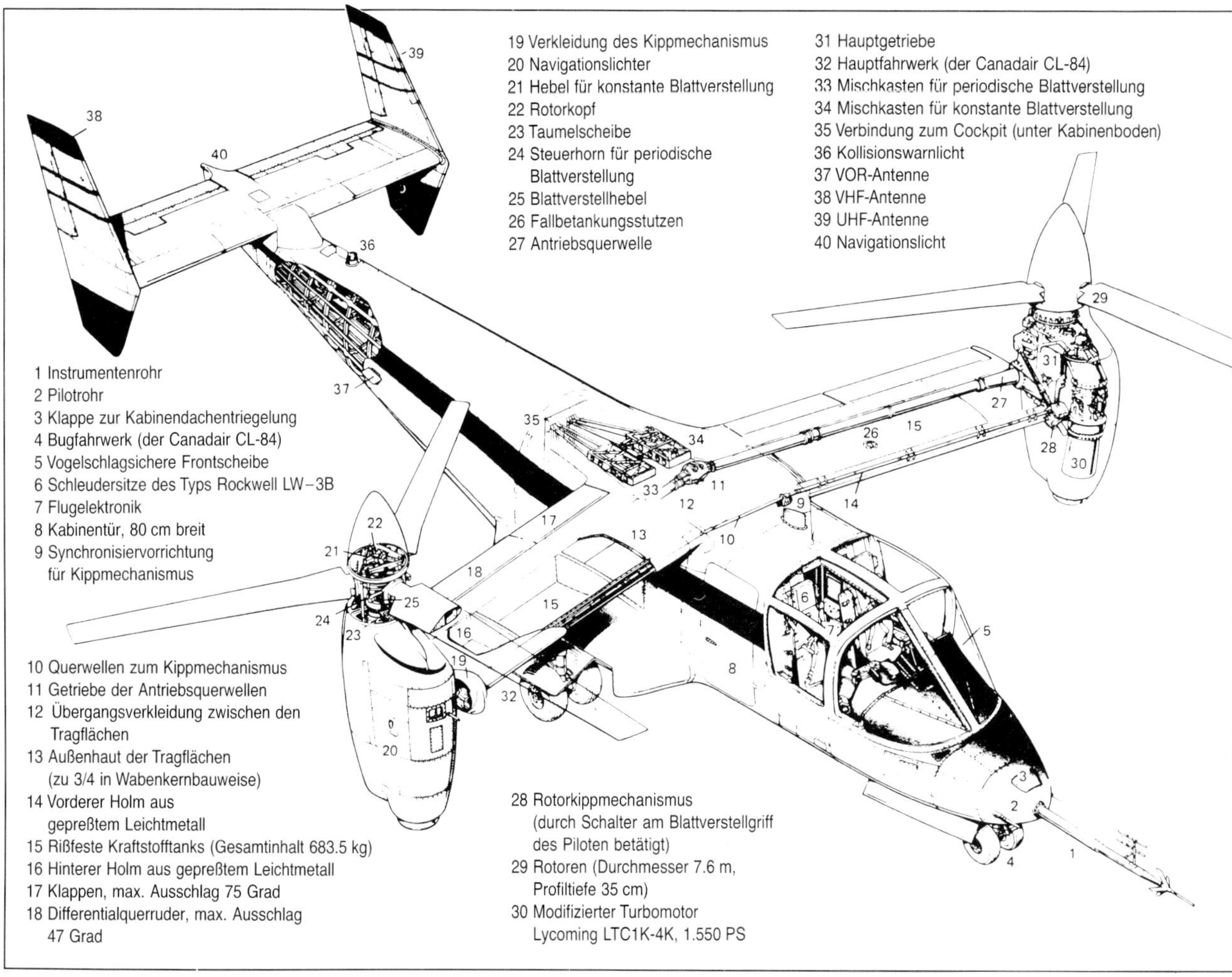

der Kipprotoren und Boeing's Erfahrungen mit dem Kippflügler Vertol 76 und vielen anderen schweren Hubschraubern führten im April 1983 zu einem Entwicklungsauftrag durch das Marineamt für Flugsysteme. 1986 wurde ihre Kipprotorkonstruktion als V–22 Osprey bekannt, als sie im Mai eine Leistungsauszeichnung der Marine und im Dezember die Zustimmung des Verteidigungsministeriums erhielten, das Entwicklungsprogramm in Angriff zu nehmen.

Die V–22 soll 1989 zu fliegen beginnen; für 1991 ist ihre Indienststellung

Diese Schnittzeichnung der Bell XV–15 zeigt die Bestandteile, die ein Kipprotorflugzeug braucht, um überhaupt fliegen zu können. Die zwei Mischkästen veränderten die Steuerfunktionen zunehmend von horizontaler in vertikale Wirkung, während die Rotoren geschwenkt wurden. Aus Sicherheitsgründen waren die Verstellvorrichtungen für die Schwenkung der Gondeln synchronisiert und die Triebwerke über eine Querwelle miteinander verbunden.

Die XV–15 beim Senkrechtstart während ihrer Deckerprobung auf dem Hubschrauberträger USS *Tripoli*.

Die XV–15 läßt während ihrer Borderprobung auf der USS *Tripoli* ihre Triebwerke warmlaufen. Noch ist sie an Deck festgemacht.

vorgesehen. Nach vierzig Jahren ununterbrochener Forschung und Entwicklung der Firma Bell auf dem Gebiet der Kipprotoren wird die V–22 als erste eine praktische Nutzanwendung erfahren. In ihrer Konstruktion entspricht sie den Forderungen von Heer, Luftwaffe, Marine und Marineinfanterie der USA nach einem VTOL-Transportmittel mit hoher Horizontalfluggeschwindigkeit; die derzeitigen Stückzahlen für die Serienfertigung liegen bei 900 bis 1.200 Maschinen.

Bell sieht den Kipprotor als eine Möglichkeit, die Idee des Stopprotors in die Wirklichkeit umzusetzen. Dabei soll der Rotor nach Übergang in den Vorwärtsflug in Segelstellung gehen, angehalten und zurückgeklappt werden. Danach könnte das Flugzeug mit Düsenantrieb auf noch höhere Geschwindigkeiten beschleunigen. Solch eine Konstruktion könne die niedrige Kreisflächenbelastung und die Vorteile des Schwebeflugs eines Drehflüglers mit den Vorteilen der hohen Marschgeschwindigkeit eines Strahlflugzeugs verbinden. Derzeit räumt man der Grundlagenentwicklung des Kipprotors noch Vorrang ein, bevor man die Verwirklichung dieser weiterentwikkelten Variante in Angriff nimmt. Es sei auch darauf hingewiesen, daß sich die Rotoren der Osprey zum Verstauen an Deck von Schiffen automatisch zusammenfalten können.

Zusammenfassung

Drehflügler waren mit ihrer niedrigen Kreisflächenbelastung im Schwebeflug schon immer am effektivsten. Zur Zeit der Kolbenmotoren konnten nur Drehflügler senkrecht fliegen. Auch seit Einführung der Gasturbine und des Turbomotors waren Drehflügler stets besser in der Lage, den Zuwachs an Leistung umzusetzen, indem sie größere Lasten auf größere Höhen schleppen und dabei noch Sicherheit bei einem Triebwerkausfall garantieren konnten. Die Einschränkung in der Vorwärtsgeschwindigkeit, die für den waagerecht laufenden Rotor galt, ist durch die Kipprotortechnologie überwunden worden – aber es hat vier Jahrzehnte unermüdlicher Forschung und Entwicklung bedurft, um von allerersten Konstruktionen zu tatsächlich einsatzreifen Mustern zu kommen.

7 PROPELLERFLUGZEUGE

Verwandlungsflugzeuge mit Propellerantrieb

Die im vorhergehenden Kapitel besprochenen Drehflügler waren allesamt in erster Linie Hubschrauber oder Tragschrauber, die für einen wirksamen Senkrechtflug Rotoren einsetzten und ganz oder teilweise in den aerodynamischen Horizontalflug mit Hilfe ihrer Tragflächen übergingen. In diesem Kapitel werden Verwandlungsflugzeuge behandelt, die vorrangig für den Horizontalflug mit Tragflächen konstruiert wurden und auf irgendeine Weise in den Schwebeflug übergehen können. Der Unterschied zwischen beiden Typen liegt darin, daß der in erster Linie für den Schwebeflug bestimmte Rotor über lange, schwenkbare Rotorblätter verfügt, während der Propeller mit seinen kurzen, starren Blättern eine große Steigung und eine hohe Anstellgeschwindigkeit aufweist, die hauptsächlich für den Horizontalflug mit hohen Geschwindigkeiten geeignet sind.

Natürlich stellen die in Verwandlungshubschraubern und -flugzeugen eingesetzten Rotoren und Propeller in ihrer Verwendung für Auftrieb und Schub einen Kompromiß dar, und der Unterschied zwischen Rotoren und Propellern verwischt sich spätestens dann, wenn sie von ihren Herstellern als »Prop-Rotoren« bezeichnet werden. Trotzdem kann man sagen, daß die Familie der XV–3, XV–15 oder V–22 zu den Drehflüglern zählt, während die in diesem Kapitel vorgestellten Flugzeuge von Propellern angetrieben werden.

Verwandlungsflugzeuge mit Propellerantrieb kann man in vier Kategorien einteilen: Kipp- (oder Schwenk-) Propellerflugzeuge, Kippmantelflugzeuge, Kippflügelflugzeuge und Flugzeuge mit Schubablenkung. Schwenkpropellerflugzeuge sind von herkömmlicher Bauart; ihre Propeller können so geneigt werden, daß ihr Schub das Flugzeuggewicht trägt. Kippmantelflugzeuge sind Kipppropellerflugzeugen sehr ähnlich; der einzige Unterschied besteht darin, daß die

Verwandlungsflugzeuge mit Propellerantrieb flogen von Mitte der 50er Jahre bis 1980, wobei der Schwerpunkt in den 60er Jahren lag. Bei allen wirkte sich der hohe Leistungsbedarf ihrer kleinen Luftschrauben nachteilig aus. Schwingungen, Lärm und mechanische Ausfälle gehörten zu den alltäglichen Problemen.

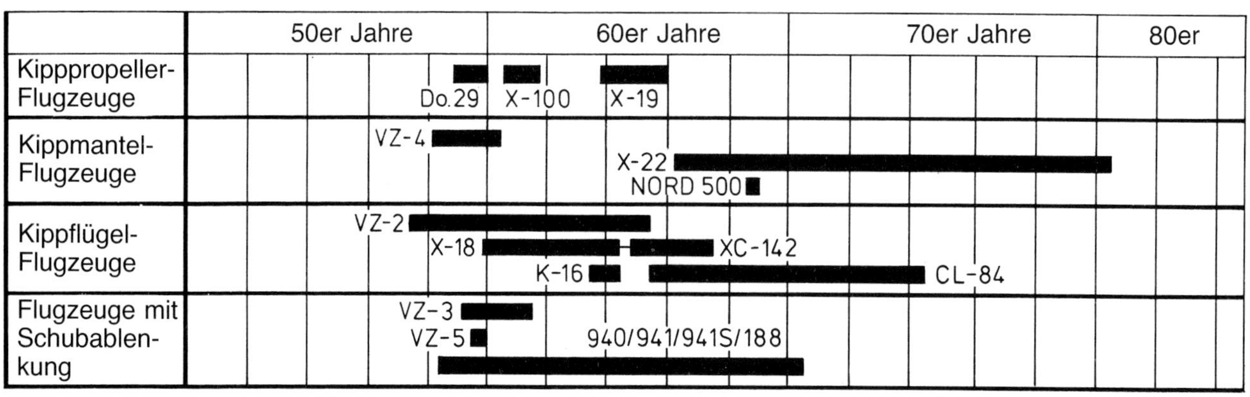

Mit nach unten gerichtetem Druckpropeller konnte die Dornier Do 29 sehr langsam fliegen.

Propeller von einem Mantel umgeben sind, der die Schwenkbewegung mitmacht. Dieser Mantel kann den Propellerschub verstärken, besonders beim Schwebeflug. Mit Leitblechen in diesem Mantel kann man den Propellerstrahl steuern, womit das Kippmantelflugzeug dem Kipppropellerflugzeug in seiner Steuerfähigkeit überlegen ist. Kippflügler sind Flugzeuge, deren gesamte Tragfläche mit Triebwerk, Propellern und Steuerflächen als eine Einheit geschwenkt werden. Der Kippflügler hat gegenüber dem Kipppropeller- und dem Kippmantelflugzeug den Vorteil, daß er über nur ein Kipplager und einen Kippmechanismus verfügt, dafür allerdings weist er eine Reihe anderer Komplikationen und Nachteile auf. Flugzeuge mit Schubablenkung haben feststehende Propeller und benutzen übergroße Klappen, um den Propellerstrahl nach unten abzulenken und so senkrechten Schub zu erzeugen.

Kipppropellerflugzeuge

Der erste Bericht eines ernsthaften Versuchs, ein Flugzeug mit Schwenkpropeller zu bauen, stammt aus dem Zweiten Weltkrieg, als Professor Focke seine Focke Achgelis Fa 269 konstruierte, ein im übrigen konventionelles Flugzeug mit zwei Druckpropellern, die unter die Tragflächen geschwenkt wurden, um mit ihrem Schub Auftrieb zu erzeugen. Ein überlanges Fahrwerk mit Heckrad sorgte für Bodenfreiheit, damit die Propeller nach unten gekippt werden konnten. Verfügbare Quellen enthalten keine verläßlichen Angaben, wie Professor Focke diesen frühen Senkrechtstarter antreiben und steuern wollte.

Das Konzept der Fa 269 lebte Mitte der 50er Jahre wieder auf, als das deutsche Verteidigungsministerium Dornier die Entwicklung des Kurzstart-Forschungsflugzeugs Do 29 finanzierte. Die Do 29 basierte auf der bereits vorhandenen Do 27, einem einmotorigen Schulterdecker. Man entfernte den Motor aus dem Bug und ersetzte ihn durch gekrümmte Plexiglasscheiben, die eine hubschrauberähnliche Sicht nach vorne und nach unten freigaben. Zwei je 270 PS starke Sechszylinder-Boxermotoren des Typs GO-480 von Lycoming wurden, nach vorne versetzt, unter jeder Tragfläche montiert. Beide Motoren brachten ihre Leistung in ein Kraftübertragungssystem ein, das aus einer Querwelle (zur Sicherheit bei Motorausfall) sowie zwei Wellen bestand, die zu den Druckschrauben hinter den Tragflächen führten. Diese Wellen wurden durch

25923
TRI-SERVICE
25923
TRI-SERVICE
3
25923
3

Schwenkgetriebe in etwa 30 Prozent der Flügeltiefe angetrieben, so daß die Propeller hinter der Tragfläche nach unten gekippt werden konnten und ihr Schub genau durch das Auftriebszentrum verlief. Der größte Schwenkbereich betrug 90 Grad (81 Grad), Abbildungen aus der damaligen Zeit zeigen allerdings nur einen Kippwinkel von 60 Grad.

Die Do 29 flog erstmalig im Dezember 1958. Mit abgesenkten Propellern und ausgefahrenen Landeklappen lag ihre Überziehgeschwindigkeit bei lediglich 28 km/h. Zum Abheben benötigte die Do 29 25 m, zum Landen nur 15 m. In dieser Konfiguration hatte sie einen hohen Bewegungswiderstand und einen steilen Landegleitwinkel.

In den Vereinigten Staaten war bei Curtiss-Wright die fliegende Plattform VZ-7 geflogen worden, die die Fähigkeit entsprechend geformter Propeller nachgewiesen hatte, Auftrieb erzeugen zu können. Hier war man sich auch eines Phänomens bewußt, das »radiale Komponente« genannt wird – ein Propeller erzeugt im rechten Winkel zum Propellerstrahl eine hohe Abdrängkraft, sobald sein Anstellwinkel steiler wird. Man erkannte, daß sich diese radiale Komponente zur Erzeugung zusätzlichen Auftriebs nutzen ließ und nannte diesen Effekt »radiale Auftriebskomponente«.

Ende der 50er Jahre konstruierte und baute Curtiss-Wright die X–100, um nachzuweisen, daß man die radiale Auftriebskomponente auch bei einem Flugzeug natürlicher Größe vorteilhaft nutzen konnte. Die X–100 hatte einen 7.3 m langen Flugzeugrumpf geschweißter Stahlrohrkonstruktion mit starrem Fahrwerk und Heckrad sowie einem T-förmigen Leitwerk. Kurze, hochangesetzte Tragflächen von 4.9 m Spannweite trugen an ihren Spitzen zwei schwenkbare Propeller von 3 m Durchmesser. Ein Triebwerk des Typs YT–53-L-1 von Lycoming war in Rumpfmitte untergebracht und trieb über eine Querwelle in den Tragflächen die Propeller an. Der Abgasstrahl des Triebwerks wurde dem Heck zugeführt, wo er von Leitschaufeln abge-

Mit der Curtiss-Wright X–100 wurden erste Forschungen an Schwenkpropellern unternommen, wobei man Propeller mit »radialer Auftriebskomponente« einsetzte. Auf diesem Bild sind die Propeller entfernt worden. Die Heckdüsen dienten der Ablenkung des Triebwerkstrahls für die Nicksteuerung.

lenkt wurde, was im Schwebeflug eine Steuerung der Nick- und Gierbewegungen zuließ. Die Rollsteuerung im Schwebeflug geschah durch unterschiedliche Propellersteigung. Im Vorwärtsflug übernahmen normale Steuerflächen die Steuerung.

Mit ihrem Gewicht von 1.585 kg wurde die X–100 im Laufe des Jahres 1960 von verschiedenen Piloten geflogen und kam dabei auf eine Gesamtflugzeit von 14 Stunden. Im April 1960 gelang ihr der Übergang vom Senkrechtstart in den Horizontalflug; der Schwebeflug allerdings war schwierig zu steuern, da der Schub in Nick- und Gierrichtung, den die Ablenkbleche regelten, zu gering war. Im Oktober 1961 wurde die Erprobung beendet, und die X–100 ging als Schenkung an die Smithsonian Institution.

Die Erkenntnisse aus dem Projekt X–100 nutzte Curtiss-Wright für die Konstruktion der X–200, eines schnellen Geschäftsflugzeugs für vier Passagiere mit VTOL-Fähigkeit. Zwei Prototypen der X–200 waren bereits im Bau, als sich Curtiss-Wright des militärischen Interesses an senkrecht startenden und landenden Flugzeugen bewußt wurde und der amerikanischen Luftwaffe die Konstruktion anbot. Die Luftwaffe kaufte die beiden Prototypen der X–200 und beauftragte die Firma, sie unter der Bezeichnung X–19 den militärischen Forderungen entsprechend umzukonstruieren. Zu den Änderungen zählten zwei Schleudersitze, eine Rettungswinde, die Attrappe eines Luftbetankungsstutzens sowie eine Verlängerung des Rumpfs zur besseren Unterbringung der Passagiere.

Die X–19 hatte einen Schalenrumpf, dessen Aussehen dem herkömmlicher Flugzeuge glich; er war schlank und stromlinienförmig und hatte eine Länge von 13.4 m. Ihr langgestreckter Bug hatte ein Cockpit, in dem zwei Piloten Seite an Seite arbeiteten. Der Einbau zweier Schleudersitze in dieses enge Cockpit kann allerdings die Arbeitsbedingungen nicht verbessert haben. Hinter den Piloten befand sich eine kleine Kabine von 1.2 m Höhe, 1.35 m Breite und 2.4 m Länge, die vier Passagiere oder 450 kg Zuladung aufnehmen sollte. Im Rumpfheck war der Antrieb untergebracht. Ursprünglich war geplant, in Lizenz gefertigte Wankel-Kreiskolbenmotoren zu verwenden, dann aber hatte man sich für

Die Curtiss-Wright X–19A hatte vier Schwenkpropeller mit breiten, paddelähnlichen Blättern. Ursprünglich ein Firmenprojekt, wurde sie von der amerikanischen Luftwaffe erworben und ist hier in den Farben der erprobenden drei Teilstreitkräfte zu sehen.

Die X–19 stieg zu vielen Flügen auf, die meist allerdings nur von kurzer Dauer waren. Hier sieht man sie im Schwebeflug über dem Boden. Die Schwenkwinkel der Turbomotoren erzeugen unterschiedliche Propellerstrahlrichtungen. Die Klappen sind nach unten gerichtet, um ein Abdecken des Propellerstrahls möglichst gering zu halten.

zwei 2.690 PS Wellenleistung starke Turbomotoren des Typs T55-L-7 von Lycoming entschieden. Diese Triebwerke hatten ihren Lufteinlauf über dem Rumpfheck, ihre Abgase wurden direkt unter dem Heck ins Freie geleitet. Die X–19 hatte ein Dreibeinfahrwerk, dessen Bugrad in einen Schacht des langen Bugs eingefahren wurde; das Hauptfahrwerk wurde hinter dem Frachtraum seitlich in den Rumpf eingezogen.

Die aerodynamischen Flächen bestanden aus vier Tragflächen und einem Seitenleitwerk. Die Tragflächen waren an der Rumpfoberkante angebracht. Die vorderen Tragflächen hatten eine Spannweite von 6 m und waren sehr schlank, während die hinteren Tragflächen 6.4 m Spannweite und eine größere Profiltiefe aufwiesen. Die hinteren Abschnitte der Tragflächen waren beweglich. Über dem Rumpfende erhob sich das hohe, nach

hinten weisende Seitenleitwerk mit dem Seitenruder.

An jeder Tragflächenspitze befand sich eine Gondel mit Propeller. Diese Propeller maßen 4 m im Durchmesser und hatten jeder drei breite, paddelförmige Blätter mit starker Verwindung. Die Propeller waren in moderner Verbundbauweise hergestellt und bestanden aus einer Plastikbeschichtung über einer Schaumstoffüllung, die einen Stahlkern umgab. Die rechten Propeller waren rechtsläufig, die linken linksdrehend, so daß sich Drehmoment und Kreiselwirkung aufhoben.

Für den Übergang vom waagrechten in den senkrechten Flug wurden die vier Gondeln an den Flächenspitzen durch einen Schalter am Steuerknüppel und die hydraulische Verstellvorrichtung um etwa 90 Grad geschwenkt. Im Senkrecht- und Schwebeflug wurden die hinteren Abschnitte jeder Tragfläche abgesenkt, um die Abdeckung des Propellerstrahls zu verringern. Im Schwebeflug wurde das Flugzeug durch unterschiedliche Anstellwinkel der Propeller gesteuert: rechts und links für Rollbewegungen, vorn und hinten für Nickbewegungen. Gieren wurde durch entsprechende Angleichung der Neigungswinkel der Propellergondeln gesteuert. Im normalen aerodynamischen Flug wurde mit den Steuerflächen in den hinteren Tragflächen sowie dem Seitenruder gesteuert, wobei die Steuerungsart mit Schwenkung der Gondeln von Schwebeflug stufenweise auf Normalflug überging. Die manuelle Steuerung wurde durch eine mechanische Dreiachsendämpfung unterstützt.

Die X–19 sollte ursprünglich ein Leergewicht von 3.625 kg und ein Abfluggewicht von 5.570 kg aufweisen. Nach Durchführung der Modifizierungen allerdings war das Leergewicht auf 4.530 kg angestiegen, was Reichweite und Nutzlast um 50 Prozent verringerte. Das höchstzulässige Fluggewicht blieb solange durch die Konstruktion der mechanischen Kraftübertragung begrenzt, als man deren Leistungsfähigkeit nicht verbessern konnte.

Die erste der X–19 flog am 20. November 1963 im Schwebeflug; dieser Flug allerdings fand durch einen Flugunfall ein vorschnelles Ende. Die X–19 blieb daraufhin für Reparaturarbeiten und Verbesserungen des Steuersystems am Boden und hob erst am 25. Juni 1964 wieder zu einem konventionellen Flug ab. Einen Monat lang wurde sie so geflogen, dann absolvierte sie am 7. August ihren ersten gesteuerten Schwebeflug. Danach ging sie wieder in die Werkstätten, wo weitere Arbeiten an der Dreiachsendämpfung vorgenommen wurden.

Im Januar 1965 wurde der Flugbetrieb mit der Erprobung eines partiellen Übergangsflugs wiederaufgenommen, aber das Versagen eines Propellers verursachte weitere Verzögerungen. Wieder einmal blieb die X–19 am Boden, bis sie am 31. Juli zur Erprobung ihrer Lufttüchtigkeit im Schwebeflug startete; danach wurde sie zum Versuchszentrum der FAA* in Atlantic City zur Fortsetzung der Transitionserprobungen überführt. Nach weniger als einem Monat dieser Erprobungen, am 25. August 1965, versagte bei einem Schwebeflug ein Teil der Kraftübertragungsanlage. Dadurch riß sich einer der hinteren Propeller los, und das Flugzeug geriet in asymmetrischen Auftrieb, was gleichzeitiges Nicken und Rollen hervorrief. Zum Glück entschied sich die Besatzung für ein sofortiges Verlassen der Maschine; sie verdankt ihr Überleben der Tatsache, daß die Luftwaffe auf dem Einbau von Schleudersitzen bestanden hatte. Das Flugzeug wurde völlig zerstört.

Die erste X–19 hatte insgesamt 50 Flugeinsätze verbuchen können – eine beachtliche Zahl, wenn man berücksichtigt, daß sie einen Großteil ihres kurzen Lebens mit Reparaturarbeiten und Modifizierungen verbracht hatte. Tatsächlich waren die meisten dieser Flüge von extrem kurzer Dauer gewesen, im Durchschnitt lag die Flugzeit jedes dieser Einsätze unter fünf Minuten. Die Gesamtflugzeit betrug denn auch weniger als vier Stunden.

Am 12. Dezember 1965 wurde das Entwicklungsprogramm der X–19 aufgegeben. Nur der erste der beiden Prototypen war tatsächlich geflogen, und er hatte nicht einmal einen vollen Übergangsflug durchgeführt. Wenn auch das

* FFA = Federal Aviation Administration = Bundesluftfahrtbehörde (Anm. d. Übers.)

zweite Flugzeug in die Erprobung gegangen wäre, hätte man der X–19 vielleicht die Fortführung der Testflüge gestattet, aber es hätte noch erheblicher Anstrengungen bedurft, um die Einschränkungen durch das Kraftübertragungssystem zu überwinden und die anfällige Stabilisierungsanlage zu verbessern. Die X–19 war als kleines Zivilflugzeug entworfen worden, und ihre geringe Größe hatte Schwierigkeiten verursacht. Die Piloten empfanden das Cockpit als unbequem, besonders im Schwebeflug, und die Zuladung war so gering, daß jeder Gewichtszuwachs, der von Modifizierungen oder zusätzlicher Instrumentierung herrührte, die Zuladung an Kraftstoff weiter eingeschränkt hätte.

Die erste X–19 war bei ihrem Absturz total zerstört worden. Die zweite X–19 wurde ausgeschlachtet und später verschrottet.

Kippmantelflugzeuge

Die Flugzeuge mit schwenkbaren Mantelschrauben waren den Schwenkpropellerflugzeugen ähnlich, verwendeten aber ummantelte Luftschrauben. Diese Ummantelungen wirkten sich vorteilhaft aus, indem sie den Propellerschub verstärkten und im Vorwärtsflug zusätzliche Auftriebsfläche stellten. Zwar mußte man beim Schwenken der Mantelpropeller nachtrimmen, aber das konnte man durch Ablenkbleche im Luftstrom der Ummantelung ausgleichen. Die Steuerung konnte sowohl über die Verstellung dieser Leitbleche als auch über den Anstellwinkel der Propeller vorgenommen werden.

Die Firma Doak in Torrance, Kalifornien, konstruierte ihre Doak 16 Tiltduct im Rahmen eines Auftrags des Amtes für Transportwesen des amerikanischen Heeres unter der militärischen Bezeichnung VZ-4DA. Ende 1957 fertiggestellt, war sie eines der ersten VTOL-Flugzeuge, das aus dem waagrechten Stand heraus abhob. Sie hatte einen schlanken, 9.7 m langen Rumpf aus Stahlrohrbauweise, hochangesetzte kurze Tragflächen, ein Tandem-Cockpit mit dem Piloten auf dem vorderen Sitz und einem Passagier dahinter sowie ein konventionelles Flugzeugheck. Die Ummantelung hatte außen einen Durchmesser von 1.4 m, ihr Innendurchmesser betrug 1.2 m und ihre Länge 0.8 m. In der Ummantelung lagen im Propellerstrahl waagrechte Trimmklappen für die Nickbewegung. Die achtblättrigen Mantelschrauben wurden von einem 850 PS starken YT–53-Turbomotor von Lycoming angetrieben, der in Rumpfmitte untergebracht war. Das Höchstgewicht der VZ-4 lag bei 1.450 kg.

Im Schwebeflug wurden Rollbewegungen über unterschiedliche Propellersteigung gesteuert. Wie bei der X–100 von Curtiss-Wright wurden die Gase des Turbomotors zum Heck geführt, wo sie zur Steuerung von Nicken und Gieren durch rostfreie Stahlblenden entsprechend abgelenkt wurden. Im Übergangsflug löste ein Schalter am Steuerknüppel die Mantelschwenkung aus. Im Marschflug wurde das Flugzeug über herkömmliche Steuerorgane geführt.

Der Erstflug der VZ-4 fand am 25. Februar 1958 vom Flughafen Torrance aus statt. Zur Fortführung der ersten Flugversuche verlegte man die VZ-4 zum Fliegerhorst Edwards, wo sie 50 Stunden Flugerprobung absolvierte. Im September 1959 wurde sie dem amerikanischen Heer zur gemeinsamen Bewertung mit der NASA überlassen.

Die Daten dieser Flugtests zeigten, daß die VZ-4 im Schwebeflug 800 PS Wellenleistung benötigte; diese Anforderung ging bei 55 km/h geringfügig auf 700 PS zurück und fiel dann rasch auf ein Minimum von 200 PS bei 150 km/h. Bei der Erprobung von Überziehgeschwindigkeit und Flatterschwingungen stellte sich ein kritischer Bereich bei etwa 80 km/h heraus, weil dann die Teile der Tragflächen, die die Mantelschrauben umgaben, im Aufwind lagen und dem Strömungsabriß nahekamen.

Die Doak 16 Tiltduct war eines der erfolgreichsten frühen VTOL-Forschungsflugzeuge; sie versorgte die NASA mit vielen nützlichen Erkenntnissen über Flugeigenschaften und Triebwerkanforderungen von Senkrechtstartern.

Bell begann 1953 mit den Arbeiten an Mantelschrauben für den Senkrechtstart und führte eine Reihe von Konstruktionsstudien für den Bau von Transport-, Aufklärungs-, Mehrzweck- und Rettungsflugzeugen durch, die alle die Mantelschraubentechnologie verwendeten. Eine dieser Studien, das Luftrettungskonzept D-190, begann als werkseigenes Projekt und lief – in enger Zusammenarbeit mit dem Luftrettungsdienst der amerikanischen Luftwaffe und später mit Förderung des Amtes für Flugforschung und Flugerprobung – vier Jahre lang. Die D-190 war ein Flugzeug von 6.800 kg Gewicht und sah der späteren XV–15 ähnlich, hatte aber Schwenkmantelpropeller anstelle von Rotoren an jeder Tragfläche. Sie sollte von einer C-130 getragen und als fliegendes Rettungsboot eingesetzt werden, indem sie im Sinkflug auf Seehöhe ging, dort Überlebende aufnahm und dann zur C-130 zurückkehrte, um nach Hause gebracht zu werden. Bell schlug auch Versionen der D-190 als neunsitziges Passagierflugzeug, als Verbindungsflugzeug und als leichtes Transportflugzeug vor.

1957 vergab die Marine an Bell einen einjährigen Kontrakt für eine Studie, die die Realisierbarkeit eines VTOL-Transportflugzeugs mit Mantelschrauben für Landungstruppen feststellen sollte. Ausgedehnte Untersuchungen führten zum Entwurf eines VTOL-Transporters mit Tandem-Mantelschrauben von etwa 15.000 kg Gesamtfluggewicht. Dieser Entwurf wurde der amerikanischen Marineinfanterie im Sommer 1959 als D-2005 und dem amerikanischen Heer als D-2022 vorgelegt. Die D-2014 war eine Version mit zweischaliger Lukenklappe für die Frachtaufnahme im Heck.

Jede der vier amerikanischen Teilstreitkräfte interessierte sich für die Beschaffung von Senkrechtstarttransportern, und sie konnten unter einer Vielfalt von Technologien wählen. Im Herbst 1959 setzte das US-Verteidigungsministerium den Ad-hoc-Ausschuß für Senkrechtstarter ein, der Vertreter der Industrie zu einem Symposium an der Universität Princeton einlud. Danach empfahl der Ausschuß die Beschaffung einer Anzahl von Kurz- und Senkrechtstartern zu Forschungszwecken und für Versuche im Einsatzbetrieb.

1961 fand eine Ausschreibung zur Auswahl von Entwürfen statt, die von drei der Teilstreitkräfte bewertet werden sollten. Ein Angebot mit der Technik von Bell und Lockheed setzte sich nicht durch, weil Kippflügler bevorzugt wurden, aber die Marine, die erkannt hatte, daß Schwenkmantelflugzeuge die besseren Schwebe- und Übergangsflugeigenschaften aufwiesen, verlangte, daß eine kleinere Version eines Angebots von Bell und Douglas gebaut und erprobt werde. Am 30. November 1962 wurde an Bell der über 42 Monate laufende Auftrag vergeben, zwei VTOL-Forschungsflugzeuge zu konstruieren, zu bauen und einer Flugerprobung zu unterziehen. Die Flugzeuge sollten im April 1966 ausgeliefert werden und bekamen die Bezeichnung X–22A.

Die X–22A war 11.9 m lang, auch ihre Spannweite maß 11.9 m, und ihre hohe Heckflosse gab ihr eine Höhe von 6 m. Ihr Gesamtfluggewicht betrug 7.000 kg. Das Cockpit war für zwei Piloten im Hubschrauberstil ausgelegt und gab ein hervorragendes Blickfeld frei. Dahinter ermöglichte der große kastenförmige Rumpf die Unterbringung von sechs Fluggästen oder 545 kg Nutzlast; außerdem befand sich in Rumpfmitte im Schwerpunkt des Flugzeugs der einzige große Kraftstofftank mit einem Fassungsvermögen von 2.115 Litern.

Im normalen Marschflug zeigte sich die X–22A – sehr ungewöhnlich für die 60er Jahre – in Entenbauform mit einer vorderen Tragfläche von 7 m und einer hinteren von 11.9 m Spannweite. Die vorderen Tragflächen und die Außenabschnitte der hinteren Flächen wurden von den vier Mantelschraubensystemen eingerahmt. Für den Senkrecht- wie den Schwebeflug wurden die vier Mantelschrauben um ihre waagerechte Achse gedreht, wobei sich die vorderen Tragflächen und die Außenabschnitte der hinteren Flächen mitdrehten. Die Flächenabschnitte hinter den Mantelschrauben wurden während des gesamten Fluges als Steuerorgane eingesetzt, indem sie den Propellerstrahl ablenkten.

Als Antrieb dienten der X–22A vier YT–58-GE-8D-Turbomotoren von je 1250 PS Wellenleistung, von denen je zwei neben der Rumpfoberkante direkt vor der hinteren Tragfläche angebracht waren. Jedes Triebwerk war mit einer Querwelle in der hinteren Fläche verbunden, die die beiden hinteren Propeller antrieb. Ein Getriebe in der Mitte der hinteren Fläche übertrug die Triebwerkleistung über eine Längswelle zu einer

Die Doak 16 nach dem Übergang in den aerodynamischen Marschflug. Die Öffnung hinter dem Cockpit ist der Lufteinlauf für den in Rumpfmitte untergebrachten Turbomotor Lycoming YT53.

Die Doak 16 beim Übergang vom Senkrecht- in den Marschflug. Während dieses Übergangs sank die geforderte Triebwerkleistung von 800 auf 200 PS.

Die Doak 16 oder VZ-4DA Tiltduct schwebt im Bereich des Bodeneffekts. Die Heckdüse steuerte sowohl Nickals auch Gierbewegungen.

DOAK
16
U.S. ARMY
ARMY
U.S. ARMY

DOAK
16
U.S. ARMY
56-9642
ARMY
U.S. ARMY

U.S. ARMY
DOAK
16
U.S. ARMY
56-9642
ARMY

Querwelle in der vorderen Fläche, die die beiden vorderen Propeller antrieb. Der verfügbare Schub der vier ummantelten Propeller überstieg das Abfluggewicht des Flugzeugs um 35 Prozent, was eine großzügige Reserve für die Steuerung bedeutete und dem Flugzeug ein Überleben bei Ausfall eines der vier Triebwerke ermöglichte.

Im Übergangsflug wurden die vier Mantelschrauben durch hydraulische Verstellvorrichtungen über eine elektrische Steuerung geschwenkt und konnten in jeder Position zwischen 0 und 95 Grad arretiert werden. Die vier Mantelschrauben wurden beim Schwenken zwar einzeln angetrieben, schwenkten aber gemeinsam; eine unterschiedliche Schwenkung war nicht möglich. Desgleichen rotierten alle vier Propeller mit gleicher Drehzahl. Gesteuert wurde die X–22A, indem man den Anstellwinkel eines jeden der vier Propeller veränderte, sowie durch Betätigung der vier kombinierten Höhen- und Querruder. Diese acht Variablen dienten zur Steuerung der X–22 im Marschflug mit horizontal gestellten Ummantelungen wie auch im Schwebeflug, wenn sie senkrecht standen.

Im Horizontalflug wurden Nicken und Rollen durch die kombinierten Höhen- und Querruder gesteuert, Gierbewegungen durch unterschiedliche Einstellung der Propellersteigung. Im Schwebeflug steuerten diese unterschiedlichen Propelleranstellwinkel Nicken und Rollen, während Gierbewegungen durch Betätigung der kombinierten Höhen- und Querruder ausgeglichen wurden. Im Übergangsflug veränderten sich die Steuerfunktionen schrittweise in Abhängigkeit vom Neigungswinkel der Mantelschrauben über. Im Vorwärtsflug fühlte der Pilot einen künstlichen Druck in der Giersteuerung, der beim Übergang zum Schwebeflug allerdings entfiel. Den künstlichen Druck bei Nick- und Rollbewegungen erzeugte ein hydroelektrisches System, dessen Steuerdrücke proportional zu den auftretenden Beschleunigungskräften waren. Im Schwebe- und Übergangsflug sowie bei Flügen mit niedrigen Geschwindigkeiten verbesserte eine Dreiachsendämpfung Stabilität und Steuereigenschaften des Flugzeugs.

Das Kippmantelflugzeug Bell X–22A beim Übergang vom senkrechten in den waagerechten Flug.

Beim Langsamflug waren die Propeller der X–22 nur teilweise geschwenkt. Der kleine Rotor auf der Heckflosse war ein Sensor für die Sinkgeschwindigkeit.

1521
V/STOL
X-22A

In dieser Konfiguration wurde die X–22 selten gesehen: das Fahrwerk eingefahren, und die Mantelschrauben für einen Horizontalflug mit hoher Geschwindigkeit vollständig geschwenkt.

Die X–22A war mit einem variablen Fluglageregler ausgerüstet, den die Calspan Corporation entwickelt hatte. Dieser Lageregler konnte so programmiert werden, daß sich das Flugzeug wie irgendein anderes schon vorhandenes oder nur geplantes VTOL-Flugzeug verhielt; er diente der Bewertung von Flugeigenschaften. Der Lageregler arbeitete mit der Blickfeldanzeige von Smiths Industries und der Bildschirmanzeige von Kaiser Electronics zusammen. Zu den in den Lageregler eingegebenen Daten gehörten auch die Daten eines Niedriggeschwindigkeitssensors, den Jack Bellman von der Firma Calspan erfunden hatte.

Die erste X–22A war am 25. Mai 1965 fertiggestellt. Nach Probeläufen am Boden absolvierte sie im März 1966 ihren ersten Schwebeflug. Danach führte sie eine Reihe von Kurzstartversuchen durch, bei denen die Mantelschrauben um 30 Grad geneigt waren und Vorwärtsgeschwindigkeiten von bis zu 185 km/h erreicht wurden. Am 8. August 1966 führte ein Versagen der Hydraulik zu einer harten Landung; die Besatzung wurde zwar nicht ernstlich verletzt, aber die X–22A mußte abgeschrieben werden.

Die zweite X–22A, die im Januar 1966 einsatzbereit war, führte die Flugerprobungen ab Januar 1967 fort. Bei einem Abfluggewicht von 6.350 bis 7.250 kg konnte sie 220 Flüge mit 386 Senkrechtstarts und 185 vollendeten Übergangsflügen verbuchen. Sie schaffte sogar Schwebeflüge in über 2.400 m Höhe, womit sie ihr hohes Schubgewichtsverhältnis, das ihr in Seehöhe nachgesagt wurde, untermauern konnte. Desgleichen erreichte sie eine Vorwärtsgeschwindigkeit von 583 km/h, wodurch sie überzeugend nachwies, daß das Schwenkmantelflugzeug schneller als ein herkömmlicher Hubschrauber fliegen konnte.

Im Mai 1969 wurde sie der Marine übergeben, die die Firma Calspan beauftragte, das Flugerprobungsprogramm fortzusetzen. Sie flog noch bis 1980, wobei sie über 200 Flugstunden ansammelte und Sensoren und Steuersysteme erprobte.

Die X–22A erwies sich als sehr erfolgreiches und vielseitiges Forschungsinstrument, das mindestens fünfzehn Jahre flog und viele wertvolle Erkenntnisse über VTOL-Systeme einbrachte. Da sie allerdings nur über eine Nutzlast von 545 kg und eine Reichweite von 830 km verfügte, wurde sie weder als kommerzielles noch als militärisches Transportflugzeug weiterentwickelt.

Die erste X–22A wurde nach der Bruchlandung 1966 abgeschrieben. Die zweite soll als Schenkung einem Flugzeugmuseum überlassen werden.

Die französische Firma Nord entwickelte ebenfalls ein kleines Schwenkmantel-Forschungsflugzeug, das sie Nord 500 nannte. Die Nord 500 war von wirklich minimalen Abmessungen: nur 6.7 m lang und 6.1 m breit, bei einem Gewicht von 1.250 kg. Der Rumpf bestand aus einem Cockpit auf einem Dreibeinfahrwerk und einem hohen Leitwerk mit den beiden Turbomotoren des Typs T63-A–5A von Allison mit je 317 PS Wellenleistung sowie konventionellen senkrechten und waagerechten Steuerflächen. Ein Radom am Bug enthielt vermutlich einen Funkhöhenmesser zur Bestimmung der Sinkgeschwindigkeit.

Zwei große Ummantelungen erstreckten sich über fast die gesamte Spannweite der Tragflächen, jede von ihnen enthielt einen fünfblättrigen Propeller. Am hinteren Ende jedes dieser Mäntel befanden sich vier rautenförmige Ablenkblenden, deren Aufgabe es war, die Ausdehnung des Luftstroms beim Austritt aus den Mänteln zur Verbesserung des Schubs im Schwebeflug zu steuern. Nicken wurde durch gemeinsames Schwenken der Mäntel gesteuert, und Gieren über unterschiedliches Schwenken. Rollbewegungen erzeugte man über unterschiedliche Anstellwinkel der Propellerblätter.

Zwei dieser Nord 500 wurden hergestellt. Die erste führte ihre Probeläufe am Boden im April 1967 durch, und die zweite absolvierte am 23. Juli 1968 einen gefesselten Schwebeflug. Dann kehrte sie zu dynamischen Stabilitätstest in den Windkanal zurück, und die Entwicklung wurde eingestellt, bevor sie noch einmal fliegen konnte. Das geplante Programm, die Vorteile eines beim Austritt aus den Mänteln sich ausdehnenden Luftstroms zu erforschen, wurde nicht mehr durchgeführt.

In der Sowjetunion konstruierten Stu-

Die Nord 500 bei Fesselflugversuchen. Die Blenden unter den Mantelschrauben sollten den Luftstrahl im Schwebeflug sich ausbreiten lassen und ihn im Vorwärtsflug verdichten.

Das Kippmantel-Versuchsflugzeug Nord 500 im Bau. Über den beiden Schwenkzapfen erkennt man Einrastlöcher, die einen gemeinsamen Kippwinkel der Mantelschrauben gewährleisten.

denten des Kazan-Luftfahrtinstituts ein sehr kleines Schwenkmantelflugzeug. Eine Attrappe davon wurde von S. P. Gorbonuw hergestellt und 1967 in Moskau gezeigt. Das Flugzeug hatte einen schlanken, kurzen Rumpf und im Bug ein Cockpit, nicht größer als das eines Segelflugzeugs, dahinter lag ein 210 PS starker Sechszylindermotor des Typs M-337. Den Vortrieb leistete ein ummantelter Propeller von 1.2 m Durchmesser, der sich am Ende des Leitwerksträgers befand. Es hatte keine Tragflächen, die Propellermäntel von 1.8 m Durchmesser waren drehbar gelagert direkt am oberen Teil des Rumpfs angebracht. Die Steuerung geschah – wie bei der Nord 500 – wahrscheinlich über eine Kombination von Propellersteigung und Propellerschwenkung.

Kippflügelflugzeuge

Flugzeuge mit Kipptragflächen scheinen sehr einfach konstruiert zu sein. Die Befestigung der Tragfläche am Rumpf wird durch Zapfen und Lager ersetzt, und die gesamte Tragfläche wird gekippt, wobei sie Triebwerke und Propeller mitführt. In der Praxis stößt diese scheinbare Einfachheit allerdings auf Schwierigkeiten. Die Propeller sind mit den Tragflächen fest verbunden und können keine Nicksteuerung erzeugen, also muß man dafür eine besondere Steuerdüse oder einen Steuerrotor verwenden. Auch die Querruder schwenken mit den Tragflächen und verändern ihre Funktion von der Rollsteuerung im Vorwärtsflug zur Giersteuerung im Schwebeflug, also muß die Quersteuerung von der seitlichen Steuerknüppelbewegung auf Ruderpedale verlegt werden. Wenn das Flugzeug in den Übergangsflug geht oder einen Kurzstart mit teilweise gekippten Tragflächen vornimmt, müssen die Funktionen von Tragfläche und hinterer Höhenflosse übereinstimmen; der Neigungswinkel des Höhenleitwerks muß dem der Tragflächen entsprechen. Die Propeller müssen über eine Querwelle verbunden werden, um auch bei Ausfall eines Triebwerks weiterarbeiten zu können. Das Flugsteuerungssystem muß für jede Flugbetriebsart die richtige Steuerung einsetzen und muß das Flugzeug unter allen Flugbedingungen stabil in der Luft halten. Diese Probleme lassen ein Kippflügelflugzeug genauso komplex werden wie andere Verwandlungsflug-

Die sehr erfolgreiche Vertol 76 oder VZ-2 führte mehr als 450 Flüge und 34 vollständige Transitionen durch. 144 o: Der Kippflügler Vertol Model 76, auch als VZ-2 bezeichnet, bei einem Übergangsflug in geringer Höhe.

zeuge mit Senkrechtflugeigenschaften.

Kippflügelflugzeuge haben im Übergangsflug den Vorteil, daß ihre Propeller mit hoher Geschwindigkeit Luft über Tragflächen und Klappen blasen. Das erhält den Tragflächen auch bei geringen Geschwindigkeiten über Grund den Auftrieb und reduziert die gefährliche Überziehgeschwindigkeit. Der durch die Tragflächen erzeugte Auftrieb trägt damit beim Übergangsflug zum Anheben des Flugzeuggewichts mit bei. Beim Schwebeflug allerdings spielt der Tragflächenauftrieb keine Rolle. Die gekippten Flächen werden beim Schwebeflug unter böigen Bedingungen zum Nachteil, und bei kurzen Landungen erschweren sie die Steuerung.

Das erste Kippflügelprojekt war die Convertawings Modell B. Convertawings war ein Unternehmen, das D. H. Kaplan gegründet hatte, der – wie die Gründer von Transcendental – für Piasecki gearbeitet hatte. Die Modell B war so konstruiert, daß sie dem Lastenheft von amerikanischer Luftwaffe und Marine für den

Der Kippflügel Vertol Model 76, auch als VZ-2 bezeichnet, bei einem Übergangsflug in geringer Höhe.

Die VZ-2 stellt ihre Wendigkeit mit teilweise gekippten Tragflächen unter Beweis.

Senkrechtflugtransport entsprach. Sie hatte Kipptragflächen mit einem Rotor an jeder Spitze. Die Rotoren waren von kleinem Durchmesser, hatten je vier Blätter und sollten mit hoher Drehzahl rotieren, angetrieben von zwei Gasturbinen des Typs 502 von Boeing. Die Modell B wurde teilweise fertiggestellt und Probeläufen am Boden unterzogen, flog aber nie.

Zur gleichen Zeit arbeitete Vertol an deren Modell 76. Auch die Modell 76 wurde unter einem Vertrag des amerikanischen Marineforschungsamts und des US-Heeres aus dem Jahre 1956 gebaut, und zwar als VZ-2A.

Der Rumpf der VZ-2A war aus Metallrohr hergestellt und hatte vorn ein Cockpit, ähnlich dem des Hubschraubers Bell 47, mit einer Plexiglaskuppel. Die zweiköpfige Besatzung saß nebeneinander und flog mit Doppelsteuerung. Das Leitwerk war T-förmig und trug zwei Mantelschrauben für die Nick- und Giersteuerung. Die Gesamtlänge betrug 7.9 m. Die ebenfalls 7.9 m lange Tragfläche war bei einem Drittel der Profiltiefe über dem Rumpf drehbar an einem Aufbau angebracht. Ein 860 PS starker Turbomotor des Typs YT53-L-1 von Lycoming, der auf dem Rumpf und direkt hinter den Tragflächen montiert war, trieb über eine Querwelle die beiden Luftschrauben an, die etwas außerhalb der jeweils halben Spannweite lagen. Sie hatten einen Durchmesser von 2.9 m und drei breite, paddelförmige Blätter. Die VZ-2 hatte ein Leergewicht von 1.133 kg; ihr Abfluggewicht betrug 1.450 kg.

Im Schwebeflug wurde die VZ-2 in Nick- und Gierrichtung durch die beiden Mantelschrauben im Leitwerk gesteuert, unterschiedliche Propellersteigung regelte das Rollen. Sobald die Tragflächen in normale Flugposition gekippt wurden, setzte die Schwebesteuerung aus und ging auf normale aerodynamische Steuerung über.

Der erste Senkrechtflug fand am 13. April 1957, der erste Horizontalflug am 7. Januar 1958 statt. Die erste vollständige Transition gelang am 15. Juli 1958. Am 23. September 1959 war die Erprobung bei Vertol abgeschlossen, und die VZ-2 wurde zum Forschungszentrum Langley überführt, um von der NASA bewertet zu werden.

Dem Problem des Strömungsabrisses an den Tragflächen im Übergangsflug begegnete man durch Wölbung der Flächenvorderkante, außerdem erhöhten zusätzliche Klappen an der Profilhinterkante den Auftrieb bei teilweise gekippten Tragflächen. Zur Verbesserung der Giersteuerung im Schwebeflug untersuchte man den Einsatz der Querruder.

Noch 1961 flog die VZ-2 und hatte bis dahin über 450 Flüge einschließlich 34 vollständigen und 240 partiellen Konversionen durchgeführt. Auch danach setzte sie ihre Flüge fort, bis sie 1965 außer Dienst gestellt und der Smithsonian Institution in Washington DC übergeben wurde.

Dem 1956 von Heer und Marine an Vertol vergebenen Auftrag zur Entwicklung der VZ-2 folgte ein Jahr später ein Auftrag der Luftwaffe an Hiller, ein großes Transportflugzeug mit Kipptragflächen unter der Bezeichnung der Luftwaffe für Versuchsflugzeuge X–18 zu bauen. Hiller hatte schon vor der Zusage einer finanziellen Unterstützung mit entsprechenden Arbeiten begonnen und sich dafür entschieden, aus Gründen der Kostensenkung vorhandene Baukomponenten zu verwenden. Rumpf und Leitwerk kamen vom Transportflugzeug Chase YC-122, Triebwerke und Propeller vom Heckstarterprogramm XFY–1/XFV–1, darüberhinaus verwendete man verschiedene Teile der Convair Tradewind. Hiller gab die eigene rechteckige Tragfläche von 14.6 m Spannweite dazu, die so ausgelegt war, daß sie zur Erhöhung der Reiseflugleistungen auf 18.3 m verlängert werden konnte. Diese Tragfläche hatte abnehmbare Vorflügel und je zwei Querruder, aber keine Landeklappen. Bei einem Drittel der Profiltiefe war sie drehbar aufgehängt und konnte hydraulisch über den gesamten Bereich von 90 Grad in sechs Sekunden gekippt werden. Ihre zwei Stellzylinder wurden über einen Hebel am Steuerknüppel des Piloten aktiviert.

Die X–18 hatte drei Triebwerke. Die beiden 5.930 PS Wellenleistung starken Propellerturbinen des Typs YT40-A–14 von Allison waren unter den Tragflächen angebracht und trieben gegenläufige, je dreiblättrige Propeller von 4.9 m Durchmesser an. Da diese Triebwerkbaugruppen von Heckstarterprogrammen mit nur einem Triebwerk stammten, waren sie

Diese Heckansicht der Hiller X–18 zeigt das Strahlrohr und die Düse für die Nicksteuerung.

nicht für eine gegenseitige Kraftübertragung durch Querwellen ausgelegt, wie man sie für einen Triebwerkausfall benötigt. Das dritte Triebwerk, ein J34-Strahltriebwerk von Westinghouse mit 1.540 kp Schub, war im Rumpfheck montiert und versorgte die hinter dem Leitwerk liegenden Schubdüsen für die Nicksteuerung mit Gas.

Im Schwebeflug regelte man Nickbewegungen über die Heckdüsen, Rollbewegungen über die Propellersteigung und Gierbewegungen über die Querruder. Im Übergangsflug wurde die Steuerung elektronisch auf die normalen Steuerflächen übertragen.

Das Leergewicht der X–18 betrug 12.230 kg, ihr Abfluggewicht 14.950 kg – damit gehörte sie in die Schwergewichtsklasse damaliger (und späterer) VTOL-Flugzeuge. Jedes Triebwerk mußte bis zu 7.475 kg anheben, verglichen mit den 5.435 bis 6.350 kg der XFV–1 und der XFY–1.

Im Dezember 1958 war die X–18 fertiggestellt und verließ die Montagehalle. Danach wurde sie ausgedehnten Bodenerprobungen unterzogen, um den einwandfreien Betrieb aller Systeme zu überprüfen und ihr Schwingungsverhalten zu bestimmen. Diese Erprobungen fanden in Moffett statt, und nach Abschluß des Testprogramms wurde die X–18 zerlegt und für ihr Flugerprobungsprogramm zum Fliegerhorst Edwards gebracht.

Ihr Erstflug fand am 24. November 1959 statt, und in den folgenden Monaten absolvierte die X–18 mehr als 20 Horizontalflüge, bei denen sie sich als stabiles und gut steuerbares Flugzeug erwies. Wie bei allen Senkrechtstartern war ihr Schubgewichtsverhältnis höher als Eins, und sie beeindruckte die Testpiloten George Bright und Bruce Jones durch ihre Spurtstärke auf der Startbahn.

Zunächst versuchte man partielle Übergangsflüge, bei denen die Tragflä-

Für den Kippflügler Hiller X–18 verwendete man den Rumpf einer Chase YC-122 sowie überzählige Propeller und Triebwerke von Heckstartern. Hier demonstriert sie den Ablauf einer Transition.

chen bis zu 33 Grad Kippwinkel aufwiesen. Dabei hob sich die Flugzeugnase um zusätzliche 17 Grad, womit der effektive Kippwinkel 50 Grad erreichte. Wenn aber die Transition so weit fortgeschritten war, ging ein beträchtlicher Anteil der Steuerung von der normalen Flugsteuerung auf die Schwebeflugsteuerung über, und es stellte sich heraus, daß die Schwebeflugsteuerung den Anforderungen nicht entsprach. Insbesondere die elektrische Steigungsverstellung der Propeller war zu langsam, was zu einer nicht hinnehmbaren Verzögerung der Rollsteuerung führte.

Bei ihrem zwanzigsten Flug führten Schwierigkeiten mit der Verstellung eines Propellers dazu, daß die X–18 ins Trudeln geriet. Glücklicherweise geschah dies in gut 3.000 m Höhe, und es blieb dem Piloten ausreichend Raum, das Flugzeug wieder unter Kontrolle zu bringen. Dieser Vorfall führte für die X–18 zum Flugverbot. Trotzdem trug sie auch weiterhin zu wertvollen Erkenntnissen im Simulationsprogramm für Bodeneffekte bei, das von 1962 bis 1964 auf dem Fliegerhorst Edwards lief. In diesen Erprobungen wurden die Auswirkungen des nach unten gerichteten Propellerstrahls bei vertikal gekippter Tragfläche untersucht, und man fand heraus, daß durch ihn verursachte Rezirkulation am Rumpf eine Auftriebskraft von 4.530 kp beisteuerte.

Dann wurde die X–18 durch Versagen eines Prüfstands beschädigt und später in Einzelteile zerlegt und verschrottet. Sie war nur zwanzigmal geflogen, und dabei niemals im Senkrecht- oder im Schwebeflug, aber sie lieferte viele nützliche Aufschlüsse und Erprobungsergebnisse, die im LTV-Hiller-Ryan-Programm der XC-142A verwertet werden konnten.

Die amerikanische Marine hatte die Kaman Aircraft Corporation beauftragt, einen Kippflügler zu bauen, der dann die Werksbezeichnung K-16B erhielt. Auch die K-16B war nach dem Baukastensystem zusammengesetzt; ihr Rumpf stammte vom Flugboot JRF Goose von Grumman. Kaman steuerte eine Tragfläche eigener Konstruktion von 10.4 m Spannweite bei, die nur um 50 Grad gekippt werden konnte. Darüber hinaus erzielte man den Aufwärtsschub über große Ablenkklappen, die sich über die

Die LTV-Hiller-Ryan XC-142A bot im Schwebeflug ein eindrucksvolles Schauspiel. Sie war viel größer, als sie hier erscheint. Nicht wiedergeben konnte die Kamera das dazugehörige Crescendo von Triebwerk- und Propellerlärm.

Die XC-142 mußte erst Abstand vom Boden gewinnen, bevor sie eine Transition einleitete, weil sie im Tiefflug und bei geringer Geschwindigkeit in ihre eigene Rezirkulation geraten konnte. Im Langsamflug wurde mit den Tragflächen auch das Höhenleitwerk gekippt.

Fünf XC-142 wurden hergestellt. Hier sieht man drei von ihnen während der Erprobung im Formationsflug. Obwohl sie sehr kompakt wirken, waren es große Flugzeuge mit einer Spannweite von 20.4 Metern.

volle Spannweite erstreckten. Zwei Turboprops des Typs T58-GE-2A von General Electric sollten große Propeller von 4.6 m Durchmesser antreiben. Diese Propeller konnten an ihren Blatthinterkanten periodisch verstellt werden, so daß sie auch als Rotoren arbeiten konnten – wurden sie in Längsrichtung gemeinsam periodisch verstellt, beeinflußten sie die Nickbewegung, wurden sie unterschiedlich verstellt, steuerten sie das Gieren. Rollbewegungen steuerte man durch Unterschiede in der gemeinsamen Blattverstellung. Im Grunde war die K-16 ein Kippflügler mit Propellerantrieb, besaß aber Schubablenkung und wurde durch ein Kipprotorsystem gesteuert.

Man baute diese K-16 und unterzog sie 1962 bei der NASA in Ames Windkanalerprobungen. Geflogen ist sie nie.

Die XC-142A war ein Produkt der Zusammenarbeit von LTV, Hiller und Ryan. LTV (Ling-Temco-Vought) hatte schon vorher mit der Vought XF5-U/V 173 Flying Pancake Erfahrungen im aerodynamischen Langsamflug gesammelt und beim trägergestützten Düsenjäger Vought Crusader Kipptragflächen für geringe Anstellwinkel eingesetzt. Hiller brachte mit der X–18 konkrete Erfahrungen mit Kippflüglern ein, und Ryan hatte sich an etlichen VTOL-Programmen beteiligt, zu denen auch ihre eigenen Schwebegestelle, die X–13 Vertijet und die Vertiplane gehörten.

Die CX–142 wurde nach einem Lastenheft gebaut, das das amerikanische Verteidigungsministerium 1961 für ein VTOL-Transportflugzeug herausgegeben hatte, das den Anforderungen von Heer, Marine und Luftwaffe entsprechen sollte. Die Bezeichnung XC-142 belegt, daß dies kein Versuchsflugzeug einer X-Serie werden sollte, sondern der Prototyp eines geplanten Serienflugzeugs der C- (Cargo-) oder Transportserie.

Der Rumpf der XC-142 war kastenförmig mit einer großen verglasten Fläche um das Cockpit. Er war insgesamt 17.7 m lang und geräumig genug, um innen einen Lageraum von 2.3 m Breite, 2.1 m Höhe und 9.1 m Länge aufzuweisen; die Ladeluke lag im Heck. Die Proportionen des Rumpfes vermittelten den Eindruck eines kleinen Flugzeugs, trotzdem hatte die XC-142 ein Gesamtgewicht von 18.575 kg für den Senkrechtstart oder 20.300 kg für den Kurzstart – eine beachtliche Größe für ein Flugzeugträger- oder Gefechtsfeld-Transportflugzeug. Das Bugrad des Dreibeinfahrwerks wurde in einen Schacht unter dem Cockpit eingezogen, und das Hauptfahrwerk in Ausbuchtungen, wie sie auch die Hercules hat. Am Heck behielt der Rumpf seine Breite bei, bog sich aber scharf nach oben,was eine breite Ladeluke mit gutem Zugang zuließ. Über dem Rumpfheck erhob sich eine hohe Flosse mit Seitenruder und hochangesetztem Pendelhöhenruder für starke Ausschläge. Hinter dem Ruder befand sich ein waagrechter Rotor von 2.4 m Durchmesser und spiegelgleichem Profil, der in der Senkrechten Schub nach oben oder nach unten erzeugte und damit die Nicksteuerung im Schwebeflug gewährleistete.

Die Tragfläche maß 20.4 m Spannweite und verjüngte sich zu den Spitzen hin leicht. Sie drehte sich um einen Zapfen an der Rumpfoberseite, über dem schwenkbare Verkleidungen für einen gleichbleibenden Luftstrom sorgten. Die vier 3.125 PS Wellenleistung starken Propellerturbinen des Typs T64-GE-1 von General Electric und ihre riesigen fünfblättrigen Luftschrauben von 4.6 m Durchmesser waren so angeordnet, daß ihr Propellerstrahl die gesamte Tragfläche bestrich. Innerhalb der Tragfläche wurden alle vier Luftschrauben von einer gemeinsamen Querwelle angetrieben, um den Ausfall eines Triebwerks kompensieren zu können. Über Vorflügel und große Landeklappen konnte man die Geometrie der Tragflächen so variieren, daß beim Übergangsflug kein Strömungsabriß eintrat.

Die erste von fünf XC-142 verließ die Montagehalle am 17. Juni 1964. Ihren ersten konventionellen Flug führte sie am 29. September 1964 durch, den ersten Schwebeflug am 29. Dezember, und die erste vollständige Transition am 11. Januar 1965. Die fünf Maschinen wurden der amerikanischen Luftwaffe im Juli und August 1965 sowie im April, Mai und August 1966 ausgeliefert. Die Flugzeuge Nr. 4 und Nr. 5 wurden jeweils innerhalb eines Monats nach ihrem Erstflug übergeben.

Zu den Flugleistungen zählten der

Tiefflug über der Wüste wirbelte viel Staub auf. Die XC-142 auf diesem Bild fliegt schnell genug, um den Staub (und eine Rezirkulation) hinter sich zu lassen.

Transport von 32 Soldaten oder 4.760 kg Nutzlast, Geschwindigkeiten von 770 km/h vorwärts bis 37 km/h rückwärts oder 75 km/h seitwärts, eine Steigleistung von 1.950 m/min, eine Gipfelhöhe von 7.620 m (in 6 Minuten erreicht),eine größte Schwebeflughöhe von 1.950 m, ein Eindringtiefe von 425 km (VTOL) beziehungsweise 640 km (STOL) sowie eine Überführungsreichweite von 5.555 km.

Im Jahre 1966 prüfte die amerikanische Luftwaffe die XC-142 auf Herz und Nieren mit Transportflügen, Absprüngen und Lastenabwürfen, Wüsteneinsätzen, Einsätzen im Gebirge, Lebensrettungsaufgaben und Decklandungen auf Flugzeugträgern. Alle diese Einsätze verliefen erfolgreich, und die Dauereinsätze der fünf XC-142 zeigten, daß das Flugzeug die normale Quote kleinerer Probleme aufwies. Was jedoch im aerodynamischen Flug als kleineres Problem eingestuft wird, kann im Schwebeflug ein großes Problem werden. So machten vier der fünf Flugzeuge derart harte

Die obersten Fenster der XC-142 wurden überstrichen, um die Hitze im Cockpit zu verringern. Bewegliche Verkleidungen glätteten den Luftstrom zwischen Rumpf und gekippter Tragfläche. Die Tragflächen hatten an Vorder- und Hinterkanten große Klappen.

Landungen, daß sie zu Schäden führten – eine davon verlief sogar für drei Besatzungsmitglieder tödlich. Zwei dieser Unfälle schrieb man mechanischem Versagen zu, die beiden anderen Fehlern der Piloten.

Die mechanischen Ausfälle bezogen sich hauptsächlich auf die Querwelle und die Getriebe für die Kraftübertragung, die die Scherbeanspruchung der Tragflächen nicht aushielten, sowie auf die Kraftübertragungswelle zum Heckrotor. Das Versagen dieser Welle führte zu dem tödlichen Flugunfall.

Aerodynamische Schwierigkeiten traten bei Flügen in geringer Höhe dann auf, wenn der Kippwinkel der Tragflächen zwischen 35 und 80 Grad lag, da die Geschwindigkeit des Flugzeugs dann im Vergleich zur Ausbreitung des Propellerstrahls am Boden zu gering war und das Flugzeug in den sich daraus ergebenden Aufwind geraten konnte. Dabei konnte eine Tragfläche eher als die andere in diesen Aufwind gelangen – und genau das geschah zu Beginn des Erprobungsprogramms auf dem Werksgelände von Vought und führte dazu, daß das Flugzeug mit einer Tragfläche den Boden berührte.

Schwebeflüge über Wüstengebiet waren bestens geeignet, einen Sandsturm hervorzurufen, weniger allerdings, für gute Sicht zu sorgen, und ausgesprochen nachteilig für die Triebwerke, die dann schmirgelnden Sandstaub ansaugten. Langsame Vorwärtsflüge waren kein Problem, solange man die Auswirkungen des Propellerstrahls im Auge behielt und den Sandstaub hinter sich ließ. Die Propeller wiesen zwar eine leichte Erosion durch Sand und Staub auf, waren aber leicht zu reparieren.

Die großzügige Verglasung des Cockpits gewährte einen hervorragenden Rundblick, trotzdem aber fühlten sich die Piloten in diesem Glaskasten unwohl. Bei sonnigem Wetter heizte sich das Cockpit wie ein Gewächshaus stark auf, und die Besatzung pflegte dann zur Belüftung die hintere Ladeluke herabzulassen. Später wurden einige Glasflächen mit Farbe überstrichen, um die solare Aufheizung zu verringern.

Als problematisch erwiesen sich Vibrationen und Lärm. Der Schwebeflug – selbst mit vier großen Propellern,die eine Gesamtkreisfläche von 65 m^2 bestrichen – bedeutete immer noch eine hohe Kreisflächenbelastung von 278 kg/m^2 und verlangte den Triebwerken eine hohe Leistung ab. Die sich daraus ergebende Vibration rief vorzeitige Ermüdung von Bauteilen hervor, und der Lärm von Propellern und Heckrotor war bei jeder militärischen Aktion, die ja unbemerkt verlaufen soll, von erheblichem Nachteil. Die Innengeräusche waren so stark, daß sie die Arbeit der Besatzung beeinflußten. Die Belastung der Piloten war hoch, hauptsächlich wegen der komplizierten Gashebelsteuerung, aber trotzdem waren die Piloten der Meinung, die XC-142 sei leichter zu fliegen als ein Hubschrauber.

Während all dieser Erprobungen wurden die XC-142 von insgesamt 21 zivilen und 18 militärischen Flugzeugführern geflogen. 296 Werksflüge beliefen sich auf 186 Flugstunden, und das Militär kam mit 219 Einsätzen auf 233 Flugstunden. Die Gesamtflugzeit lag bei 420 Stunden.

Eine XC-142 überquerte per Schiff den Atlantik und flog im Mai und Juni 1967 auf der Pariser Luftfahrtschau. Sie erweckte großes Interesse, konnte aber keine Aufträge verbuchen. Auch von den amerikanischen Streitkräften gingen keine Aufträge ein. Viele der geringfügigen Probleme der XC-142 hätten leicht ausgeräumt werden können, was ihre Zuverlässigkeit verbessert hätte; allerdings hätte dieser Flugzeugtyp mit seiner hohen Kreisflächenbelastung immer unter Schwingungen und Lärm gelitten. Die Technologie der XC-142 war – verglichen mit der sehr preiswerten Hercules, die die dreifache Nutzlast über die doppelte Entfernung transportieren konnte und STOL-Eigenschaften nachwies – zu kostspielig.

Es scheint unbestritten, daß die XC-142 alle Vorteile aufwies, die man einem Kippflügler nachsagt – aber auch, daß sie, wie es propellergetriebenen VTOL-Flugzeugen eigentümlich ist, im Schwebeflug zu leistungsschwach und zu laut war.

Ein noch vorhandenes Exemplar der XC-142 steht im United States Air Force Museum auf dem Fliegerhorst Wright-Patterson bei Dayton in Ohio.

Die kanadische Firma Canadair hatte sich sieben Jahre lang, von 1956 bis 1963, mit der Erforschung und Entwicklung des Senkrechtstarts befaßt und dann, als Antwort auf die NATO-Ausschreibung NBMR4 von 1961, den Kippflügler CL-62 angeboten. 1963 tat sich das kanadische Verteidigungsministerium mit Canadair zusammen und finanzierte den Bau der CL-84.

Die CL-84 Dynavert war war ein Kippflügler mit nur einem Viertel des Gewichts der XC-142: ihr Leergewicht betrug 3.670 kg, ihr Fluggewicht für den Senkrechtstart 5.525 kg und für den Kurzstart 6.660 kg. Sie hatte zwei Propeller von 4.3 m Durchmesser, was eine Kreisfläche von 27.9 m^2 und im Senkrechtflug eine Kreisflächenbelastung von 195 kg pro m^2 ergab. Mit nur 70 Prozent der Kreisflächenbelastung der XC-142 hatte die CL-84 gute Aussichten, Lärm und Vibrationen auf ein vertretbares Ausmaß abzusenken.

Der Rumpf der CL-84 war 14.3 m lang und hatte ein herkömmliches Flugzeugcockpit; vorne war er kastenförmig, die Ladeluke lag hinten vor dem Heckträger. Dieser trug ein breites Höhenleitwerk mit senkrechten Endscheiben und eine senkrechte Seitenflosse in der Mitte. Hinter der Flosse erzeugten zwei gegenläufige Rotoren den Schub für die Nicksteuerung im Schwebeflug. Das Fahrwerk war ungewöhnlich lang und konnte ziemlich hohe Sinkgeschwindigkeiten aufnehmen, ohne daß die Zelle beschädigt wurde. Das Bugrad wurde unter das Cockpit eingefahren, das Hauptfahrwerk in breite Verkleidungen.

Die Tragfläche war rechteckig und hatte eine Spannweite von 10 m. Sie war bei zwei Drittel der Profiltiefe schwenkbar an der Rumpfoberseite angebracht und trug die beiden 1.470 PS Wellenleistung starken Turboprops des Typs T53-LTC1K-4A von Lycoming mit vierblättrigen Luftschrauben von 4.3 m Durchmesser. Die Tragflächengeometrie konnte durch Krügerklappen an der Vorderkante und durch große Landeklappen, die sich über die gesamte Spannweite erstreckten, verändert werden.

Im Horizontalflug wurde konventionell

Die XC-142 bei einem ihrer erfolgreichen Decklande-versuche.

Trotz ihrer Größe konnte die XC-142 ausreichend genau manövrieren, um Seenot-Luftrettungseinsätze zu fliegen.

gesteuert. Im Schwebeflug regelten seitliche Ausschläge des Steuerknüppels die Rollbewegungen über unterschiedliche Propellersteigung, Längsausschläge die Nickbewegungen über den Heckrotor, und die Ruderpedale steuerten das Gieren über Differentialquerruder. Die Höhe veränderte man über eine gemeinsame Betätigung von Gashebel und kollektiver Blattverstellung der Propeller.

Der Prototyp der CL-84 wurde in nur zwei Jahren fertiggestellt und absolvierte seinen Erstflug im Mai 1965. Er flog bis zum September 1967, wurde von 16 Piloten gesteuert und brachte es auf insgesamt 145 Flugstunden. Zusammen mit der X–19, der X–22 und der XC-142 wurde er von einer Bewertungsgruppe, die sich aus den amerikanischen Teilstreitkräften zusammensetzte, erprobt.

Im Februar 1968 bestellte die kanadische Regierung drei weitere CL-84 unter der Bezeichnung CL-84–1. Diese Flugzeuge waren dem Prototyp sehr ähnlich, verfügten aber über Doppelsteuerung, zusätzliche Flugelektronik, Außenlastenträger und ein geändertes Kraftstoffsystem für Langstreckeneinsätze.

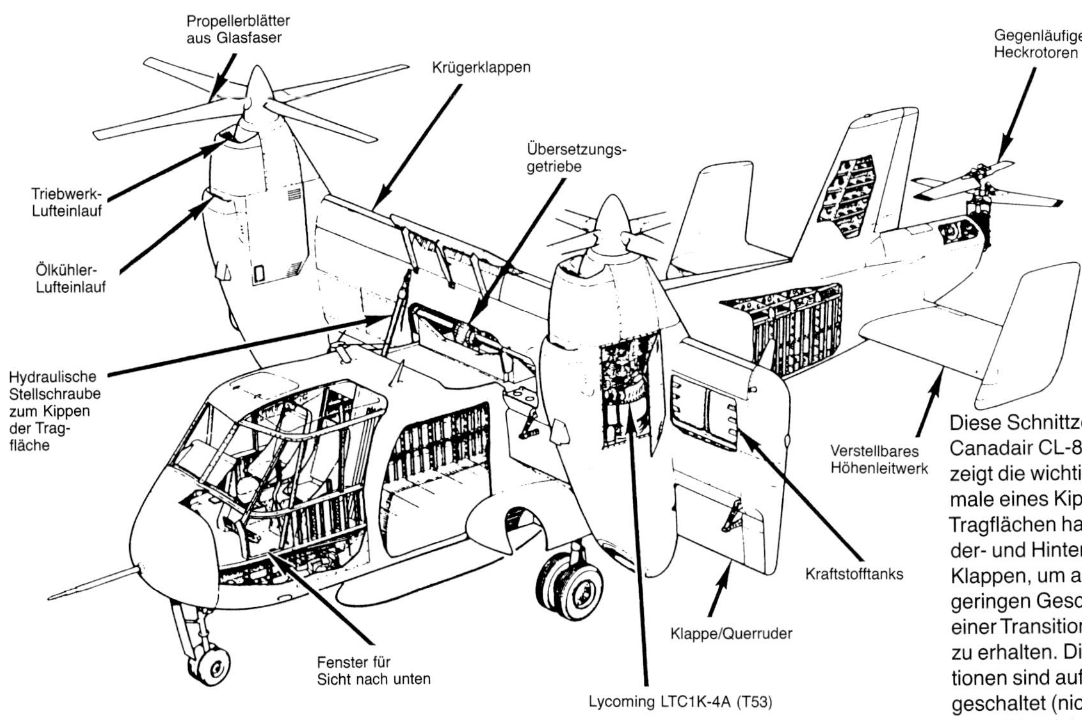

Diese Schnittzeichnung der Canadair CL-84 Dynavert zeigt die wichtigsten Merkmale eines Kippflüglers. Die Tragflächen haben an Vorder- und Hinterkanten große Klappen, um auch bei den geringen Geschwindigkeiten einer Transition den Auftrieb zu erhalten. Die Steuerfunktionen sind auf Senkrechtflug geschaltet (nicht dargestellt). Das Höhenleitwerk wurde bei Kurzstarts ebenfalls gekippt. Der Heckrotor dient zur Nicksteuerung.

Die erste CL-84, CX8401, im Schwebeflug. Das hervorstehende Teil in Tragflächenmitte ist die Verkleidung zwischen Fläche und Rumpf, die sich bei höheren Kippwinkeln mit der Tragfläche anhob. ◁

Die CL-84 im Übergang zum Vorwärtsflug. Bei den geringen Vorwärtsgeschwindigkeiten des Übergangsflugs und bei Kurzstarts wurden die Krügerklappen zur Verstärkung des Auftriebs ausgefahren, und das Höhenleitwerk nahm den gleichen Kippwinkel wie die Tragfläche ein.

Die Propeller von 8401 sehen im Horizontalflug irgendwie zu groß aus. Das Fahrwerk ist nur teilweise verkleidet. ▽

Im VTOL-Einsatz konnte die CL-84–1 den Piloten sowie 725 kg Kraftstoff und 1.133 kg Nutzlast befördern, im STOL-Einsatz 1.465 kg Kraftstoff und 1.450 kg Zuladung. Eine Windgeschwindigkeit von 65 km/h erhöhte im Senkrechtstart die Zuladung von 1.133 auf 2.265 kg, weil dann der Kippwinkel der Tragflächen von 86 Grad auf 45 Grad verringert werden konnte. Mit einer Startstrecke von 75 m erreichte sie eine Überführungsreichweite von 3.890 km, sie führte dann zusätzliche Innen- und Außentanks mit und flog mit einer Geschwindigkeit von 435 km/h. Das reichte, nominale Reserven einbezogen, gerade für eine Atlantiküberquerung von Gander nach Shannon.

Im Februar 1972 fanden vor der amerikanischen Marine erfolgreiche Demonstrationen statt, zu denen auch eine Flugvorführung beim Pentagon von einer 30 X 30 m großen Hubschrauberplattform aus sowie eine Serie von VTOL- und STOL-Einsätzen auf der USS *Guam* zählten.

Eine weitere Version, die CL-84–1C, flog mit einer verbesserten Ausführung des T53 von Lycoming, die LTC1S-2 genannt wurde und 1.825 PS Wellenleistung aufwies. Die zusätzliche Leistung erlaubte Senkrechtstarts mit einem Ge-

Im Schwebeflug war die CL-84 eine stabile Waffenplattform; hier erzielt sie bei Schießversuchen mit Bordkanonen einen Treffer. Bei einem wirklichen Einsatz wird sich niemand wünschen, in Reichweite des Gegners aus dem Schwebeflug heraus feuern zu müssen.

◁ Die CL-84 demonstriert in ziviler Aufmachung als CF-VTO-X ihre Fähigkeit zur Rettung aus Seenot.

Die CL-84 bei Decklandeversuchen. VTOL wurde damals stark für den Deckeinsatz angepriesen, besonders für kleinere Flugzeugträger und Hubschrauberträger.

Im Horizontalflug gingen die Heckrotoren der CL-84 auf Segelstellung und wurden dann angehalten, wobei die Rotorblätter zur Verringerung des Luftwiderstands in Flugrichtung arretiert wurden.

samtgewicht von 6.795 kg, von denen 1.900 kg Nutzlast sein konnten.

Die Flugeinsätze der CL-84 wurden bis in den Juni 1974 hinein fortgesetzt, als Blindflugversuche unter Verwendung der Blickfeld- und der Bildschirmanzeige von Smith durchgeführt wurden. Die CL-84–1 mit der Registriernummer CX8402 kann im National Aviation Museum in Ottawa besichtigt werden.

Flugzeuge mit Schubablenkung

Landeklappen an den Tragflächen können auf zwei unterschiedliche Arten zur Erzeugung von Auftrieb eingesetzt werden. Die herkömmliche Verwendung der Klappen zielt darauf ab, im normalen, aber langsamen aerodynamischen Flug den Auftrieb der Tragflächen zu erhöhen. Der Propeller zieht das Flugzeug durch die Luft, und Tragflächen wie Klappen lenken die Luft nach unten ab und erzeugen Auftrieb.

Ein anderer und weniger gebräuchlicher Einsatz der Klappen besteht darin, den Propellerstrahl nach unten abzulenken, wodurch dessen Schub ohne Vorwärtsbewegung in Auftrieb umgewandelt wird. Um diesen Effekt optimal auszunutzen, sollten die Propeller so groß sein, daß sie eine größtmögliche Luftmasse mit geringer Geschwindigkeit bewegen, und die Klappen sollten den gesamten Luftstrom auffangen und nach unten ablenken. Die großen Propeller und großflächigen Klappen machen es leicht, Senkrechtstart- und Kurzstartflugzeuge mit Schubablenkung zu erkennen. Sie sehen eher wie fliegende Kästen aus oder wie Kippflügler, die nicht kippen können. Es gab drei Propellerflugzeuge, die einen nennenswerten Anteil ihres Gewichts durch Schubablenkung anheben konnten. Die Vertiplane von Ryan

Bodenpersonal von Ryan legt letzte Hand an die VZ-3 Vertiplane. Gut sichtbar sind die breiten Blätter der Holzpropeller von Harzell.

Die VZ-3 Vertiplane bei der Erprobung im großen, mit geringer Strömungsgeschwindigkeit arbeitenden Windkanal der NASA in Ames. Auf dem Bild sind die Klappen voll ausgefahren und bilden »Kästen« zur Ablenkung des Propellerstrahls.

Nach einem Flugunfall wurde die VZ-3 in veränderter Form wiederinstandgesetzt: mit Dreibeinfahrwerk, offenem Cockpit und einer zusätzlichen Bauchflosse am Heck. Hier sieht man sie im Horizontalflug mit eingefahrenen Klappen.

und die Fledgling von Fairchild gehörten zu den fliegenden Kästen, und die 940, die 941 und die 941S von Breguet erreichten den Kippeffekt ohne Kippfähigkeit.

1956 vergab das amerikanische Heer über das Marineforschungsamt an Ryan den Auftrag, deren Modell 92 Vertiplane unter der militärischen Bezeichnung VZ-3RY herzustellen. Der Auftrag forderte ein Aufklärungs- und Verbindungsflugzeug, das von unvorbereitetem Gelände aus operieren konnte.

Die VZ-3 hatte einen schlanken Metallrumpf von 8.5 m Länge mit einem Cockpit, dessen Haube und Frontscheibe von einem außenliegenden Rahmen getragen wurden. Das Triebwerk, ein 1.000 PS Wellenleistung starker Turbomotor des Typs T53-L-1 von Lycoming, lag in Rumpfmitte. Das Leitwerk war dem anderer leichter VTOL-Flugzeuge der damaligen Zeit ähnlich; es bestand aus senkrechten und waagrechten Steuerflossen, die T-förmig angeordnet waren.

Die Tragfläche von 7 m Spannweite war mit Endscheiben und doppelten Klappen versehen, die so weit ausgefahren und nach unten geschwenkt werden konnten, daß ihre Gesamtstruktur an den Kasten eines Peltonrads erinnerte. Zwei dreiblättrige Metallpropeller von Harzell waren unten vor der Tragfläche angebracht, so daß ihr Propellerstrahl in die Kästen blies und senkrecht nach unten abgelenkt wurde.

Wie bei der Doak 16 und der X–100 von Curtiss-Wright wurden die Triebwerkabgase zum Heck geführt, wo eine Düse sie ablenkte, um bei niedrigen Geschwindigkeiten Nick- und Gierbewegungen zu steuern. Rollbewegungen wurden über unterschiedliche Propellersteigung gesteuert.

Nach dreimonatiger Erprobung im Windkanal in Ames wurde das Fahrwerk zum Dreibeinfahrwerk abgeändert, und eine zusätzliche untere Schwanzflosse sorgte für bessere Seitenstabilität.

Die VZ-3 flog erstmalig am 21. Januar 1959 mit Pete Girard am Steuer von Moffett Field aus. Danach wurden die Flüge fortgesetzt, bis ein Unfall am 13. Februar eine Wiederinstandsetzung am Boden erzwang. Im Verlauf des Jahres wurde die Erprobung wiederaufgenommen, und man verzeichnete Geschwindigkeiten von 48 bis 203 km/h.

Die VZ-3 im Langsamflug mit voll ausgefahrenen Klappen. Hier ist das Bugspitzenfenster verkleidet, und der Instrumentenausleger trägt keine Verstrebung. Da die Vertiplane mehrmals wiederinstandgesetzt wurde, zeigen auch die Bilder unterschiedliche Auslegungen.

Bei Windstille war ein Schwebeflug wegen mangelnder Triebwerksleistung nicht möglich, aber die VZ-3 konnte eine eindrucksvolle Simulation vorführen, wenn eine leichte Brise von vorne kam.

Im Februar 1960 wurde sie der NASA übergeben. Bei ihrem ersten Flug bei der NASA veranlaßte eine ungeplante Flugbewegung den Piloten, sich mit dem Schleudersitz zu retten; die VZ-3 stürzte ab und wurde stark beschädigt. Sie wurde wiederinstandgesetzt und erhielt eine Längsversteifung, einen stoffbespannten Bug und ein offenes Cockpit. 1961 nahm sie die Flüge wieder auf und absolvierte ein Erprobungsprogramm, mit dem die Steuerbarkeit von VTOL-Flugzeugen bei niedrigen Geschwindigkeiten untersucht wurde.

Auch Fairchild wurde vom US-Heer beauftragt, ein Flugzeug mit Schubablenkung zu bauen. Ihre M-224–1 Fledgling mit der militärischen Bezeichnung VZ-5FA war 10.4 m lang und hatte eine Spannweite von 10 m. Ihre vier dreiblättrigen Metallpropeller von Harzell wurden

Die Fairchild VZ-5 Fledgling wurde nach den gleichen Spezifikationen gebaut wie die Ryan Vertiplane, kam aber über Fesselflugversuche nicht hinaus.

BR.940
Nº 01
F

BR.940
Nº 01
F

Die Breguet 940 Intégral benutzte über die volle Spannweite reichende Verbundklappen, um den Propellerstrahl nach unten abzulenken und so Schub direkt in Auftrieb zu verwandeln. Auf dem Bild sind die Klappen der 940 an Tragflächen und Leitwerk voll ausgefahren. An der Rumpfheckspitze zwischen den Seitenflossen scheint eine Veränderung vorgenommen worden zu sein.
◁

von einem 1.038 Wellen-PS starken Turbomotor des Typs YT58-GE-2 von General Electric angetrieben. Der Pilot saß in einem kleinen, offenen Cockpit im Bug und hatte hinter sich einen Notsitz, der Platz für einen Beobachter oder Überwachungsgerät bot. Zum Heck hin knickte der Rumpf scharf nach oben, und so konnte die Fledgling entweder auf ihrem Dreibeinfahrwerk in herkömmlicher Weise mit hohem Leitwerk stehen, oder sie hockte mit nach oben weisendem Bug auf Hauptfahrwerk und Hecksporn. In dieser Haltung wies ihre Tragfläche einen Anstellwinkel von 30 Grad auf, was den Auftrieb beim Senkrechtstart erhöhte. Nicken wurde über kleine Rotoren an der Spitze des T-Leitwerks gesteuert.

Ende 1959 wurden mit der Fledgling Fesselflugversuche unternommen. Im freien Flug ist sie vermutlich nie geflogen.

Aufgrund der Erfahrungen mit der 940 baute Breguet zwei Prototypen der größeren 941. Hier sieht man einen 941-Prototyp in ziviler Ausführung beim Start; die sich über die gesamte Spannweite erstreckenden Klappen sind zur Ablenkung des Propellerstrahls voll ausgefahren.

Die Militärversion der Breguet 941S bei der Landung. Durch die Schubablenkung senkte sich der Bug nach unten – der Gleitwegwinkel war allerdings viel flacher, als es hier den Anschein hat.

◁
Die Breguet 940 Intégral im Horizontalflug; die Verbundklappen sind eingefahren.

Unter Lizenz baute McDonnell die 941S als McDonnell Model 188 nach. Das Bild zeigt eine 941S als Model 188 Technology Demonstrator. Auch hier fliegt das Flugzeug mit gesenktem Bug und keineswegs mit steilem Sinkwinkel. Das Abfangen bei der Landung erforderte gutes Augenmaß.

Die 940, die 941 und die 941S der französischen Firma Breguet bedienten sich ebenfalls der Schubablenkung zur direkten Erzeugung von Auftrieb, waren aber sonst grundverschieden. Sie waren als militärische taktische Transportflugzeuge mit Kurzstarteigenschaften konzipiert worden und waren in Größe, Gewicht und Aussehen der XV–142 sehr ähnlich. Auch sie waren Schulterdecker, und ihre vier Triebwerke und großen Propeller waren so über die Tragfläche verteilt, daß der Propellerstrahl die gesamte Fläche erfaßte. Aus Sicherheitsgründen waren ihre Propeller wie bei VTOL-Flugzeugen über eine Querwelle verbunden. Die Tragflächen konnten nicht gekippt werden, sondern waren mit Triebwerken und Propellern starr montiert. Der Strahl der Propeller wurde über eine Kaskade von Klappen und Spaltklappen, die von der Hinterkante der Tragfläche über deren gesamte Länge ausgefahren wurden, nach unten abgelenkt. Die 940, die 941 und die 941S verfügten über zu wenig Triebwerkleistung, um senkrecht starten zu können, und sie hatten auch keinerlei Steuersystem für den Schwebeflug, aber sie konnten einen Großteil ihres Eigengewichts allein mit dem Propellerstrahl tragen und eindrucksvolle Kurzstartleistungen vorführen.

Die Breguet 940 Intégral war als Versuchsflugzeug zur Erprobung der Schubablenkung gebaut worden. Sie war ein Transportflugzeug eigener Klasse und hatte einen 15.2 m langen, kastenförmigen Rumpf mit nach oben gerichtetem Heck und Laderampe. Ihre geraden Tragflächen von 17.9 m Spannweite trugen vier Triebwerke und große Propeller, deren Propellerstrahl die gesamte Fläche bestrich. Mehrere Landeklappen, die sich über die gesamte Spannweite erstreckten, konnten – ausgefahren – den Propellerstrahl senkrecht nach unten ablenken. Die Intégral wog beladen 7.700 kg und wurde von vier je 400 Wellen-PS starken Turbomotoren des Typs Turmo II von Turboméca angetrieben. Sie flog erstmalig am 21. Mai 1958.

Die Breguet 941 war größer; ihr Rumpf maß 22.9 m und ihre Spannweite 23.2 m, ihr Abfluggewicht lag bei 19.930 kg. Als Antrieb dienten ihr vier Triebwerke des Typs Turmo IIID von 1.250 PS Wellenleistung. Sie verwendete das gleiche Schubablenkungsprinzip; aus mehreren Segmenten bestehende Klappen konnten entlang der gesamten Hinterkantenlänge der Tragfläche nach unten ausgefahren werden. Von der 941 wurden zwei Prototypen hergestellt, deren hintere Laderampen allerdings nicht benutzt werden konnten. Der Jungfernflug der ersten 941 fand am 2. Juni 1961 statt. Mit voll ausgefahrenen Landeklappen zeigte ihr Bug deutlich nach unten, was den Eindruck erweckte, sie könne sich in den Grund bohren.

Die amerikanische Firma McDonnell erwarb eine Lizenz für die Herstellung der 941 und zeigte die 941 im Sommer 1964 in den USA als McDonnell Model 188 Prototype. Sie betonte die militärische Verwendbarkeit und kündigte an, daß die 188 entsprechend amerikanischen militärischen Bedingungen umgebaut werden würde.

Eine weiterentwickelte Version, die 941S, hatte Triebwerke von 1.520 PS Wellenleistung und ein maximales Abfluggewicht von 26.275 kg. Die 941S war für militärische Zwecke vorgesehen und verfügte über eine Bugradarverkleidung und eine Heckladerampe. Vier davon wurden hergestellt und flogen 1967. McDonnell führte die 941S in den Vereinigten Staaten als 188E vor – diesmal mit dem Schwerpunkt einer zivilen Verwendung mit STOL-Nahverkehrseigenschaften.

Konventionelle Flugzeuge

Wenn man sich mit VTOL-Flugzeugen befaßt, ist es wichtig, die Konkurrenz der konventionellen Flugzeuge nicht aus den Augen zu lassen. Viele der Flugzeugtypen mit Propellerantrieb, die in diesem Kapital behandelt wurden, wurden Mitte der 60er Jahre von den amerikanischen Streitkräften hinsichtlich ihrer militärischen Verwendbarkeit geprüft, und eine der vorrangigsten Einsatzverwendungen für VTOL-Transportflugzeuge war die Versorgung der Flotte mit Nachschub.

Das Flugzeug, das die amerikanische Marine für die Versorgung der Flotte auswählte, war die Grumman C-2A. Sie war ein herkömmliches Transportflugzeug mit zwei Propellerturbinen und Decklandefähigkeit. Die Entwicklung der C-2A Greyhound war relativ preisgünstig. Sie verwendete Tragflächen, Leitwerk, Triebwerke, Fahrwerk und Cockpit der bereits vorhandenen Grumman E-2A Hawkeye; nur der Rumpf wurde vergrößert und erhielt Druckbelüftung. Die C-2A war 17.4 m lang und hatte eine Spannweite von 24.7 m; die Tragflächen konnten auf 8.8 m Breite zusammengeklappt werden, wenn sie an Bord verstaut wurde. Ihr Höchstgewicht lag bei 24.915 kg, und sie konnte von Land aus mit einer Zuladung von 6.800 kg abheben, von Deck aus mit 4.350 kg.

Die C-2A flog erstmalig am 18. November 1964; in den 60er Jahren übernahm die Marine neunzehn Flugzeuge dieses Typs.

Im Juni 1983 schloß die Marine mit Grumman einen Vertrag über 678 Millionen Dollar ab, der die Lieferung weiterer 39 Flugzeuge beinhaltete. Sie entsprachen im wesentlichen den früheren C-2A, wiesen allerdings Detailverbesserungen an Flugelektronik, Korrosionsschutz und Passagierkomfort auf. Die erste dieser Maschinen wurde nach Plan im Januar 1985 übergeben; 1989 soll die Auslieferung abgeschlossen sein.

Der Erfolg der Greyhound sollte den Verfechtern des Senkrechtflugs eine heilsame Lehre sein. Die Entwicklung der Greyhound verursachte nur geringe Kosten, das Flugzeug war unkompliziert und von einfacher Konstruktion, und es war so erfolgreich, daß es noch zwanzig Jahre später einen zweiten Auftrag verbuchen konnte. Es fällt schwer, gegenüber wirtschaftlichen Konstruktionen wie der Greyhound die enormen Summen zur rechtfertigen, die für die Erforschung des Senkrechtflugs ausgegeben wurden. Genauso schwer allerdings ist zu verstehen, wie der ursprüngliche Bedarf von nur zwanzig Flugzeugen zu derart hohen Ausgaben führen konnte.

XG905
NO STEP
Short SC.1

8 Flugzeuge mit Hub- oder Kipptriebwerken

Die ersten Düsenflugzeuge mit Senkrechtflugeigenschaften waren die Heckstarter X–13 Vertijet von Ryan und die Coléoptère von SNECMA. Sie verwendeten den Schub desselben Strahltriebwerks zur Erzeugung von Auftrieb und Vortrieb, indem sie einfach das gesamte Flugzeug kippten. Heckstarter hatten sich allerdings nicht sonderlich bewährt, da der Pilot in eine unbequeme Position geschwenkt wurde und im Schwebeflug nur eine begrenzte Sicht hatte – gerade dann, wenn er ein Maximum an Sicht für die Steuerung benötigte. Nachfolgende Generationen von Strahlflugzeugen mit VTOL-Eigenschaften blieben denn auch sowohl im normalen Flug wie im Senkrecht- oder Schwebeflug in waagrechter Lage; im englischen Sprachraum erhielten sie die Bezeichnung »flatrisers« (»Flachstarter«).

Die erste Generation dieser »flatrisers« benutzte Hubstrahltriebwerke. Das waren hochspezialisierte Strahltriebwerke sehr geringen Gewichts, die für die kurze Dauer des Starts und des Übergangs in den Horizontalflug eine hohe Schubkraft entwickeln konnten. Im normalen Flug wurden die Hubtriebwerke abgeschaltet, und das Flugzeug nutzte ein anderes Triebwerk für die Vorwärtsbewegung; erst zur Senkrechtlandung wurden die Hubtriebwerke wieder angelassen. Varianten dieser Hubtriebwerkflugzeuge bedienten sich der Schubverstärkung und nutzten dieselben Triebwerke für Auftrieb und Vortrieb, indem sie deren Abgase von einer Düse zu einer

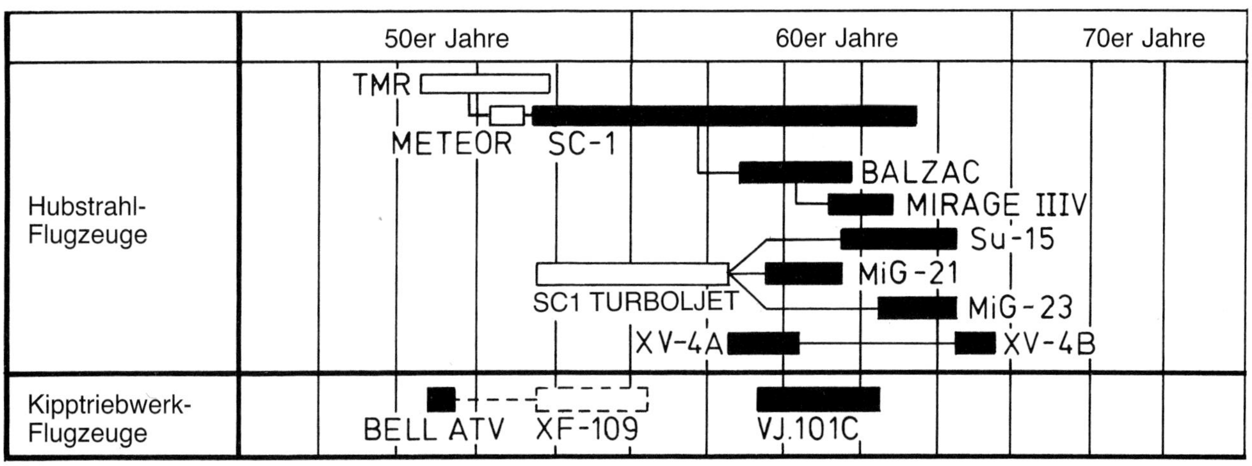

Hub- und Kipptriebwerkflugzeuge flogen von Mitte der 50er Jahre bis 1970. Die meisten Aktivitäten konzentrierten sich auf Hubtriebwerktypen, da sie leichter zu bauen und auch leichter zu steuern waren.

anderen führten.

Weiterentwicklungen der Hubstrahlflugzeuge führten zur nächsten Generation, den Kipp- oder Schwenkstrahlflugzeugen. Diese verwendeten Hubtriebwerke, um vom Boden abzuheben, konnten dann aber diese Hubtriebwerke um 90 Grad kippen und sie für den Vortrieb einsetzen. Dadurch entfiel das Gewicht eines zusätzlichen Triebwerks für den Horizontalflug, auf der anderen Seite jedoch kamen jetzt der Schwenkmechanismus und ein komplexeres Steuersystem hinzu.

Hubstrahlflugzeuge

Da Hubstrahlprinzip war sehr einfach. Nichts mußte bewegt oder geschwenkt werden. Man mußte lediglich einem herkömmlichen Flugzeug ein paar zusätzliche Hubtriebwerke irgendwo in der Nähe des Schwerpunkts einbauen. Beim Kurzstart brauchten die Hubtriebwerke nicht einmal das Gesamtgewicht des Flugzeugs anheben, da schon ein Schub, der nur dem halben Flugzeuggewicht entsprach, zu einer Verkürzung der Startstrecke um 25 Prozent führte. Beim Senkrechtstart allerdings sollten die Triebwerke in der Lage sein, das Fluggewicht plus 20 Prozent zu tragen, um über Reserven für die Steuerung zu verfügen. Für den Senkrecht- und den Schwebeflug war ein Steuersystem erforderlich, das beispielsweise aus Steuerdüsen und Regelventilen bestehen konnte. Ein VTOL-Flugzeug mit Hubtriebwerken konnte eine größere Nutzlast in die Luft bringen, wenn ihm eine angemessene Rollstrecke für den Start zur Verfügung stand – somit hatte es Senkrechtstart-, Kurzstart- und Deckstarteigenschaften.

Hubstrahlflugzeuge hatten den Vorteil,

Das Rolls-Royce Thrust Measuring Rig (Schubmeßgestell) oder auch Flying Bedstead war das erste freifliegende Versuchsgestell. Die Rohrverbindungen von den Triebwerkverdichtern zu den Steuerdüsen sind deutlich zu erkennen.

einfach und vielseitig zu sein, und man erwartete von ihnen, daß sie im Horizontalflug die Leistungen eines konventionellen Flugzeugs aufwiesen. Hubstrahl-Forschungsflugzeuge gab es in England, Frankreich, der Sowjetunion und den Vereinigten Staaten.

In England begann die Geschichte der Hubtriebwerke bei Rolls-Royce mit einem Testgestell, das TMR oder Thrust Measuring Rig (Schubmeßgestell) genannt wurde. Derart blumige Bezeichnungen verwenden die Konstrukteure häufig, um mit solch einer Umschreibung die Finanzabteilung zu verwirren, die ja die Geldmittel freigeben (oder verweigern) muß. In Wirklichkeit war das TMR als Flugapparat konstruiert, der zum freien gesteuerten Schwebeflug in der Lage war; er erhielt sogar eine militärische Fabrikationsnummer – XJ314.

Wie die ersten Testgestelle von Ryan und SNECMA, so war auch das TMR nur für den Schwebeflug gebaut worden. Es bestand aus einer vierbeinigen Metallkonstruktion, die stark an ein altmodisches Bett erinnerte, was dann auch zu dem populären Spitznamen »Fliegendes Bettgestell« (Flying Bedstead) führte. Der Rahmen trug zwei Stahltriebwerke des Typs Nene von Rolls-Royce, die sich mit ihren Schubdüsen gegenüberlagen. Der Abgasstrahl des einen Nene war um 90 Grad senkrecht nach unten abgelenkt und verlief genau durch den Schwerpunkt der Bedstead. Der Strahl des anderen Nene war zweigeteilt worden und führte durch zwei Rohre ebenfalls senkrecht nach unten, allerdings seitlich vom Schwerpunkt. Diese Anordnung stellte sicher, daß der Schub beider Triebwerke durch den Schwerpunkt verlief, und obwohl das Versagen eines der Triebwerke zur Schubminderung führen mußte, konnte das TMR bei einem erzwungenen Sinkflug immerhin die aufrechte Lage beibehalten. Der Pilot saß oben auf den Triebwerken. Vier Auslegerrohre trugen die Steuerdüsen, die mit Zapfluft von den Triebwerkverdichtern die Fluglage des TMR steuerten. Ein konischer Rahmen über dem Piloten diente bei den ersten gefesselten Schwebeversuchen zur Befestigung der Fangkabel. Er war allerdings zu schwach, um dem Pilot irgendeinen Schutz zu gewähren, wenn dieser hohe und kopflastige Apparat einmal umkippen sollte.

Die Bedstead wog leer 2.720 kg, und 3.400 kg mit dem Piloten und Kraftstoff für 10 Minuten. Die Triebwerke erzeugten je 1.685 kp Schub, die Nickdüsen je 130 kp und die Rolldüsen je 18 kp Schub. Das ergab einen Gesamtauftrieb von 3.666 kp, der nur um 8 Prozent über dem Gesamtgewicht lag. Dieser geringe Schubüberschuß machte – zusammen mit dem verzögerten Ansprechen der Triebwerke bei der Schubregelung – die Höhensteuerung ausgesprochen schwierig, obwohl der Pilot es leichter hatte, sobald Kraftstoff verbrannt war und das Gestell leichter wurde. Mit fast leeren Tanks lag der Schub um 30 Prozent über dem Gewicht, was vertikale Manöver mit bis zu 0.3 g zuließ.

Die Short SC1 neben ihrer Vorgängerin, der Flying Bedstead. Der Fortschritt in der Triebwerktechnologie wird durch die geringe Größe der SC1 unterstrichen, deren Rumpf – im Gegensatz zur viel größeren Bedstead mit ihren zwei Nene – vier Hubtriebwerke aufnahm. In Gewicht und Gesamtschub waren sich beide Maschinen in etwa gleich.

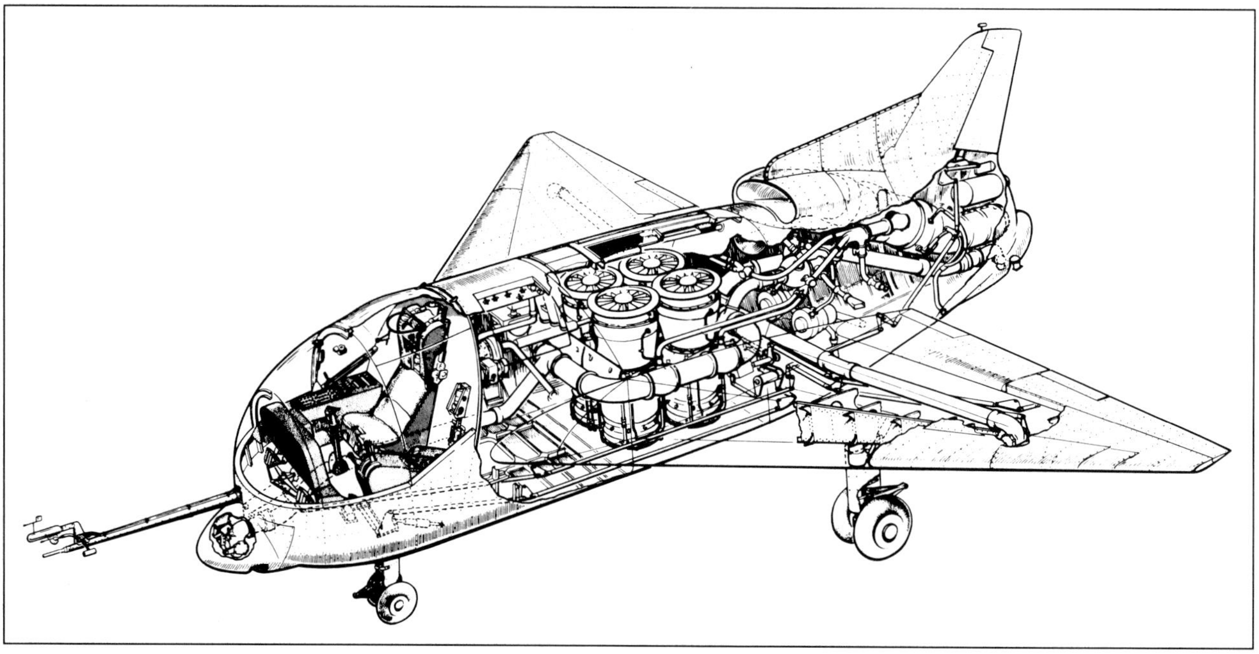

Short SC1

Die vier Hubtriebwerke der SC1 gaben Verdichterzapfluft an einen Sammelring ab, ein dickes Rohr, das die Triebwerke umgab. Vom Sammelring wurde die Luft zu Steuerdüsen in Tragflächen, Bug und Heck geführt. Das fünfte Triebwerk, das im Horizontalflug den Vortrieb erzeugte, befand sich im Heck.

Die ersten Schwebeversuche wurden über einem Gitterrost durchgeführt, der die heißen Abgase verteilte und Rezirkulation und Wiederansaugen der Gase verhinderte. Das Hauptfahrwerk ist für den Senkrechtflug nach hinten abgewinkelt.

Der Pilot hatte direkte Kontrolle über die beiden Schubhebel, die natürlich Steigen und Sinken steuerten. Desgleichen steuerte er über Seitenruderpedale, die die Nickdüsen zur Seite schwenkten, die Gierbewegung selbst. Der elektrische Zweikanal-Autostabilisator bestimmte Roll- und Nickbewegungen. Über seine Steuersäule konnte der Pilot zwar elektrische Roll- und Nickbefehle in die Selbststabilisierungsanlage eingeben, er konnte sie aber nicht manuell übersteuern.

1953 und 1954 absolvierte die Bedstead Fesselflüge; ihr erster freier Flug fand am 3. August 1954 mit dem Cheftestpiloten von Rolls-Royce, R. T. Shepherd, am Steuerknüppel statt. Weitere Flüge wurden von einem Piloten der Erprobungsstelle, Major R. A. Harvey, durchgeführt, ebenfalls auf dem Versuchsgelände von Rolls-Royce in Hucknall bei Derby. In Nick- und Rollrichtung lag die Bedstead völlig ruhig in der Luft; ihre Nicksteuerung war gut, die Rollsteuerung allerdings schwach. Es war einfach, sich vorwärts oder seitwärts zu bewegen, indem man leicht die Nick- oder Rollsteuerung betätigte, aber in beiden Fällen benötigte man erheblich mehr Schub, und eine ausgeglichene Bedienung der beiden Schubhebel war unerläßlich.

In fünf Monaten flog die Bedstead 23mal und verbuchte dabei mehr als drei Flugstunden. Dann wurde sie für Umbauten aus dem Verkehr gezogen und danach für weitere Flüge zur Erprobungsstelle nach Farnborough gebracht. Dort gab es keine Einrichtungen für Fesselflüge, folglich konnte die modifizierte XJ314 vor ihren Freiflügen nicht ausreichend erprobt werden. Sie erwies sich als um die Querachse unstabil, und die Ursache hierfür konnte nicht ermittelt werden. Sie stürzte später ab, wobei der Pilot ums Leben kam.

Eine zweite Bedstead, XK426, wurde ab dem 22. November 1957 in Hucknall zu Turbulenztests eingesetzt, stürzte aber schon eine Woche später ab. Danach benutzte man Einzelteile von ihr zur Reparatur der XJ314, die in der Zwischenzeit zur Erprobungsstelle nach Bedford gebracht worden war.

Die noch erhaltene Bedstead, XJ314, ist befristet vom London Science Museum an das Royal Museum of Scotland ausgeliehen worden, wo sie in East Fortune in der Nähe von Edinburgh besichtigt werden kann.

Während das Bedstead-Programm lief, arbeitete bei Rolls-Royce eine Gruppe unter der Führung von Dr. A. A. Griffith am Hubtriebwerk RB108. Es erzeugte einen Schub von 965 kp, wog aber nur 122 kg, was eine reziproke Schubbelastung von nahezu 8:1 bedeutet; erstmalig lief es im Juli 1955. Ein RB108 wurde zur Erprobung in der Luft senkrecht in einen speziellen Schacht im Mittelrumpf der Meteor PR9 VZ608 eingebaut. Eine Klappe über dem Triebwerkschacht ließ Stauluft ein, da man nachweisen wollte, daß sich das Triebwerk auch in der Luft wiederanlassen ließ. Die VZ608 steht heute im Newark Air Museum bei Nottingham in England.

Nunmehr schrieb das britische Versorgungsministerium einen Konstruktionswettbewerb für ein VTOL-Forschungsflugzeug aus, das mit dem neuen Triebwerk fliegen sollte. Verschiedene Firmen beteiligten sich, so auch Fairey mit einer Version der FD1 und Percival mit einer Version der Provost. Den Auftrag erhielt allerdings die Firma Short in Belfast, der Haushaltsmittel bereitgestellt wurden, damit sie zwei VTOL-Forschungsflugzeuge bauen konnte, die mit dem neuen Triebwerk ausgerüstet wurden. Im August 1957 begannen die Arbeiten am Projekt PD11; sie führten zu einem kleinen Flugzeug mit Deltaflügeln, der Short SC1.

Der Rumpf der SC1 war zwar nur 7.6 m lang, hatte aber mit 1.5 m Höhe und 1.4 m Breite über fast die gesamte Länge einen relativ großen Querschnitt. Der Bug war voll verglast und bot dem Piloten eine hervorragende Rundsicht. Hinter dem Cockpit lag ein kleiner Geräteschacht, und hinter diesem befanden sich im Mittelrumpf vier Hubtriebwerke, die senkrecht kardanisch aufgehängt waren, so daß sie nach vorne und nach hinten geschwenkt werden konnten. Im Rumpfheck war ein fünftes Triebwerk mit Lufteinlauf unter der Rückenflosse für den horizontalen Antrieb untergebracht.

Die Lufteinläufe für die vier Hubtriebwerke bestanden aus einem Satz von Jalousieklappen in der Rumpfoberseite über den Triebwerken sowie mehreren

Die SC1 schwebt in geringer Höhe über der Startbahn. Man kann erkennen, daß die Startbahn leicht angesengt ist, aber erstaunlich wenig Staub und Dreck aufgewirbelt wird.

Regelklappen weiter vorne. Die Jalousien wurden normalerweise von Federn geschlossen gehalten, öffneten sich aber bei laufenden Triebwerken durch deren Sog. Die Regelklappen konnte der Pilot im Vorwärtsflug öffnen, so daß Stauluft die Hubtriebwerke auf Drehzahl brachte.

Wie Ryan entschied sich auch Short wegen ihrer Festigkeit und ihres geringen Gewichts für die Verwendung von deltaförmigen Tragflächen. Bei der SC1 waren die Tragflächen ziemlich weit unten am Rumpf angebracht. Ein Höhenruder war nicht vorhanden, und die SC1 hatte nur eine kleine, beinahe verkümmerte Flosse, die zu einem großen Teil aus dem Seitenruder bestand. Die Flossenfläche wurde zu Beginn des Erprobungsprogrammes allerdings noch vergrößert.

Die SC1 bekam ein langes, starres Dreibeinfahrwerk, denn da sie für die Erprobung von Schwebe-, Übergangs- und Langsamflug konstruiert war, konnte man auf das zusätzliche Gewicht eines einziehbaren Fahrwerks verzichten. Die Räder des Hauptfahrwerks konnte der Pilot für den konventionellen Start nach vorne schwenken, für den Senkrechtstart schwenkte er sie nach hinten. In Vorwärtsposition waren sie verriegelt, in der Senkrechtstartposition jedoch beweglich.

Zapfluft der vier Hubtriebwerke wurde einem Hauptverteilerring und von dort über vier Rohre Steuerdüsen in Bug, Heck und Tragflächenspitzen zugeführt, die zur Steuerung der Fluglage im Schwebeflug eingesetzt wurden. Das Luftzufuhrsystem benutzte man auch zum Anlassen der Triebwerke: das übliche Verfahren war, die Druckluft eines Bodenstartgeräts zum Anlassen des Marschtriebwerks und dann dessen Zapfluft zum Anlassen der vier Hubtriebwerke zu benutzen.

Die SC1 war mit einer komplexen Selbststabilisierungsanlage ausgerüstet, die verschiedene Betriebsarten manueller, halbautomatischer und vollautomatischer Steuerung zuließ. Aus Sicherheitsgründen war das automatische System dreifach ausgelegt und konnte – zumindest theoretisch – das Versagen von Komponenten fehlerlos überbrücken. Der Pilot hatte darüber hinaus auch die Möglichkeit, den Autopiloten mechanisch auszuschalten und die Steuerung direkt und manuell zu übernehmen. Das Leergewicht der SC1 betrug 2.835 kg; im Senkrechtstart hatte sie bei einem Abfluggewicht von 3.490 kg noch 10 Prozent Schubreserve, konventionell konnte sie mit 3.645 kg abheben, wobei ihre Flächenbelastung dann bei 185 kg pro m^2 lag. Der Gesamtschub für den Senkrechtstart betrug, einschließlich der vier Hubtriebwerke und der vier Steuerdüsen, 3.895 kp.

Zwei Flugzeuge vom Typ SC1 wurden hergestellt; das erste hatte die Seriennummer XG900 und das zweite die Nummer XG905. XG900 war nur mit einem Marschtriebwerk ausgerüstet und wurde nach Rollversuchen bei Short in Belfast nach Boscombe Down gebracht. Hier machte sie am 2. April 1957 ihren ersten Horizontalflug mit Tom Brooke-Smith am Steuerknüppel. XG905 blieb in Belfast und bekam hier den ersten Satz Hubtriebwerke für Fesselflüge unter einem Portalkran. Am 26. Mai 1958 absolvierte sie ihren ersten gefesselten Senkrechtstart, und am 25. Oktober 1958 gelangen ihr erstmalig freier Senkrechtstart und senkrechte Landung. Bei den ersten Senkrechtflügen verwendete man eine besondere Stahlplattform, die den Triebwerkstrahl ablenkte, um eine Rezirkulation der Abgase und damit einen Verlust an Triebwerkleistung zu vermeiden.

1959 wurde XG900 im konventionellen Flug mit immer geringeren Vorwärtsgeschwindigkeiten erprobt, und XG905 unterzog man Versuchen im Senkrechtflug mit immer höheren Geschwindigkeiten. Als XG900 bei 140 km/h angelangt war und XG905 150 km/h erreicht hatte, war es offensichtlich Zeit für die Transition. Am 6. April 1960 startete Tom Brooke-Smith in XG905 konventionell vom Flugplatz Bedford aus, ging in den Schwebeflug über und führte danach wieder eine konventionelle Landung durch. XG900 absolvierte ihren ersten Senkrechtflug am 20. Juli 1960, anschließend folgten Senkrechtstarts mit Übergangsflügen und senkrechten Landungen.

1960 trat die SC1 bei der Luftfahrtschau in Farnborough auf, und 1961 überquerte sie den Kanal in beiden Richtungen, um sich auf der französischen Luftfahrtschau zu zeigen. In Farnborough vermittelte sie den Anhängern des

Short SC1

Senkrechtflugs eine neue Erfahrung. Die SC1 war jetzt in der Lage, ohne die Hilfe einer Startplattform von einer unvorbereiteten Piste abzuheben, was man mit einem Start von der Grasfläche neben der Rollbahn demonstrierte. Dieses Gras war für die Vorführungen gemäht worden, und die schwebende SC1 saugte es in die Lufteinläufe der Hubtriebwerke. Die wiederum waren zum Schutz vor fremden Objekten mit Maschendraht abgedeckt worden, der jetzt das Gras festhielt. Langsam wuchs der SC1 ein kleiner Heuhaufen auf dem Rücken an, der die Lufteinläufe verstopfte und dafür sorgte, daß die Maschine an Schub verlor und auf den Boden zurücksank. Man lernte daraus, daß es besser war, herumfliegende Objekte in die Triebwerke einzulassen und eine entsprechende Erosion in Kauf zu nehmen, als das verhindern zu wollen.

Beide Flugzeuge wurden in langen und erfolgreichen Forschungsprojekten eingesetzt. XG900 verbrachte die Jahre zwischen 1961 und 1964 in einem Programm, dessen Ziel es war, Steuereigenschaften im Schwebe- und im Übergangsflug zu erproben. Dabei flog sie sowohl mit direkter mechanischer Betätigung ihrer aerodynamischen und Rückstoß-Steuereinrichtungen als auch in der Betriebsart »Düsen Elektrisch«, bei der die aerodynamischen Steuerflächen mechanisch und die Steuerdüsen vom Autostabilisator elektrisch betätigt wurden. Die Betriebsart »Vollelektrisch« wurde nicht benutzt, da die hohe Sensibilität, die zum Steuern der Düsen im Schwebeflug erforderlich war, im konventionellen Flug zur Instabilität geführt haben könnte. Steuerdruck, Steuerwirkung und Steuerdämpfung wurden für das Fluglageregelsystem der Selbststabilisierungsanlage ausgewertet und mit Empfehlungen der Beratungsgruppe der NATO für Luftfahrtforschung und -entwicklung verglichen. Dabei stellte sich heraus, daß das Schwenken der Hubtriebwerke, ursprünglich nur als Mittel zum horizontalen Beschleunigen und Abbremsen beim Übergangsflug vorgesehen, sich genauso gut zur Steuerung um die Nickachse verwenden ließ. Da nur die Triebwerke – und nicht das ganze Flugzeug – geschwenkt werden mußten, konnte man die Ansprechempfindlichkeit des Steuerknüppels herabsetzen, was eine größere Dämpfung zuließ und die Nickstabilität erhöhte.

Sorgen verursachte das hohe Arbeitspensum des Piloten beim Übergang vom horizontalen in den vertikalen Flug. Da die Triebwerke selbst im Leerlauf durstig waren, wurde das Wiederanlassen der Hubtriebwerke so spät wie möglich vor-

Die Dassault Balzac V001 war ein Nachbau der Mirage III-001 mit acht Hubtriebwerken im Mittelrumpf. Die Balzac erprobte die Hubstrahltechnologie für Dassault's Angebot auf die NATO-Ausschreibung NBMR3, die größere und schwerere Mirage IIIV.

Die Balzac hebt bei ersten gefesselten Schwebeversuchen vom Boden ab. Zwei der vier geöffneten Luftansaugklappen sind zu erkennen. Jede führt zwei Hubtriebwerken Luft zu.

genommen. Das Anlaßverfahren beanspruchte einen Großteil der Aufmerksamkeit des Piloten, wie auch die entsprechenden Trimmänderungen und die sich verschlechternde Steuerbarkeit bei niedrigen Geschwindigkeiten. Diese Ablenkungen traten genau dann auf, wenn der Pilot für eine gute Landung eigentlich so sorgfältig wie möglich fliegen sollte.

XG905 war in der Zwischenzeit mit Geräten ausgerüstet worden, die eine vollautomatische Landung steuern konnten, und wurde von der Versuchsstaffel für Blindlandungen zu Landungen bei schlechter oder gar keiner Sicht herangezogen. Das war zur gleichen Zeit, als die Trident (Smiths Industries) und die VC10 (Elliott) darum kämpften, als erstes Zivilflugzeug mit voller Blindlandekapazität zugelassen zu werden. Blindlandungen von VTOL-Flugzeugen hatten eine hohe Priorität, da man davon ausging, daß ein VTOL-Flugzeug mit Nullgeschwindigkeit sicherere Blindlandungen durchführen könne als ein herkömmliches Flugzeug mit 200 km/h. Ein VTOL-Flugzeug mit Blindlandefähigkeit konnte im Notfall fast überall landen.

Am 2. Oktober 1963 zeigte XG905 einen Trugschluß in der Konstruktionsphilosophie dreifach ausgelegter Selbststabilisierungsanlagen auf: wenn alle drei Kanäle nach gleicher Technologie und Konstruktion arbeiten, dann ist auch ein gleichzeitiges Versagen möglich. In diesem Fall waren alle drei Kreisel ausgefallen, und XG905 stürzte ab, wobei der Pilot ums Leben kam. Sie wurde wiederinstandgesetzt und stieß 1967 in Bedford zu XG900, wo die Forschungsarbeiten fortgeführt wurden.

XG900 steht heute im Science Museum von Wroughton in der Nähe von Swindon in England, und XG905 kann man im Ulster Folk and Transport Museum in Cultra, Hollywood, County Down in Nordirland besichtigen.

»Allô? Ici Balzac zéro-zéro-zéro-un.« Der Name Balzac entstand aus der Ähnlichkeit der Zellennummer mit einer weithin bekannten Telefonnummer.

Das VTOL-Programm von Rolls-Royce kam mit der Bedstead und ihren Nene-Triebwerken sowie der SC1 und deren RB108-Hubtriebwerken gut voran. Obwohl das RB108 eine reziproke Schubbelastung von 8:1 aufwies, plante man bei Rolls-Royce bereits eine weiterentwickelte Version mit einem Schubgewichtsverhältnis von 16:1. Zwar gab es in England für ein derartiges Triebwerk keinen Bedarf, aber Rolls-Royce fand einen Partner in der französischen Firma Dassault. Die NATO wollte ein überschallschnelles VTOL-Jagdflugzeug und hatte das Lastenheft NBMR3 herausgegeben. Verschiedene Einzelfirmen und Konsortien boten daraufhin ihre Konfigurationen eines NBMR3-Flugzeugs an. Wenige nur stellten ihre Konstruktionsentwürfe tatsächlich fertig, und nur Dassault gelangte bis zum Bau eines Flugzeugs.

Dassault war bereits als Hersteller von Überschallflugzeugen sehr erfolgreich. Man hatte sich dort für einen schlanken Deltaflügler entschieden und im Juni 1955 erstmals die kleine Mirage I geflogen. Diese war bis Ende 1956 zur größeren Mirage III angewachsen, einem einsitzigen Mach-2-Jäger von 6.800 kg Gewicht. Man schlug nunmehr die Verwendung der neuen Hubtriebwerke von Rolls-Royce in einer noch größeren Version vor, die mit 13.600 kg eines der schwereren Jagdflugzeuge dieser Zeit werden sollte.

Um Erfahrungen im Senkrechtflug zu sammeln, begann Dassault mit einer vorhandenen Flugzeugzelle und verfügbaren Triebwerken. Die Zelle war die des Prototyps der Mirage III, III-001, und die Triebwerke waren die RB108 von Rolls-Royce, die bereits in der SC1 verwendet wurden. Das Ergebnis war ein maßstabgetreues Modell von knapp 7.000 kg Gewicht, verglichen mit den angestrebten 13.600 kg der geplanten Konstruktion. Es erhielt die Bezeichnung V001, wobei V für »Vertical« stand und 001 die Zellennummer war. Der Flugzeugzelle 001 hatte man in Anlehnung an die weithin bekannte Telefonnummer »Balzac 0001« bereits den Spitznamen »Balzac« gegeben.

Die Balzac behielt die generellen Merkmale der Mirage und hatte schlanke, deltaförmige Tragflächen von 7.3 m Spannweite mit 60 Grad Pfeilung, eine große, scharf nach hinten gebogene Heckflosse sowie einen schlanken, spitzen Bug mit einem einsitzigen Cockpit, das weit vorne lag und halbkreisförmige Ansaugschächte an den Seiten trug. Der Rumpf war geringfügig auf 13.1 m verlängert und der Mittelrumpf höher und viel breiter ausgelegt worden; hier waren acht RB108-Hubtriebwerke von 980 kp Schub in zwei parallelen Reihen von je vier Triebwerken eingebaut. Diese Reihen hatten einen Zwischenraum, durch den die Luftzufuhr für das Marschtriebwerk verlief, und die vorderen zwei Triebwerke jeder Reihe waren durch den Fahrwerkschacht von den hinteren beiden getrennt. Da die Hubtriebwerke den meisten Platz im Mittelrumpf beanspruchten, blieb kein Platz mehr für das ursprünglich vorgesehene ATAR-Marschtriebwerk von 4.350 kp Schub, und so wurde ein viel kleineres, das Orpheus von Bristol mit nur 2.265 kp Schub, in den verbleibenden Raum im Rumpfheck eingebaut.

Mit dem Testpiloten Réné Bigand am Steuerknüppel absolvierte die Balzac am 12. Oktober 1962 ihren ersten gefesselten Schwebeflug, dem am 18. Oktober ein erster freier Schwebeflug folgte. Nach Abschluß der Schwebeversuche führte sie am 1. März 1963 einen konventionellen Horizontalflug durch. Sie stieß dann schnell weiter vor: am 18. März gelang ein Übergangsflug, und am 29. März ein kompletter Transitionszyklus »vertikal-horizontal-vertikal«. Die Balzac setzte dann ihre Flüge fort, bis sie am 27. Januar 1964 bei einem tödlichen Unfall stark beschädigt wurde. Nach Wiederinstandsetzung flog sie weiter, mußte jedoch nach einem weiteren tödlichen Unfall am 8. September 1965 abgeschrieben werden. Sie war fast drei Jahre lang geflogen und hatte in dieser Zeit viele nützliche Daten geliefert, die bei den Konstruktionsarbeiten für die größere Mirage IIIV verwertet werden konnten.

Die Mirage IIIV – das V steht für »Vertical« – war doppelt so schwer wie die Balzac. Sie war von gleicher Auslegung und vergleichbarem Aussehen, war allerdings 17.9 m lang und hatte eine Spannweite von 8.8 m. Die Vorderkanten der Tragflächen wiesen einen leichten Knick

Die Balzac im freien Schwebeflug. Für die Schwebeversuche wurde ein Fahrwerk mit besonders langen Federwegen verwendet.

Die unter dem Rumpf der Balzac an den Hubtriebwerkdüsen angebrachten Kästen dienten der Schubablenkung bei Kurzstartversuchen.

Die Dassault Mirage IIIV war größer und schwerer als die Balzac, sah aber ähnlich aus. Das Bild zeigt die Mirage IIIV–01 im Schwebeflug dicht über dem Boden. Die vier Lufteinlaufklappen versorgten je zwei Hubtriebwerke mit Luft.

auf, da die Pfeilung ab Flächenmitte um ein paar Grad abnahm. Die Anordnung der Triebwerke war sehr ähnlich, allerdings wurden jetzt acht der neuen RB162–31-Hubtriebwerke von Rolls-Royce mit 2.450 kp Schub und ein TF-104-Mantelstromtriebwerk von SNECMA als Marschtriebwerk verwendet, das 5.450 kp Schub ohne oder 9.060 kp mit Nachbrenner leistete.

Zwei Mirage IIIV wurden hergestellt. IIIV–01 absolvierte am 12. Februar 1965 ihren ersten Schwebeflug. Dann ersetzte man das TF-104-Triebwerk durch ein TF-106 und flog IIIV–01 horizontal bis 1.35 Mach. Ein erster Übergangsflug fand erst im März 1966 statt. Das zweite Flugzeug, IIIV–02, hatte ein TF30-Mantelstromtriebwerk von Pratt & Whitney und flog erstmals am 22. Juni 1966. Dassault's Ziel, ein VTOL-Jagdflugzeug mit doppelter Schallgeschwindigkeit zu bauen, wurde am 12. September 1966 erreicht, als IIIV–02 mit 2.04 Mach flog. Das Flugzeug 02 ging am 28. November 1966 bei einem Flugunfall verloren.

Die Balzac und beide Mirage IIIV verwendeten vieles von der Technologie, die für die Short SC1 entwickelt worden war. Wie die SC1 benutzten sie Hubtriebwerke, die dicht um den Schwerpunkt gruppiert waren, zur Erzeugung von Auftrieb, hatten im Heck ein gesondertes Marschtriebwerk und Steuerdüsen für

Die Mirage IIIV–02 ist zur Erprobung der Hubtriebwerke mit einer Kette am Boden verankert. Die Triebwerkgase strömten durch das Gitter in eine Grube und wurden durch einen Tunnel ins Freie geleitet.

die Fluglagesteuerung in Bug, Heck und Tragflächenspitzen. Die Lufteinlaufklappen für die Hubtriebwerke konnten in Flugrichtung geöffnet werden, um Stauluft für das Wiederanlassen der Triebwerke einzulassen. Da alle Konstruktionen ähnlich ausgelegt waren, konnte man die zahlreichen Steuerparameter, die man im SC1-Programm ermittelt hatte, im großen und ganzen auf die Steuersysteme von V001 und IIIV übertragen. Die Flugzeuge von Dassault hatten gegenüber der SC1 allerdings einen entscheidenden Vorteil: sie hatten acht Hubtriebwerke, während die SC1 nur vier hatte. Im Falle eines Hubtriebwerkausfalls mußte man das diagonal gegenüberliegende Triebwerk ebenfalls ausschalten, damit das Flugzeug aufrecht bleiben konnte. Bei der SC1 hätte der Ausfall eines Triebwerks und das Abschalten eines weiteren den Auftrieb halbiert und zu einer harten Landung geführt. Bei den Flugzeugen von Dassault ergab sich dagegen nur ein Schubverlust von 25 Prozent, was keine schwerwiegenden Konsequenzen zur Folge hatte.

Die Mirage IIIV war das einzige NBMR3-Flugzeug, das flog, es erreichte seine Konstruktionsziele und wurde – zusammen mit der Hawker P.1154, die es nur als Konstruktionsstudie gab – zum Sieger erklärt. Theoretisch hätten die NATO-Staaten jetzt Aufträge vergeben sollen, aber das taten sie nicht. Die IIIV hatte Senkrechtflugeigenschaften und erreichte Mach 2, aber sie mußte acht Hubtriebwerke, die dazugehörigen Komponenten und zusätzlichen Kraftstoff mitführen. Deren Gesamtgewicht lag bei etwa 1.360 kg, was Nutzlast und Reichweite um fast 50 Prozent reduzierte.

Sowohl die Balzac V001 als auch die Mirage IIIV–02 wurden bei Flugunfällen zerstört. Die Mirage IIIV–01 kann man im Musée de l'Air in Le Bourget bei Paris besichtigen.

Die Sowjets hatten ein VTOL-Testgestell mit der Bezeichnung Turboljet. Es war von A. N. Rafaeljantz konstruiert worden, und man nimmt an, das es Ende der 50er Jahre in einem Testprogramm eingesetzt wurde. Es hatte nur ein einziges Strahltriebwerk, das vertikal montiert

Die Mirage IIIV–02 im Schwebeflug. 02 unterschied sich von 01 durch sich seitlich öffnende Lufteinlauf-Doppelklappen für die Hubtriebwerke.

war, und von dem aus sich eine Stahlrohrkonstruktion nach vorne, hinten und beiden Seiten erstreckte. Die vier Stahlrohrarme trugen jeder ein kräftiges Fahrwerkbein mit langem Federweg und Laufrolle und – weiter außen – eine Rückstoßdüse. Auf dem vorderen Arm befand sich ein umschlossenes, kastenförmiges Cockpit. Genaue Erprobungsdaten stehen nicht zur Verfügung, und es ist nicht bekannt, ob das Erprobungsprogramm zu einem VTOL-Forschungsflugzeug geführt hat.

Die Sowjets setzten ihre Arbeiten an Hubtriebwerken fort und bauten sie Mitte der 60er Jahre in verschiedene Versuchsjagdflugzeuge ein. Diese hatten keine wirklichen Senkrechtflugeigenschaften und benutzten die Hubtriebwerke nur, um einen Teil ihres Gewichts zu tragen und damit Kurzstarteigenschaften zu erlangen. Drei solcher Flugzeuge wurden 1967 beim Tag der Luftfahrt in Domodedowo gezeigt; es waren Hubstrahlversionen von MiG-21, MiG-23 und Su-15.

Die MiG-21 war ein mittelgroßer Abfangjäger kurzer Reichweite mit stark gepfeilten, deltaförmigen Tragflächen und konventionellem Leitwerk. Sie war 14.3 m lang und hatte eine Spannweite von 7.6 m; ihr Abfluggewicht lag bei 7.700 kg. Das Hubstrahlerprobungsflugzeug bestand aus einer MiG-21, der man in einem Schacht im Mittelrumpf zwei senkrecht stehende Hubtriebwerke eingebaut hatte. Die Triebwerke waren dem RB108 von Rolls-Royce ähnlich, waren aber mit jeweils ungefähr 3.625 kp Schub größer. Die Lufteinläufe der Hubtriebwerke öffneten sich, ähnlich wie bei dem Flugzeug von Dassault, in Flugrichtung, und die Düsenabgase wurden unter dem Rumpf von Jalousien abgelenkt. Die Normalausführung der MiG-21 war bei geringen Geschwindigkeiten kaum noch zu steuern, deshalb muß die Hubstrahlversion über irgendeine Verbesserung der Steuerwirkung verfügt haben. Außen am Rumpf waren Leitungen zu erkennen, die möglicherweise Verdichterluft zu Steuerdüsen in Bug und Heck

Das Bild zeigt eine Suchoi Su-15DPD, die Hubstrahlversion der Su-15. Auch Mikojan verwendete in Versionen der MiG-21 und der MiG-23 Hubstrahltriebwerke. Von diesen Flugzeugtypen wird allerdings vermutet, daß sie nur zu Kurzstarts – und nicht zu Senkrechtstarts – in der Lage waren.

führten. Angeblasene Tragflächen könnte man für die Rollsteuerung eingesetzt haben. Das Fahrwerk war starr und hatte eine breitere Spur als üblich. Im Juli 1967 wurde das Flugzeug in Domodedowo im Langsamflug mit etwa 90 km/h vorgeführt.

Die MiG-23 war ein viel größeres Flugzeug mit Lufteinläufen an beiden Seiten des Rumpfs, um am Bug die Anbringung eines großen Radoms zu ermöglichen. Frühe Prototypen umfaßten auch eine Version mit schwenkbaren Tragflächen sowie eine Hubstrahlversion – beides Möglichkeiten, hohe Flugleistungen mit Kurzstarteigenschaften zu verbinden. Die Hubstrahlversion hatte deltaförmige, in der Mitte angebrachte Tragflächen und im Mittelrumpf einen Schacht für die Hubtriebwerke, ähnlich wie die MiG-21, und auch sie hatte oben Klappluken, die sich in Flugrichtung öffneten, und unten verstellbare Abgasjalousien.

Rückblickend kann es kaum überraschen, daß die Schwenkflügelversion für die Serienproduktion ausgewählt wurde. Die Hubtriebwerke hätten nur das halbe Gewicht des Flugzeugs getragen und damit die Rollstrecke beim Start um nur 30 Prozent verkürzt; im aerodynamischen Flug waren sie totes Gewicht. Wie bei der Mirage wären Nutzlast und Reichweite erheblich eingeschränkt worden. Die schwenkbaren Tragflächen verliehen Kurzstarteigenschaften und trugen nach dem Abheben zum wirtschaftlichen Langstreckenflug bei.

Auch Suchoi verwendete in seiner Su-15 Hubtriebwerke und zeigte eine Version mit drei hintereinander angeordneten Hubtriebwerken, die im Mittelrumpf untergebracht waren. Auf der Rumpfoberseite befanden sich zwei Klappluken, die sich in Flugrichtung öffneten, eine für das vordere Triebwerk und eine für die beiden hinteren. Im normalen Vorwärtsflug waren die Triebwerkdüsen von Klappen abgedeckt. Wie Mikojan kehrte sich auch Suchoi vom Hubstrahlprinzip ab und wandte sich den schwenkbaren Tragflächen zu.

Auch die italienische Firma Fiat und die Firma NAL in Japan befaßten sich mit Hubstrahltestgestellen, bauten aber anschließend keine Flugzeuge.

In den USA flog North American die Hoverbuggy, ein Schwebegestell, das von zwei gekoppelten J85-Triebwerken angetrieben wurde und Steuerdüsen an vier Auslegern hatte. Es wog 1.720 kg. Am 1. November 1965 machte der Testpilot Van Shephard einen ersten Fesselflug und kurz darauf freie Flüge. Die Hoverbuggy wurde für die Grundlagenforschung im Senkrechtflug eingesetzt.

Bell Aerospace stellte eine kombinierte Hubstrahl- und Raketenplattform her, die zur Ausbildung für die Mondlandung bestimmt war und den Astronauten der NASA die Möglichkeit gab, Techniken für die Mondlandung zu üben. Das Hubtriebwerk, ein CF700–2V von 1.900 kp Schub, trug fünf Sechstel des Gewichts der Plattform. Das restliche Sechstel mußte von den Raketen angehoben werden, womit man die Schwerkraft auf dem Mond simulieren konnte. Zwei erste Versionen flogen zwischen 1962 und 1964, und drei Mondlandetrainer wurden ab 1967 im Apollo-Programm verwendet.

Hubstrahlflugzeuge mit Schubverstärkung

In den Vereinigten Staaten ging man die Arbeiten an Hubstrahlflugzeugen ganz anders an als in Großbritannien. Während sich Rolls-Royce darauf konzentriert hatte, für diesen Zweck möglichst leichte Hubtriebwerke herzustellen, entschied man sich in Amerika für die Schubablenkung der Marschtriebwerke, deren Schub man in der bestmöglichen Weise zu nutzen suchte. Es war bekannt, daß die Vermischung der heißen Triebwerkabgase mit kalter Luft den Triebwerkschub erhöhte; diesen Effekt nannte man Schubverstärkung. Von Karman's aus dem Jahre 1949 stammende Analyse ließ die Vorausberechnung der Höhe der Schubverstärkung zu, die man von einem gegebenen Mischungsverhältnis erwarten konnte, und auch die zusätzliche Schubverstärkung, die sich aus der nachfolgenden kontrollierten Ausdehnung ergab.

Von Karman's Methode ist ein Näherungsverfahren, das den Verstärkungsvorgang so vereinfacht, daß er unter verhältnismäßig unkomplizierter Anwendung des Impulssatzes und der Theorie von Benoulli eine Vorausberechnung zuläßt. Die nachstehende freie Erklärung stützt sich auf von Karman's Lehre.

Das Abgas eines Strahltriebwerks wird in ein großes Rohr geführt. Beim Durchströmen dieses Rohrs vermischt es sich mit der hierin vorhandenen Luft und reißt sie mit. Die Geschwindigkeitsenergie des Abgases verteilt sich auf Gas und Luft, und das abströmende Gemisch von Gas und Luft hat genau dieselbe Geschwindigkeit wie am Anfang des Rohrs. Bei diesem Vorgang wird kein Schub gewonnen und auch keiner verloren. Jetzt wird am Einlauf des Rohrs Luft angesaugt, die die abgeströmte Luft ersetzt: es ist die Geschwindigkeitsenergie dieser angesaugten Luft, die zusätzlichen Schub erzeugt.

Der Querschnitt des Rohrs muß dabei mindestens doppelt so groß sein wie der des aus der Turbine kommenden Strahlaustritts, um zusätzlichen Schub zu erlangen. Weist das Rohr das fünffache Schnittflächenverhältnis auf, sollte der Schub um 20 Prozent zunehmen, und bei zehnfachem Verhältnis um 36 Prozent.

Wenn sich das Gemisch von Gas und Luft auch noch nach der Vermischung ausdehnen kann, wird Druckenergie in zusätzliche Geschwindigkeitsenergie umgewandelt. Theoretisch führt ein Flächenverhältnis von 5:1 durch die entstehende Ausdehnung zu einem Schubanstieg von 32 Prozent und ein Flächenverhältnis von zehn sollte den Schub um 75 Prozent erhöhen.

Diese vereinfachte Theorie berücksichtigt nicht die hohe Temperatur der Düsenabgase und könnte zu der Annahme führen, daß eine nochmalige Ausdehnung zu einer weiteren Schubverstärkung führt, indem thermische Energie in Geschwindigkeit umgesetzt wird.

Von Karman's Theorie ist nicht falsch, aber sie geht von der Voraussetzung aus, daß Gas und Luft sich vollständig vermischen und so das Rohr durchströmen. Unvollständige Vermischung jedoch verringert den Luftdurchsatz und damit die Schubverstärkung, was der praktischen Anwendung seiner Regel Grenzen setzt.

Laboruntersuchungen verschiedener Entwürfe von Strahl- und Rohrgeometrie zur Schubverstärkung führten zu vielversprechenden Ergebnissen. Einstufige Konstruktionen erreichten bis zu 50 Prozent Schubzuwachs, Mehrfacheinspritzung bis zu 100 Prozent, und eine dreistufige Auslegung erhöhte den Schub um den Faktor 2.3. Das waren beachtliche Steigerungen, und es lohnte sich, sie mit einem Flugzeug von natürlicher Größe zu erproben.

Die Lockheed-Abteilung in Georgia stellte 1959 einen privaten Finanzierungsplan auf und untersuchte zunächst ein Modell im Windkanal. Dann baute man ein fliegendes Testgestell, das von zwei Fairchild-J44-Strahltriebwerken mit je 450 kp Standschub angetrieben wurde. Das Gestell konnte mit einem Gesamtgewicht von 1.180 kg vom Boden abheben. Auf den ersten Blick sieht das nach einer Schubverstärkung von 30 Prozent aus, aber die Triebwerke hätten während der Tests ja auch mehr (oder weniger) als ihre Nennleistung erzeugen können. Die Leistungen des Gestells wurden später durch die Verwendung von Continental-J69-Strahltriebwerken noch erhöht, und es wurde zwei Jahre lang dazu eingesetzt, Daten für die Konstruktion von Steuersystemen zu liefern.

Im August 1959 unterbreitete Lockheed dem amerikanischen Heer ein Angebot für ein Gefechtsfeldüberwachungs- und Zielauffassungssystem, das auf der VTOL-Konstruktionsstudie Modell 330 Hummingbird beruhte, die mit Schubverstärkung ausgerüstet war. Im Juli 1961 vergab das Heer an Lockheed den Auftrag über zwei Flugzeuge und teilte der Hummingbird die Bezeichnung VZ-10 zu. Nach Änderung der militärischen Bezeichnungen im Juli 1962 bekam die Hummingbird die Bezeichnung XV−4A.

Die XV−4A Hummingbird war 9.8 m lang und hatte einen plumpen Rumpf von 1.2 m Breite und 1.5 m Höhe mit abgerundetem, quadratischem Querschnitt. Im Bug befand sich ein zweisitziges herkömmliches Cockpit. Die Masse des Rumpfs war von der Mischkammer des Schubverstärkungssystems belegt, und wenn dieses System in Betrieb war, öffneten sich Klappen entlang der Rumpfober- und -unterseite. Die beiden 1.500 kp Schub erzeugenden Strahltriebwerke des Typs JT12A-PW−3 von Pratt & Whitney waren am Mittelrumpf auf beiden Seiten in Schulterhöhe angebracht. Das Hauptfahrwerk des Dreibeinfahrwerks wurde in die Triebwerkgondeln eingefahren. Das Tragwerk bestand aus schlanken Mitteldeckertragflächen von 7.9 m Spannweite und einem T-förmigen Leitwerk.

Im Marschflug bliesen die Triebwerke nach hinten, durch eine Klappe in jedem Strahlrohr konnte der Schubstrahl jedoch so umgelenkt werden, daß er ins Ejektorsystem gelangte. Dies war ein System von Rohren und nach unten gerichteten Düsen, das über die Oberseite der Mischkammer verteilt war. Die Abgase beider Triebwerke speisten getrennte Düsensysteme, die so miteinander verbunden waren, daß der Ausfall eines Triebwerks die Schubverteilung nicht beeinträchtigen konnte. Da das Ejektorsystem den hohen Abgastemperaturen der Triebwerke standhalten mußte, war es aus rostfreiem Stahl- und Titan hergestellt. Verdichterluft der Triebwerke steuerte die Grenzschicht um den Mischkammereinlauf.

Das Steuersystem war konventionell und arbeitete mit Zapfluft der Verdichter, die Düsen in Bug, Heck und beiden Tragflächenspitzen versorgte. Im Übergangsflug mußten die Steuerfunktionen nicht umgestellt werden, lediglich die Zapfluft wurde im Normalflug abgeschaltet.

Die Hummingbird wog 2.265 kg leer und 3.260 kg beim Senkrechtstart. Der Triebwerkschub von 2.990 kp betrug an den Düsen aufgrund von Übertragungsverlusten nur noch 2.720 kp; durch das Schubverstärkungssystem wurde er allerdings wieder auf 3.400 kp erhöht, wodurch der Auftrieb um 5 Prozent über dem Gewicht lag. Brutto betrug die Schubverstärkung also 25 Prozent, netto jedoch nur 14 Prozent. In Testgestellen hat man Zahlen von bis zu 45 Prozent gemessen, allerdings nur in Rüstzuständen, die zu schwer waren, um noch fliegen zu können.

Die Nase der XV–4A zeigte im Schwebeflug nach oben, da die Ejektordüsen um 12 Grad nach hinten wiesen. Beim Übergang zum Vorwärtsflug wurde der Bug durch die Horizontale um 10 Grad nach unten abgesenkt, so daß der Schub um 22 Grad nach hinten wies, was eine nützliche Vorwärtskomponente erzeugte. Sobald das Flugzeug Vor-

Die Lockheed XV–4A Hummingbird verwendete das Schubverstärkungsprinzip zur Erhöhung des Standschubs ihrer Strahltriebwerke. Im Schwebeflug saugten beide Triebwerke Luft durch die Klappen auf der Rumpfoberseite an und bliesen sie durch die Klappen unter dem Rumpf nach unten ins Freie.

wärtsgeschwindigkeit aufgenommen hatte, wurde ein Triebwerk von Auftrieb auf Vortrieb umgeschaltet. Das andere Triebwerk erzeugte weiterhin Auftrieb, wobei das miteinander verbundene Leitungssystem von beiden Triebwerken gleichmäßig versorgt wurde. Der asymmetrische Schub durch nur ein Triebwerk wurde durch nach außen gerichtete Schubdüsen auf ein Mindestmaß begrenzt. Bei Erreichen der aerodynamischen Fluggeschwindigkeit wurde auch das zweite Triebwerk auf Vortrieb geschaltet, und die Mischkammerklappen schlossen sich.

Ihren ersten konventionellen Flug absolvierte die XV–4A am 7. Juli 1962. Der erste gefesselte Schwebeflug fand am 30. November 1962 statt, der erste freie Schwebeflug am 24. Mai 1963 und der erste Übergangsflug am 8. November 1963. Bei einem konventionellen Flug Anfang 1963 stieg die Hummingbird in nur 50 Sekunden auf 3.660 m Höhe. Bei einem tödlichen Unfall am 10. Juni 1964 wurde sie zerstört.

Das im Finanzierungsplan festgelegte Arbeitsprogramm war abgeschlossen worden, und die XV–4A hatte die Realisierbarkeit der Schubverstärkung bewiesen und Schwebeflüge, Übergangsflüge und Horizontalflüge durchgeführt. Die

Die XV–4A Hummingbird im konventionellen Flug. Die Lufteinlaufklappen sind geschlossen, und beide Triebwerke erzeugen Vorwärtsschub. Beim Übergangsflug sorgte ein Triebwerk für Schub, das andere für Auftrieb.

Diese Schnittzeichnung zeigt die Lockheed Hummingbird in ihrer späteren Auslegung als XV–4B mit vier J85-Triebwerken nur für den Auftrieb und zwei Triebwerken für Auftrieb oder Vortrieb. Man erkennt die Düsen für Nick- und Giersteuerung an Bug und Heck.

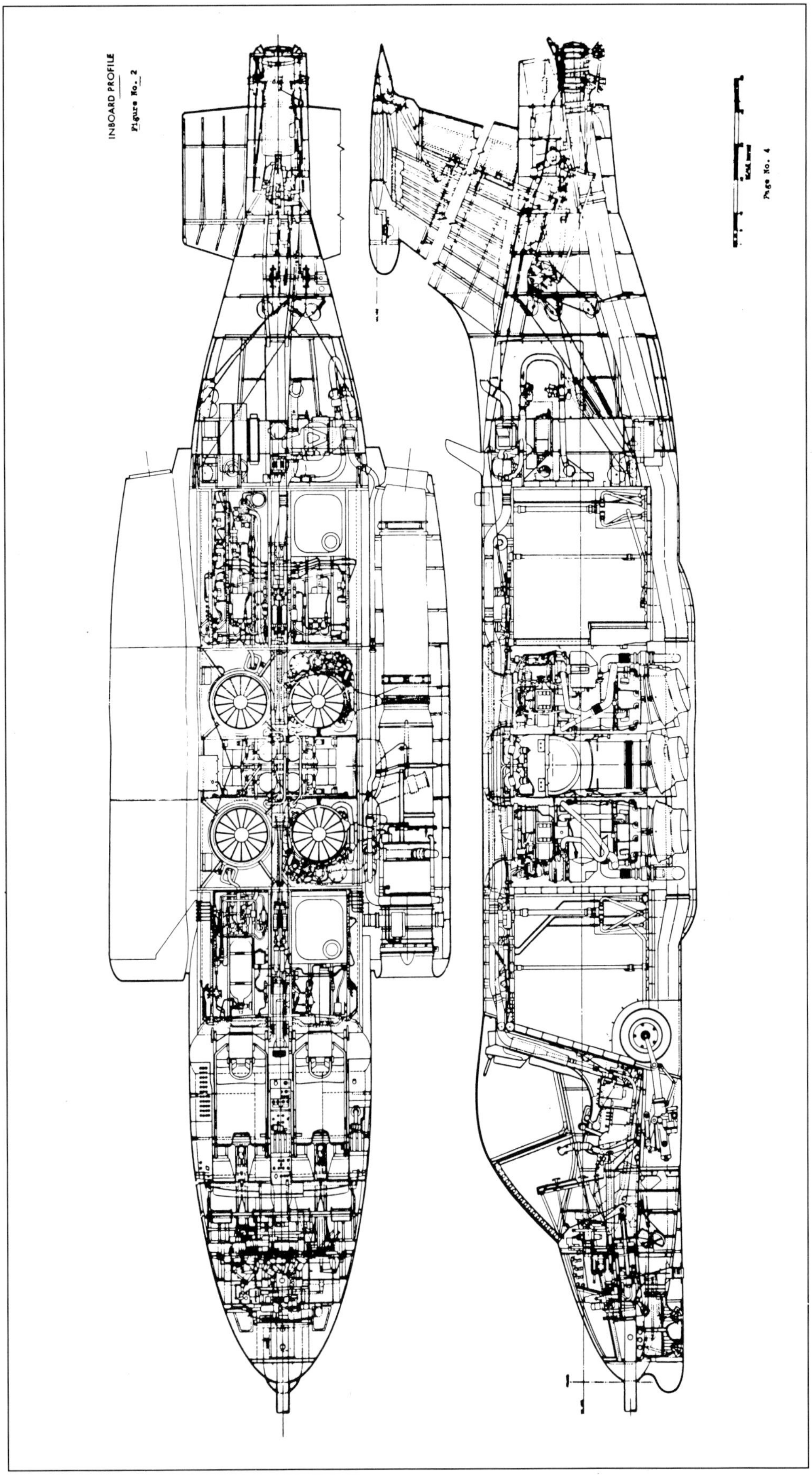

U.S. AIR FORCE
11
LOCKHEED

An der XV–4B Hummingbird II waren zahlreiche Veränderungen vorgenommen worden. Zusammen mit dem Hubtriebwerkeinbau wurden die Kraftstofftanks vergrößert, das Düsensteuersystem verbessert und waagerechte Flossen an Rumpfheck und Seitenleitwerk angebracht.

tatsächlich erreichte Schubverstärkung betrug nur 14 Prozent – erheblich weniger als die erwarteten 40 Prozent. Zwar waren jetzt bessere Düsensysteme verfügbar, aber es bedurfte noch einiger Arbeiten, um ihr Gewicht so zu verringern, daß sie in Flugzeugen verwendet werden konnten.

Zu der Zeit, als das Erprobungsprogramm mit der Hummingbird anlief, waren die Triebwerke noch ziemlich schwer gewesen, und jede Möglichkeit der Schuberhöhung war hoch willkommen. Das Schubverstärkungssystem hatte sich als sehr sperrig erwiesen – die Mischkammer nahm einen Großteil des Rumpfs in Anspruch – und als recht schwer. 1964 jedoch war die Triebwerktechnologie bereits soweit fortgeschritten, daß der Einbau von Hubtriebwerken mehr Auftrieb pro Kilogramm Gewicht versprach als die Schubverstärkung. Der Hauptvorteil der Schubverstärkung, daß der zusätzliche Schub von nichts anderem als feststehenden Metallteilen kam, verlor dadurch an Bedeutung, daß diese Metallteile aus rostfreiem Stahl und Titan bestanden, die für teures Geld zu komplizierten Formen zusammengeschweißt werden mußten.

Daher wurde die zweite XV–4A zur Umrüstung auf Hubtriebwerke in die Halle verbannt. Nach Abwägen der Vorteile einer unterschiedlichen Anzahl und Kombination von Triebwerken entschied sich Lockkheed für eine Version mit sechs Triebwerken, von denen vier reine Hubtriebwerke waren und die restlichen (bereits vorhandenen) zwei mit ihren Umlenkklappen sowohl für Vortrieb wie auch Auftrieb verwendet werden konnten. Ausgedehnte Vorarbeiten und Versuche waren nötig, um die besten Triebwerkanstellwinkel herauszufinden, mit denen man ein Luftkissen unter dem Rumpf erzeugen konnte.

Das umgerüstete Flugzeug wurde von sechs Triebwerken des Typs J85-GE-19 von General Electric mit einem Gesamtschub von 8.155 kp angetrieben und erhielt die Bezeichnung XV–4B Hummingbird II. Die Triebwerke belegten nur den Mittelteil des früher von der Mischkammer beanspruchten Raums und ließen viel Platz für zusätzliche Kraftstofftanks. Da einerseits mehr Triebwerkschub zur Verfügung stand, andererseits aber auch mehr Kraftstoff mitgeführt wurde, erhöhte sich das Senkrechtstartgewicht auf 5.700 kg.

Das Steuersystem wurde durch eine elektrische, doppelt ausgelegte Selbststabilisierungsanlage verbessert sowie durch einen variablen Fluglageregler, der manuelles Übersteuern zuließ.

Am 4. Juni 1968 verließ die XV–4B Hummingbird II die Halle. Nach Plan sollte sie fünf Monate bei Lockheed einer Flugerprobung unterzogen und danach der amerikanischen Luftwaffe übergeben werden. Ab Januar 1969 sollte sie dann auf dem Fliegerhorst Edwards von North American Rockwell mit Instrumenten ausgerüstet und dann in der Flugforschung eingesetzt werden. Am 14. März 1969 ging sie jedoch bei einem Flugun-

◁
Eine XV–4A wurde zur XV–4B Hummingbird II umgebaut und erhielt vier reine Hubtriebwerke sowie zwei Triebwerke für Auftrieb oder Vorwärtsschub. Hier hängt sie an einem aufwendigen Sicherheitsgestell.

fall verloren. Eine zweite, neue XV–4B wurde zwar bestellt, scheint aber nicht gebaut worden zu sein.

Ein Jahrzehnt später entwarf und baute Rockwell International die XFV–12A, ein VTOL-Forschungsflugzeug mit Schubverstärkung für die amerikanische Marine. Die XFV–12A war ein Entenflugzeug mit spitzem Bug und gepfeilten Tragflächen. Auch sie verwendete das Schubverstärkungsprinzip, hatte aber keine Mischkammer, sondern konnte kastenförmige Klappen mit Schlitzdüsen an den Tragflächen nach unten ausfahren, denen Luft und Abgase von den Triebwerkdüsen zugeführt wurden; man erwartete 50 Prozent Schubverstärkung. Die XFV–12A verließ die Halle am 26. August 1977; es wird jedoch angenommen, daß sie nie geflogen ist.

Kipptriebwerk-Flugzeuge

1954, als Convair, Lockheed und Ryan Pionierarbeit an Heckstartern leisteten, baute die Abteilung Niagara Frontier der Bell Aircraft Corporation in Buffalo im Staat New York zur gleichen Zeit ihr privat finanziertes Model 65 ATV (Air Test Vehicle = Erprobungsflugzeug) aus den unterschiedlichsten Einzelteilen zusammen. Der Rumpf stammte von einem Segelflugzeug des Typs Schweitzer und die Tragflächen mit einer Spannweite von 10.9 m vom Hochdecker Cessna 170. Dazu kam ein Fahrwerk mit zwei leichten Schneekufen. Die Triebwerke, zwei Fairchild J-44 von je 450 kp Schub und von der amerikanischen Luftwaffe ausgeliehen, waren schwenkbar gelagert an beiden Seiten des Rumpfs im Schwerpunkt des Flugzeugs angebracht. Ein eigener Palouste-Turbokompressor von Turboméca erzeugte Druckluft für die Steuerdüsen an den Tragflächenspitzen und am Heck. Die Ventile für die Steuerdüsen waren direkt mit den herkömmlichen Steuerorganen verbunden und arbeiteten mit ihnen zusammen, was einen glatten Übergang von der aerodynamischen, mit den Pufferdüsen gekoppelten Steuerung im Vorwärtsflug zur Nur-Pufferdüsen-Steuerung im Schwebeflug gewährleistete.

Diese ATV absolvierte ihren ersten Freiflug am 16. November 1954, schon bald nach der XFY–1 Pogo, und danach noch über zwanzig Flüge, bei denen sie nachwies, daß sie über einen reichlichen

Diese Fotomontage zeigt den gedachten Ablauf eines Übergangsflugs der Bell VTOL ATV. An Tragflächenspitzen und Heck erkennt man die Steuerdüsen. ▷

Die Bell Model 65 VTOL Air Test Vehicle war ein Kipptriebwerkflugzeug, das die Firma in Eigeninitiative entwickelt hatte. Es flog waagerecht wie senkrecht, führte aber nie einen vollständigen Übergangsflug durch. Bell leistete auf dem Gebiet der Steuerung mit Rückstoßdüsen Pionierarbeit, dabei verwendete man das Gas einer zusätzlichen Palouste-Turbine.

105V
BELL
EXPERIMENTAL

Überschuß an Schub für Nick-, Gier- und Rollsteuerug sowie für Start, Schwebeflug, Langsamflug und Landung verfügte. Besonders beeindruckend war ihre Fähigkeit, im Tiefflug schwebend sich innerhalb ihrer Spannweite zu drehen. 1955 bekam sie ein Fahrwerk mit Rädern und führte Horizontalflüge durch. Bei diesen Horizontalflügen konnte sie – in sicherer Höhe – Teiltransitionen zum Schwebeflug durchführen; Volltransitionen waren dabei nicht möglich, da der Schub in größerer Höhe dazu nicht ausreichte. 1955 wurde das ATV-Programm eingestellt und die Maschine der Smithsonian Institution als Geschenk überlassen.

Die ATV erschloß Bell wertvolle Erkenntnisse über den Senkrechtflug und führte danach zum Projekt D-188, einem von der Luftwaffe unterstützten Entwicklungsvorhaben eines überschallschnellen Jagdflugzeugs mit der Bezeichnung XF-109. Die XF-109 hatte in etwa die Größe und auch die Umrisse des Starfighters mit hochangesetzten Stummeltragflächen, die je zwei Triebwerke in schwenkbaren Gondeln an ihren Spitzen trugen. Direkt hinter dem Cockpit waren senkrecht zwei Triebwerke eingebaut, und im Rumpfende sorgten zwei weitere Triebwerke für den Vortrieb im Marschflug; im Schwebeflug wurde deren Schub nach unten abgelenkt. 1959, als die Haushaltsmittel für die XF-109 gestrichen wurden, hatte dieses Flugzeug allerdings nur Modellcharakter erreicht.

So blieb es denn der deutschen Firma EWR (Entwicklungsring Süd GmbH) in München überlassen, die erste Kipptriebwerkkonstruktion auch wirklich zu bauen. Diese Firmengruppe, ein Zusammenschluß von Bölkow (Hubschrauber), Heinkel und Messerschmitt (beide mit Erfahrungen im Bau von Düsenflugzeugen), hatte nach einer Ausschreibung über einen Abfangjäger 1956 im Jahre 1959 einen Vertrag über einen modernen Jäger mit dem Bundesministerium der Verteidigung abschließen können.

EWR entschied sich – nach Auswertung der verschiedenen Möglichkeiten

Die Fluglageregelung der VJ101C stützte sich weitgehend auf die sehr genaue Dosierung der Triebwerkleistung. Dieses Versuchsgestell, auch Wippe genannt, diente vorbereitenden Einachsentests des Steuersystems.

Das VJ101C-Schwebegstell wurde für die Erprobung der Steuersysteme und die Untersuchung der Auswirkungen des Bodeneffekts eingesetzt. Die RB108-Triebwerke wirken in dem 10.7 m langen Gestell vergleichsweise klein.

von Schubablenkung, Triebwerkschwenkung und Kombinationen von Auftriebs- und Vortriebstriebwerken – für eine paarweise Anbringung von sechs Triebwerken: ein Paar im vorderen Rumpf nur für die Erzeugung von Auftrieb, und jeweils ein Paar in den Tragflächenspitzen, das – schwenkbar – entweder Vorwärtsschub oder Auftrieb erzeugen konnte. Diese Triebwerkpaare wollte man in den Spitzen eines gleichschenkligen Dreiecks so anbringen, daß im Schwebeflug die Fluglage in Nick- und Rollrichtung durch entsprechende Justierung der Schubhebel gesteuert werden konnte. Gierbewegungen sollten durch unterschiedliches Schwenken der Triebwerkgondeln gesteuert werden, eines nach vorn und eines nach hinten. Theoretisch war das ein sehr einfaches Steuersystem, das keine besonderen Steuerdüsen, -leitungen und -ventile benötigte. Dagegen sprach allerdings, daß dieses Steuersystem komplizierter sein würde und dem Piloten praktisch keine oder nur wenige Chancen des manuellen Eingreifens lassen würde.

In der Praxis mußte die präzise Steuerung von Strahltriebwerken durch Schubänderung, unerläßlich für eine genaue Fluglagesteuerung, noch erprobt werden. Gasturbinen, besonders die frühen Triebwerke, sprachen notorisch langsam auf Schubänderungen an, besonders wenn schnelle Schubänderungen erforderlich waren. Daß man die Höhe mit langsamen und sehr sorgfältigen Schubänderungen bestimmen konnte, war bekannt, aber bei EWR wußte man natürlich auch, daß die Lagesteuerung von relativ starken und plötzlichen Schubänderungen abhängig war. Das gesamte Projekt hing ab von der Fähigkeit, die Fluglage über den Schub steuern zu können, und die Durchführbarkeit dieses Steuerprinzips konnte man nur in praktischen Demonstrationen nachweisen.

Im Frühjahr 1960 konstruierte EWR die Wippe, ein Testgerüst, das nur eine Drehrichtung – die Nickbewegung – freigab. Es bestand aus einer waagerechten Rohrkonstruktion mit einer ebenfalls waagerechten Schwenkachse am hinteren Ende. In der Mitte des Stahlrahmens war senkrecht ein Triebwerk eingebaut, und am freischwingenden vorderen Ende ein einfaches Cockpit. Damit konnte der »Pilot« den Schwebeflug in Nickrichtung und – nach einer später erfolgten Modifizierung – in Nick- und Rollrichtung üben. Man überprüfte damit auch etliche Steuersysteme verschiedener Firmen auf ihre Fähigkeit, die Wippe im stabilen »Schwebeflug« zu halten, wobei man absichtlich Störungen einspielte, so beispielsweise durch Eingaben über die Steuerung des Piloten oder durch das Abwerfen von Gewichten. Man benutzte die Wippe auch zur Auswertung von Bodeneffekten wie der Rezirkulation.

Der Wippe folgte das Schwebegestell, ein Stahlrohrgerüst von 10.6 m Länge und 10 m Breite mit einem Cockpit und drei Triebwerken in den relativen Positio-

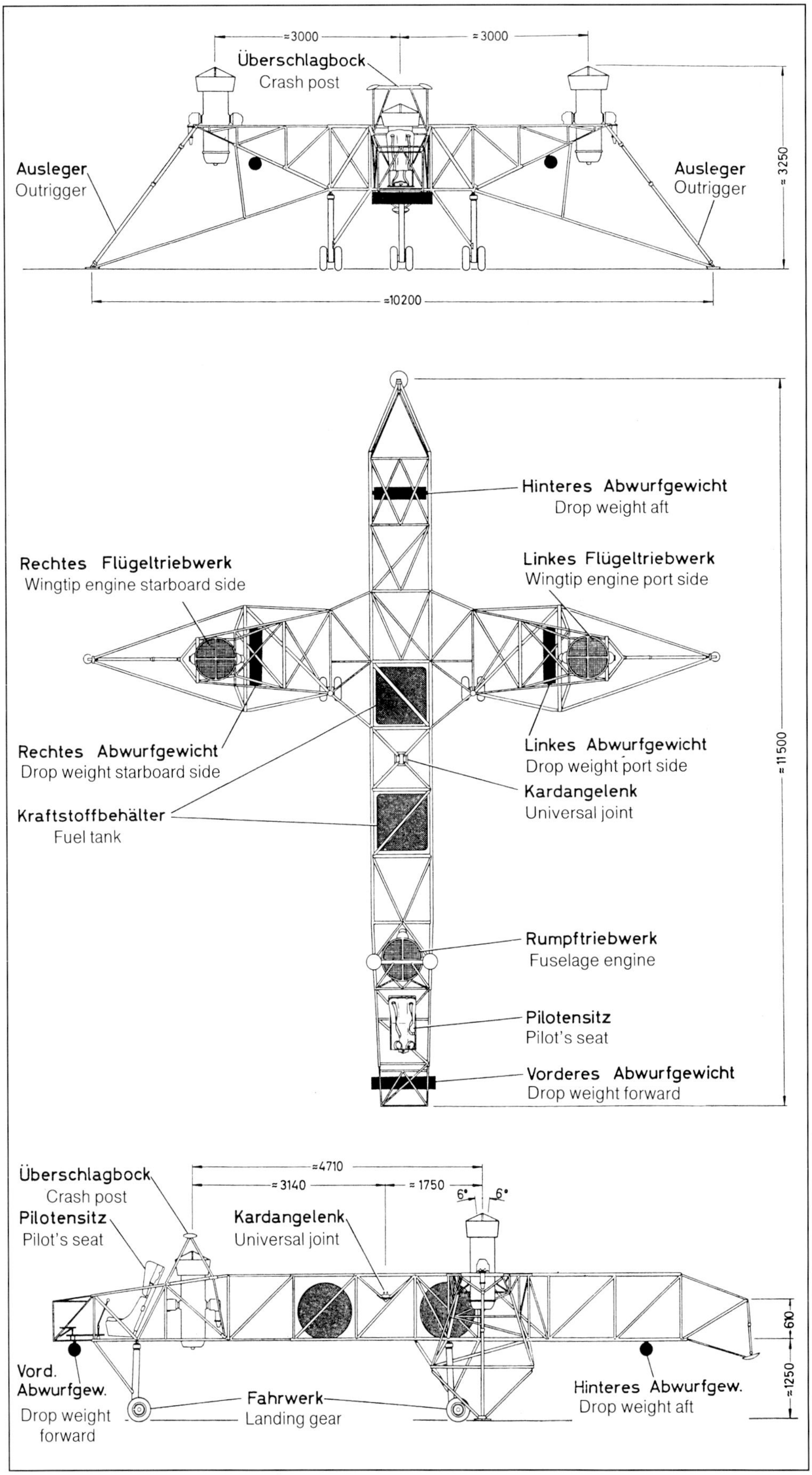

Diese Zeichnungen des VJ101C-Schwebegestells zeigen die Anordnung von Pilotensitz, Fahrwerk und Triebwerken, wie sie dem späteren Flugzeug entsprach. Die Abwurfgewichte wurden einzeln ausgeklinkt, um die Reaktion des Steuersystems auf plötzliche Störungen zu erproben.

nen, die sie auch im späteren Flugzeug einnehmen sollten – eines direkt hinter dem Piloten und je eines an den Tragflächenspitzen. Die in diesem Schwebegestell verwendeten Triebwerke waren kleine und leichte RB108 von Rolls-Royce mit jeweils 950 kp Schub, die als reine Hubtriebwerke optimiert worden waren. Auch die Auslegung des Fahrwerks entsprach dem, das man für die VJ101C vorgesehen hatte.

Bei der ersten Versuchsreihe, die im Mai 1961 begann, war das Schwebegestell in seinem Schwerpunkt an einer Teleskopsäule kardanisch aufgehängt. Dies gab ihm vier Bewegungsrichtungen – Nicken, Rollen, Gieren und Höhe – und eignete sich damit für die weitere Pilotenausbildung sowohl mit direkter manueller Steuerung als auch über die Selbststabilisierungsanlage. Die Höhe wurde durch gemeinsame Schubmodulation bestimmt, Rollen durch unterschiedliche Betätigung der Schubhebel für die linken und rechten Triebwerke, und Nicken durch unterschiedliche Leistungsregelung der Triebwerke vorne und hinten. Zur Steuerung der Gierbewegungen waren die Triebwerke an den Tragflächenspitzen drehbar aufgehängt und konnten unterschiedlich geschwenkt werden – eines nach vorn und eines nach hinten, mit einer Abweichung von bis zu 6 Grad von der Vertikalen. Das Gestell trug auch drei Abwurfgewichte, eines an jeder Tragfläche und eines im Heck. Durch den Abwurf eines dieser Gewichte entstand eine sofortige Schwerpunktverlagerung, mit der man die Fähigkeit des Steuersystems überprüfen konnte, auf plötzliche Einwirkungen zu reagieren.

Nachdem die Versuche auf der Teleskopsäule abgeschlossen waren, wurde das Schwebegestell im März 1962 erstmalig frei geflogen. Für die Erprobung freier Schwebeflüge wurde eine Abdeckplane unter dem Rumpf angebracht, um den Einfluß von Tragflächen und Rumpf auf den Bodeneffekt zu simulieren. Wenn nämlich die heißen Triebwerkabgase eines schwebenden Flugzeugs den Boden erreichen, breiten sie sich über den Boden aus, bis sie zusammentreffen; jetzt bilden sie Aufwärtsströmungen, die unter die Tragflächen und die Rumpfunterseite prallen und zusätzlichen Auftrieb erzeugen. Die Simulation dieses zusätzlichen Auftriebs und die Bestimmung seiner Auswirkungen auf die Stabilität waren eine der Aufgaben des Schwebegestells. Es absolvierte erfolgreiche Testflüge zu allen Jahreszeiten und bei jedem Wetter und traf dabei auf Hitze, Wind, Regen und Schnee. Die Ergebnisse waren hervorragend und bewiesen die Steuerbarkeit des Gestells sowohl in der manuellen Betriebsart als auch bei eingeschaltetem Autostabilisator. Man erprobte zwei Flugregelanlagen, eine von Honeywell Minneapolis und eine von Bodenseewerk-Perkins-Elmer; beide bewährten sich in überzeugender Weise.

Zu dieser Zeit befand sich das erste Versuchsflugzeug, die VJ101C-X1, bereits in der Endmontage. Sie war ein einsitziges Jagdflugzeug, mit einer Spannweite von 6.7 m, einer Länge von 16.5 m und einer Höhe von 4 m etwa gleich groß wie die F-104 Starfighter, mit einem Abfluggewicht von 6.340 kg allerdings leichter. Die Tragflächen dieses Schulterdeckers waren in Rumpfmitte angebracht und wiesen eine Pfeilung von 39 Grad auf. Jede Flächenspitze trug eine Gondel mit zwei parallel montierten Triebwerken, die in die Waagerechte oder die Senkrechte geschwenkt werden konnten, um Vortrieb oder Auftrieb zu erzeugen. Zwei weitere Triebwerke waren im Rumpf unmittelbar hinter dem Cockpit untergebracht; sie dienten als reine Hubtriebwerke und wurden im Horizontalflug abgeschaltet. Durch Öffnen einer nach vorne gerichteten Einlaufklappe, die ausreichend Stauluft einließ, um sie bis zur Zündung auf Drehzahl zu bringen, wurden sie wiederangelassen. Alle sechs Triebwerke der VJ101C-X1 waren RB145 von Rolls-Royce ohne Nachbrenner, da die X1 lediglich für die Erprobung von Schwebeflug und Flügen im niedrigen bis mittleren Geschwindigkeitsbereich vorgesehen war. Wie das Schwebegestell wurde auch die X1 durch eine Kombination von Schubmodulation und unterschiedliche Neigung der Triebwerkgondeln gesteuert.

Das Triebwerk RB145 war von Rolls-Royce in Zusammenarbeit mit MAN-Turbo aus dem Hubtriebwerk RB108 weiterentwickelt worden. Es hatte in Seehöhe einen Standschub von 1.245 kp, der sich später durch Einsatz des Nachbrenners auf 1.615 kp erhöhte. Rolls-Royce war

Auf diesem Teleskopgerüst wurden Fesselflugversuche zur Erprobung der VJ101C und ihrer Systeme durchgeführt. Die Teleskopsäule ließ vertikale Bewegungen zu, und die Halterung erlaubte Nicken, Rollen und Gieren. Die Grubenabdeckung konnte zur Bewertung des Bodeneffekts eingesetzt oder aber entfernt werden, um einen Flug in größerer Höhe zu simulieren.

Die VJ101C im Schwebeflug. Die völlig waagerechte Fluglage wurde vom sehr leistungsfähigen Autostabilisator eingehalten.

auch verantwortlich für Entwicklung und Erprobung des Drehzapfensystems der Triebwerkgondeln. Diese Drehzapfen hatten starke Belastungen auszuhalten, zudem liefen durch sie die Leitungen für Kraftstoff und Steuersysteme. Jede Gondel mußte wegen des Luftwiderstands möglichst kompakt sein und vom Stand bis hin zu hohen Überschallgeschwindigkeiten genügend Luft einlassen. Rolls-Royce löste das Luftansaugproblem, indem man die Einläufe als Überschalldiffusoren auslegte und die bei niedrigen Geschwindigkeiten und Schwebeflug zusätzlich benötigte Luftmasse durch hydraulische Verschiebung und Öffnung von Zusatzeintrittsschlitzen einließ.

Die X1 begann ihre Versuche aufgehängt an einem verbesserten Teleskopgerüst, das eine begrenzte Bewegung in allen drei linearen Achsen sowie Nicken, Rollen und Gieren zuließ. Dies ermöglichte Funktionsprüfungen und die Weiterentwicklung der Steuersysteme und führte zum Einbau vieler Verbesserungen. Durch Verwendung von drei Strahlablenkplatten am Boden konnte man Flüge innerhalb und außerhalb des Bodeneffekts simulieren. Nach diesen Teleskopversuchen führte die X1 im März 1963 Rollversuche durch. Anders als die meisten VTOL-Flugzeugtypen flog die X1 am 10. April 1963 erstmals im Schwebeflug – lange vor ihrem ersten aerodynamischen Flug, der im August 1963 stattfand. Nach einer Reihe von Teiltransitionen absolvierte sie am 8. Oktober 1963 ihren ersten Transitionszyklus, der aus Senkrechtstart, Übergang in den aerodynamischen Flug, Rückkehr in den Schwebeflug und Senkrechtlandung bestand.

Die Erprobung der X1 wurde auch 1964 fortgesetzt – mit 40 aerodynamischen Flügen, 24 Schwebeflügen, 14 kompletten Übergangsflügen und Flugvorführungen auf der Luftfahrtschau in Hannover am 3. Mai 1964. Im Horizontalflug konnte die VJ101C-X1 die Schallgrenze durchstoßen, womit sie das erste VTOL-Flugzeug war, das diese Leistung erbrachte. Sie ging am 14. September 1964 bei einem konventionellen Start verloren; der Absturz war durch einen Fehler in einem elektronischen Bauteil verursacht worden. Der Testpilot George Bright konnte sich mit dem Schleudersitz retten.

Mittlerweile war die VJ101C-X2 fast fertiggestellt; Ende 1964 begann sie mit der Erprobung als Schwebegestell. Die X2 hatte vier RB145-R mit Nachbrenner von Rolls-Royce in den Tragflächengondeln und zwei RB145 ohne Nachbrenner im Rumpf. Der Einsatz der Nachbrenner gab ihr beim konventionellen Flug bessere Leistungen im Überschallbereich und erhöhte beim Senkrechtstart ihr maximales Abfluggewicht auf etwa 8.150 kg. Am 12. Juni 1965 absolvierte sie ihren ersten Schwebeflug und am 12. Juli ihren ersten aerodynamischen Flug. Ihre Konstruktionsziele erreichte sie im Oktober 1965, als sie einen Übergang vom Schwebeflug zum Horizontalflug mit eingeschalteten Nachbrennern erfolgreich abschloß.

Der amerikanische Cheftestpilot von EWR-Süd, George Bright, führte den größten Teil der Erprobungs- und Entwicklungsflüge auf dem Schwebegestell und in der VJ101C durch. Anfangs berichtete er von einigen Schwierigkeiten mit der Steuerung des Schwebegestells. Denn da er Hubschraubererfahrung besaß, flog er das Gestell so, wie man einen Hubschrauber fliegt. Tatsächlich aber mußte das Gestell nicht ständig überkorrigiert werden, und nach zehn Minuten Flugerfahrung mit verringerter Steuerempfindlichkeit sah er ein, daß sich das Gestell sehr einfach fliegen ließ, und zwar sowohl manuell als auch über die Selbststabilisierungsanlage. Bei der automatischen Steuerung konnte man verschiedene Betriebsarten auswählen. In der Betriebsart »Manöver« reagierte das System auf einen konstanten Steuerausschlag mit einer ebenso konstanten, sich aber fortsetzenden Veränderung der Fluglage, während das System in der Betriebsart »Fluglage« einen konstanten Steuerausschlag in eine konstant gehaltene Fluglage übersetzte. Ein Beispiel: drückte man den Steuerknüppel nach rechts, ging das Flugzeug in der Betriebsart »Manöver« in eine Rolle, während jedoch die Betriebsart »Fluglage« hier einen konstanten Querneigungswinkel (»Hängewinkel«) erzeugte. Eine dritte Betriebsart, »Integriert« genannt, sorgte für eine subtilere Kombination dieser Eigenschaften. Das »Manöver«-System erzeugte ein Ansprechen

Die VJ101C schwebt über der Startbahn, bevor sie in den Vorwärtsflug übergeht.

Die VJ101C im konventionell-aerodynamischen Flug. Obwohl zwei ihrer Triebwerke nur für den Auftrieb eingesetzt wurden, blieben der VJ101C noch immer zwei Drittel ihrer Leistung für Flugmanöver und Hochgeschwindigkeitsflüge. ▽

auf Steuerausschläge, wie es ein Hubschrauber aufweist, war diesem aber überlegen. »Integriert« war noch besser, und beide Betriebsarten konnte man hervorragend bei Flugtagen einsetzen, deren Ziel ja darin liegt, die Menge mit dramatischen Flugmanövern zu beeindrucken. Für den täglichen Flugbetrieb bevorzugte George Bright die Betriebsart »Fluglage«. Der Start zum Beispiel war ein automatischer Vorgang, denn dauernde Steuerdrücke hätten nur zu ständigen Längs- oder Querneigungswinkeln geführt, die wiederum Vorwärts- oder Seitwärtsbewegungen ausgelöst hätten. Zudem sparte die Betriebsart »Fluglage« Kraftstoff, da das Steuersystem glattere Übergänge bei Fluglageänderungen durchführen konnte als der Pilot und eine vorgegebene Fluglage ohne ständige Korrekturen halten konnte. Es war auch sicherer, weil es die Fluglage in festgelegten Sicherheitsgrenzen hielt.

Das Erprobungsprogramm der VJ101C war sehr erfolgreich, erreichte alle gesteckten Ziele und brachte ein Flugzeug hervor, das senkrecht starten und landen konnte und hohe Leistungen im Überschallbereich aufwies. Noch heute ist es eines der schnellsten VTOL-Flugzeuge, und seine Senkrechtstartmasse von 8.150 kg ließ – verglichen mit seiner Leermasse von 5.900 kg – eine Zuladung von 2.250 kg an Kraftstoff und Nutzlast zu, eine beachtliche Zuladung für einen Senkrechtstarter der frühen 60er Jahre. Die VJ101C ging nicht in Serie, und es fällt schwer, eine Erklärung dafür zu finden, warum eine derartige technische Leistung keine militärischen Abnehmer fand. Vielleicht läßt sich das, zumindest teilweise, mit den vielfältigen Projektvorhaben von EWR erklären, wo man mit noch weiteren Programmen beschäftigt war, beispielsweise der deutschen F-104 Starfighter, der VFW VAK191 und der VJ101D. Der Senkrechtstarter VAK191 flog erst später, nämlich Anfang der 70er Jahre, mit einer Kombination von Schubvektor- und Hubtriebwerken. Die Prototypen der VJ101D, ebenfalls Senkrechtstarter, wurden nur teilweise fertiggestellt und verwendeten ein Marschtriebwerk und fünf Hubtriebwerke. Diese mangelnde Konzentration auf ein einziges Produkt mag potentielle Käufer abgeschreckt haben. Darüber hinaus ist ungeklärt, welche Käufer sich für überschallschnelle Senkrechtjäger interessiert hätten. Zwar lagen Lastenhefte vor, und es gab auch Dokumente mit Einsatzforderungen, aber die Luftstreitkräfte bevorzeugten stets konventionelle Überschalljäger, und Heer und Marine gaben kleinen und leichten VTOL-Jagdbombern den Vorrang.

Die VJ101C-X1 wurde bei einem Startunfall im September 1964 stark beschädigt und nicht wieder instandgesetzt. Die VJ101C-X2 befindet sich heute im Deutschen Museum in München, wo sie schwebend in der Nähe einer F-104G Starfighter aufgehängt ist, was einen optischen Vergleich von Größe und Merkmalen erleichtert.

9 FLUGZEUGE MIT SCHUBRICHTUNGSÄNDERUNG

Das grundsätzliche Prinzip der Schubrichtungsänderung war schon lange bekannt und wurde bereits in den 50er Jahren bei verschiedenen Flugzeugen als Mittel zur Verkürzung der Startstrecke angewandt. Der Heckstarter Ryan X–13 Vertijet setzte die Vektorsteuerung zur Steuerung der Fluglage ein, und andere Flugzeuge benutzten den Schub in Verbindung mit Ablenkplatten zur Steuerung der Nick- und Gierbewegungen.

Dasselbe Triebwerk für den Antrieb und – mit Schubrichtungsänderung – für den Auftrieb eines Flugzeugs zu verwenden, hatte offensichtliche Vorteile. Die Schwierigkeit lag darin, ein Schubvektorsystem zu konstruieren, das auch praktisch war. Eine naheliegende Methode der Schubablenkung bestand aus einem Strahltriebwerk mit beweglicher Schubdüse, die im Marschflug horizontal und im Schwebeflug vertikal ausgerichtet war. Bei Flugzeugen, die im Schwebeflug die Balance zu halten hatten, mußte der Schwerpunkt über dem Düsengelenk liegen, was allerdings das Gewicht der Triebwerke vor den Schwerpunkt verlagerte. Das wiederum bedingte, daß der Rest des Flugzeuggewichts nach hinten verlegt werden mußte – kein großes Problem bei einem Forschungsflugzeug, aber nicht akzeptabel bei einem Kampfflugzeug, bei dem Pilot, Radar und andere elektronische Geräte ganz vorne liegen müssen.

Bei zwei VTOL-Forschungsflugzeugen mit Schubrichtungsänderung, der Bell X–14 und der Jak-36, lagen die Trieb-

Wirkliche Schubvektorsteuerung gab es schon vor 1960, und sie wird noch heute verwendet. Schubvektortriebwerke arbeiten mit Düsen, die zum Triebwerk gehören und den Triebwerkstrahl nach unten lenken, während bei Schubablenkung externe Klappen oder ähnliche Vorrichtungen verwendet werden.

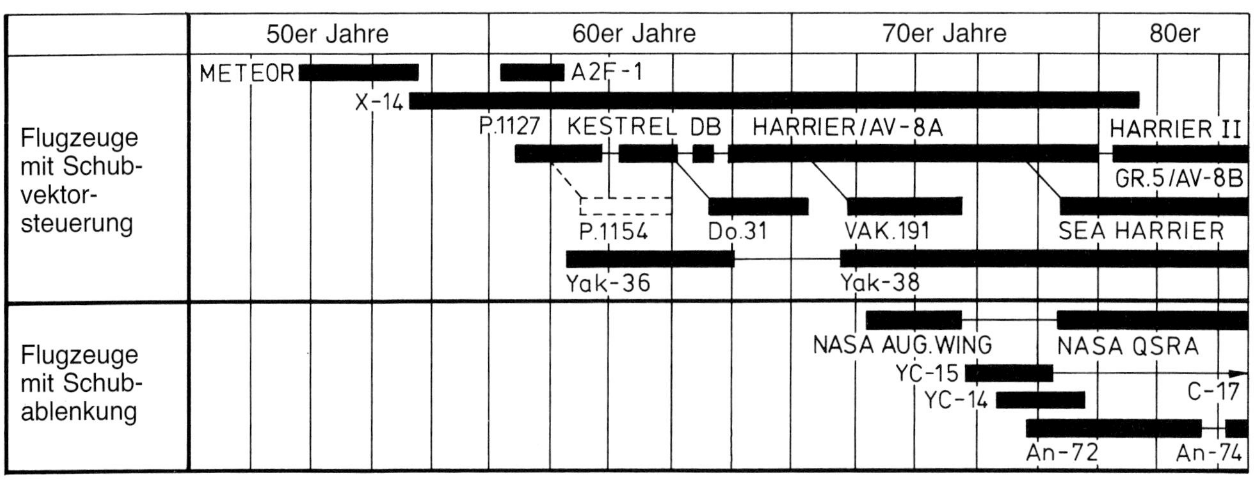

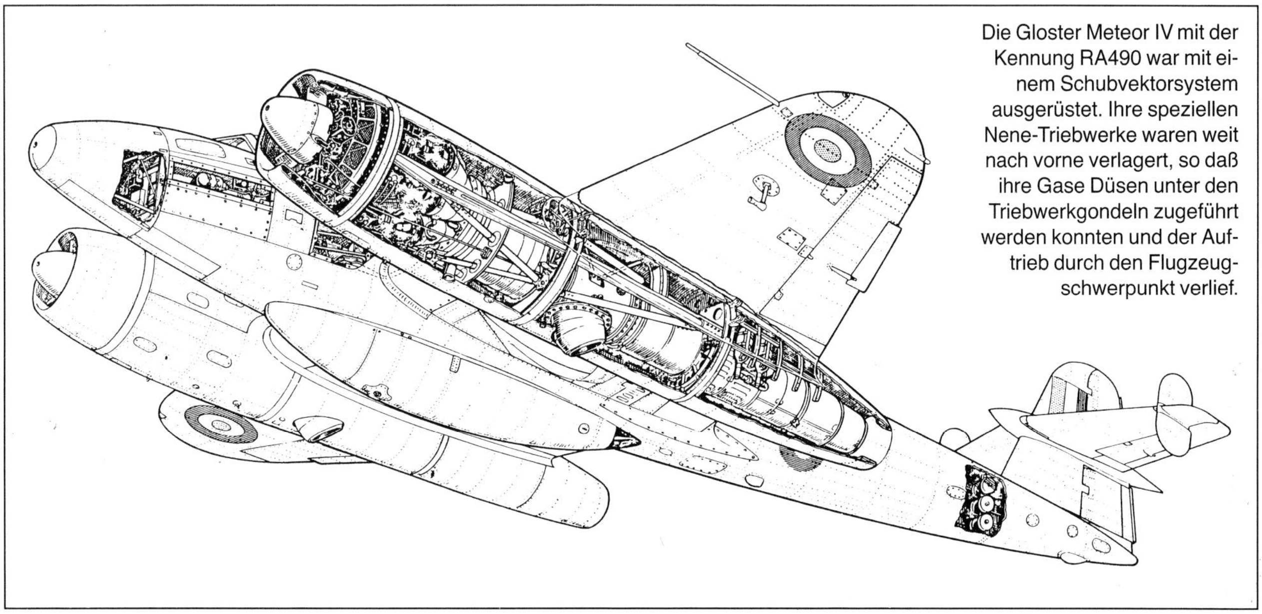

Die Gloster Meteor IV mit der Kennung RA490 war mit einem Schubvektorsystem ausgerüstet. Ihre speziellen Nene-Triebwerke waren weit nach vorne verlagert, so daß ihre Gase Düsen unter den Triebwerkgondeln zugeführt werden konnten und der Auftrieb durch den Flugzeugschwerpunkt verlief.

Zur Verringerung ihrer Landegeschwindigkeit benutzte die Gloster Meteor IV RA490 ein Schubvektorsystem. Auf diesem Bild erkennt man die zusätzlichen Strahlrohre, die unten aus den Gondeln hervortreten.

werke vor dem Schwerpunkt. Die Jak-38 hatte Hubtriebwerke im Bug und Schubablenkung im Heck. Dem Flugtriebwerkhersteller Bristol gelang die Kombination einer Reihe interessanter Ideen, die zur Produktion eines Düsentriebwerks führte, bei dem die senkrechte Schublinie durch den eigenen Schwerpunkt führte – dabei entwickelte man beinahe zufällig die herkömmliche Triebwerktechnologie um einige Jahrzehnte weiter. Das Pegasus-Triebwerk von Bristol dient der berühmten Harrier als Antrieb und wurde, zusammen mit Hubtriebwerken, auch in Jägern und Transportern eingesetzt.

Schubvektorsteuerung

In den Jahren 1948 bis 1952 flog das englische zweistrahlige Jagdflugzeug Meteor IV von Gloster mit Triebwerken des Typs F2/4 Beryl von Metropolitan Vickers; diese Maschine mit der Serien-

nummer RA490 wurde bald als »Beryl-Meteor« bekannt. Im Juli 1952 wurde sie der Westland Aeroplane Company in Yeovil zum Einbau eines Schubablenkungssystems überstellt.

Man verlängerte ihre Triebwerkgondeln nach vorne, damit sie spezielle Nene-101-Triebwerke, die um einiges vor dem Schwerpunkt lagen, aufnehmen konnten. Die Strahlrohre wurden über das Ende der Gondeln hinaus verlängert, und über Leitklappen konnte man die Abgase entweder zu den hinteren Strahlrohren oder aber zu Düsen führen, die nach unten aus jeder Gondel heraustraten.

Im Juli 1953 war der Einbau abgeschlossen. Nach Erprobungen in Yeovil wurde RA490 im August 1954 der Erprobungsstelle der Royal Air Force übergeben, um von 1954 bis 1956 in Farnborough und von 1956 bis 1957 in Bedford im Forschungsprogramm für Schubablenkung eingesetzt zu werden. Durch die Schubablenkung wurde die Überziehgeschwindigkeit der Meteor so weit verringert, daß man sie mit 130 km/h fliegen konnte; ohne Schubablenkung mußte die Fluggeschwindigkeit über 185 km/h liegen.

RA490 ereilte schließlich das schmähliche Schicksal, ab April 1957 als Zielobjekt von Feuerlöschübungen eingesetzt zu werden – ein wahrlich trauriges Ende für eine bewährte Forschungsmaschine.

1957 arbeitete bei Grumman eine Gruppe unter der Führung von Lawrence M. Mead an einem Entwurf für einen allwettertauglichen Marine-Jagdbomber mit Kurzstarteigenschaften. Der Entwurf geriet zu einem kaulquappenförmigen Flugzeug mit Bugradar, doppelsitzigem Cockpit, weit vorne untergebrachten J52-Triebwerken und einem langen, schlanken Heck. Die nach vorne verlagerten Triebwerke boten zwei Vorteile: die Triebwerkgase konnten nach unten abgewinkelt werden, wobei ihr Schubvektor durch den Schwerpunkt verlief und keine Tendenz zum Nicken oder Gieren auftrat, wenn ein Triebwerk ausfiel. Darüber hinaus konnte man schwenkbare Schubdüsen verwenden, da in jeder Stellung der Düsen der Schubvektor noch immer durch den Schwerpunkt verlief. Die Düsen waren so ausgelegt, daß sie sich beim Start um 23

Die A2F, die später zur A–6 weiterentwickelt wurde, hatte Schwenkdüsen. Wenn sie um 23 Grad nach unten geschwenkt wurden, verringerte sich die Abhebegeschwindigkeit um 15 km/h, und die Hindernisfreiheit verkürzte sich um einige hundert Meter. Die Düsen lagen nur wenig hinter dem Schwerpunkt des Flugzeugs. Die beim Schwenken der Düsen notwendige Trimmänderung übernahmen mechanisch gesteuerte Höhenruder, die sich beim Ausfahren der Klappen verstellten.

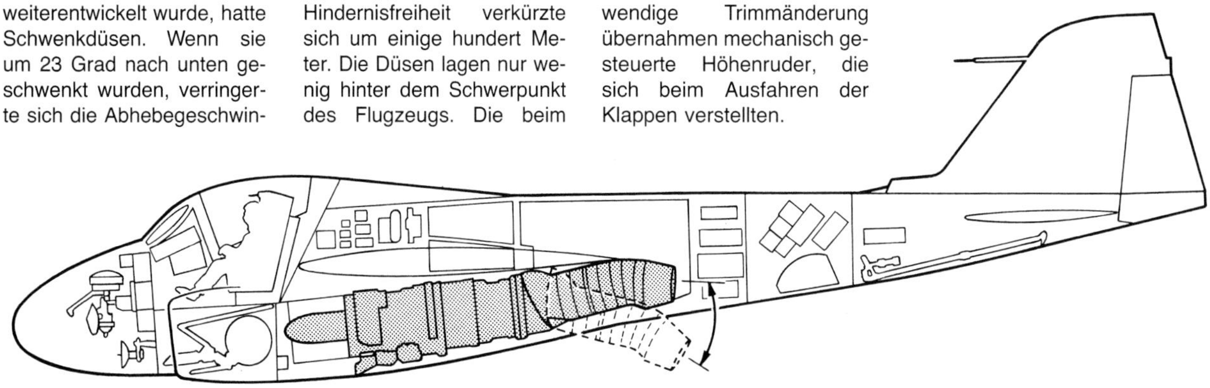

Die Bell X–14 setzte als erstes Flugzeug Schubablenkung für den Senkrechtflug ein. Hier sieht man sie in einer frühen Ausführung, aber bereits mit dem längeren Fahrwerk.

◁
Die X–14 im Schwebeflug dicht über dem Boden. Da sie keinen Schleudersitz besaß, durfte sie Schwebeflüge nur in Bodennähe oder in so großen Höhen durchführen, daß sie noch in den aerodynamischen Flug übergehen konnte. Diese Beschränkungen sicherten der X–14 von 1957 bis 1981 ihr Überleben.

Grad nach unten absenkten und so die Abhebegeschwindigkeit von 160 km/h auf 140 km/h verringerten. Die Entfernung zum Überfliegen eines 15 m hohen Hindernisses wurde damit um mehr als hundert Meter reduziert. Dies entsprach den Forderungen der amerikanischen Marine und brachte kaum zusätzliches Gewicht, wodurch Einsätze der Marine nicht beeinträchtigt wurden.

Das Flugzeug wurde als A2F-1 gebaut, und man begann sofort mit der Bewertung des Schwenkdüsensystems. In der Praxis betrug bei einem verfügbaren Triebwerkschub von 7.700 kp die vertikale Komponente nur etwa 3.625 kp, was sich nur bei geringem Abfluggewicht – so um die 11.000 kg – auswirken konnte, nicht aber bei der maximalen Startmasse von 24.500 kg. Dies wiederum bedeutete, daß die Schwenkdüsen nur bei der Landung von Vorteil sein konnten – da aber die Landeeigenschaften auch ohne Schwenkdüsen zufriedenstellend waren, verfolgte man diese Technologie nicht weiter. Mit stärkeren Triebwerken hätte das alles vielleicht ganz anders ausgesehen.

Aus der A2F-1 wurde danach die A–6 Intruder, einer der erfolgreichsten bordgestützten Bomber aller Zeiten, der den seltenen Beweis erbrachte, daß vorverlagerte Triebwerke für gewisse Einsatzarten von Vorteil sein können. Üblicherweise sind die Triebwerke weiter hinten angebracht, wo Schubablenkung zu ernsthaften Nickproblemen führt.

Schubvektorsteuerung mit herkömmlichen Triebwerken

Im Juli 1955 bekam Bell Aerospace von der amerikanischen Luftwaffe den Auftrag, die X–14 zu bauen. Diese X–14 sollte Bell's Version der Schubvektorsteuerung erproben, bei der ein ebenes Feld von Leitschaufeln als Ganzes gedreht wurde, um den Schub abzulenken. Hauptvorteil dieser Drehung in sich war, daß die Leitschaufeln nicht einzeln bewegt werden mußten und damit nur wenig Steuerkraft erforderlich war.

Der Rumpf der X–14 war 7.6 m lang. Unter ihrem Bug befanden sich zwei Strahltriebwerke des Typs ASV8 Viper von Armstrong Siddeley mit 800 kp Standschub, deren Abgase durch die Leitschaufelkaskaden unter die Rumpfmitte geleitet wurden. Der Pilot saß hoch über dem Schwerpunkt in einem offenen, zweisitzigen Cockpit. Ab dem Cockpit stammten Rumpfheck und Leitwerk von einer Beech T–34 Mentor, und die mittelhoch angesetzten Tragflächen von 10.4 m Spannweite kamen von einer Beech Bonanza. Das kurze Dreibeinfahrwerk wurde bald mit wesentlich längeren Beinen versehen. Das ursprüngliche Gesamtfluggewicht betrug 1.400 kg, stieg aber auf 1.950 kg an, als stärkere Triebwerke verfügbar waren. Gesteuert wurde über Triebwerkzapfluft, die zu Rückstoßdüsen in den Tragflächenspitzen und im Heck geführt wurde.

In der zweiten Hälfte des Jahres 1956 wurden Triebwerke und Steuersystem der X–14 am Boden erprobt; dabei entdeckte man das Phänomen des »Abtauchens«. Das Fahrwerk der X–14 war zunächst sehr kurz, und die Triebwerkabgase traten mit hoher Geschwindigkeit zwischen Tragflächen und Boden ins Freie, was eine große Unterdruckzone erzeugte, die das Flugzeug trotz des Auftriebs der Triebwerke nach unten zog. Man kann diesen Effekt nachahmen, indem man durch eine Garnrolle nach oben eine große Münze anbläst, die oben auf der Garnrolle liegt. Der Effekt des Abtauchens trat nur auf, wenn die Tragflächen dicht am Boden waren, und mit Verlängerung des Fahrwerks der X–14 war diesem Problem abgeholfen.

Der erste Flug der X–14, ein Schwebeflug, fand am 17. Februar 1957 mit Bell's Testpilot David Howe am Steuerknüppel statt. Den Schwebeflugversuchen folgten Erprobungen ihrer aerodynamischen Flugleistungen. Danach versuchte man erste Teiltransitionen aus dem konventionellen Flug in der sicheren Höhe von 1.500 m. Der erste komplette Transitionszyklus fand am 24. Mai 1958 in geringer Höhe statt.

Nach Abschluß der Erprobungen bei Bell übernahm die amerikanische Luftwaffe die X–14 und überführte sie zum Ames Research Laboratory der NASA in Moffett Field. Die Pläne der NASA, zusätzliches Gerät für Steuerung und Instrumentierung einzubauen, erforderten höheren Auftrieb, als die beiden Viper-Triebwerke erzeugen konnten, und man trug sich mit dem Gedanken, sie durch J85-Triebwerke zu ersetzen.

Mittlerweile waren zwei englische Testpiloten, Bill Bedford und Hugh Merewether, in Moffett Field eingetroffen. Sie sollten in Kürze ein kleines englisches Forschungsflugzeug fliegen, das P.1127 genannt wurde, und auf der X–14 Erfahrungen im Umgang mit VTOL-Strahlflugzeugen sammeln, die aus waagerechter Lage senkrecht starteten. Beide verbrachten einige Zeit mit Übungen im Simulator der NASA, und Merewether war der erste, der sich für einen Soloflug auf der X–14 qualifizierte. Während dieses Flugs erlebte er den Drehmomenteffekt der Triebwerke, der sich so stark aufschaukelte, daß das Steuersystem das Flugzeug nicht mehr abfangen konnte. Bei der Landung verbog er die X–14 nicht unerheblich, aber seine Gastgeber waren höflich genug, ihm zu erklären, daß das Flugzeug ohnehin in die Werkstatt gemußt hätte, um auf die J85 umgerüstet zu werden.

Merewether's Unfall war für die Engländer in Bezug auf die Senkrechtfliegerei lehrreicher als tausend erfolgreiche Flugstunden. Es waren die Erfahrungen aus diesem einen Zwischenfall, die erhebliche Änderungen an Triebwerk und Steuersystem der P.1127 auslösten und damit wesentlich zum Erfolg ihrer Weiterentwicklung – der Harrier – beitrugen.

Nach Wiederinstandsetzung und Umrüstung auf zwei J85-GE-5-Triebwerke von General Electric mit je 1.215 kp Schub wurde die X–14 zur X–14A. Diese führte die Erprobungen und die Pilotenausbildung ein Jahrzehnt lang fort. 1971 kamen die J85-GE-19-Triebwerke der XV–4 auf den Markt und erlaubten eine weitere Verbesserung. Das Erprobungs- und Ausbildungsprogramm lief in Ames bis zum 29. Mai 1981, als die X–14A bei einer harten Landung Feuer fing.

Während ihrer zwanzig Jahre fliegerischen Einsatzes war der Schub der X–14 von 1.600 kp auf 2.700 kp und ihr Gewicht von 1.450 kg auf 1.950 kg ange-

Die X–14 beim Schwebeflug in Bodennähe. Obwohl ihr Cockpit für zwei Personen ausgelegt war, war nur ein Sitz eingebaut worden. Denn zunächst fehlte ihr der Schub, um zwei Mann Besatzung anzuheben, und später benötigte man den Platz für Fluglageregler und Instrumentierung.

USAF

wachsen. Der Schubüberschuß, verglichen mit dem Gewicht, betrug 10 Prozent bei der X–14, 30 Prozent bei der X–14A und 40 Prozent bei der X–14B.

Während ihrer zwei Jahrzehnte im Einsatz als Erprobungsflugzeug wurde die X–14 auch zur Entwicklung eines Dämpfungsreglers herangezogen. Dieses arbeitete mit einem Analogrechner zur Steuerung eines zweiten Rückstoßdüsensystems, das parallel zum manuellen Steuerdüsensystem eingesetzt wurde. Mit diesem System konnte man die X–14 so programmieren, daß sie sich wie irgendein bestimmtes VTOL-Flugzeug verhielt, wodurch man Piloten, die für andere Flugzeugtypen vorgesehen waren, auf der kleinen und preiswerten X–14 ausbilden konnte. Da die X–14 nicht über Schleudersitze verfügte, wurden alle Schwebeflüge entweder in Bodennähe oder aber über 750 m Höhe durchgeführt. Die X–14 überlebte viele Zwischenfälle ohne größere Beschädigungen. Im Flugbetrieb mit der X–14 wurde kein Pilot verletzt.

Die X–14 muß zu den erfolgreichsten Forschungsflugzeugen aller Zeiten gezählt werden, denn sie flog mehr als zwanzig Jahre lang und trug viel zu zahlreichen anderen VTOL-Programmen bei, indem sie deren Piloten ausbildete und technische Erkenntnisse lieferte.

Die X–14 befindet sich noch immer in Ames, allerdings in beschädigtem Zustand. Es ist beabsichtigt, sie dem Army Aviation Museum in Fort Rucker, Alabama, zu übergeben.

Der X–14 ähnlich, aber größer, war die russische Jakowlew Jak-36. Mit zwei Triebwerken unter im Vorderrumpf und drehbaren Kaskaden zur Schubsteuerung direkt unter dem Schwerpunkt war sie auch ähnlich ausgelegt. Sie wurde erstmals 1967 bei der Luftfahrtschau in Domodedowo gesehen und war eine ausgereifte Konstruktion. Wahrscheinlich hatte sie einfachere Forschungsflugzeuge, ähnlich der X–14, als Vorgänger.

Die Jak-36 hatte einen plumpen Vorderrumpf ovalen Querschnitts, in dem vermutlich zwei Triebwerke des Typs R-11 oder R-13 von je 3.600 bis 4.500 kp Schub untergebracht waren. Das Cockpit, vor dem Schwerpunkt gelegen, hatte ein herkömmliches Kabinendach, wie Jagdflugzeuge es aufweisen. Die drehbaren Kaskaden lagen unter dem Schwerpunkt an den Rumpfseiten etwa 1.2 m auseinander. Das Rumpfheck war schlanker und trug eine gepfeilte Flosse mit hochangesetztem Höhenleitwerk. Der Rumpf war nur 10.4 m lang, trotzdem betrug die Gesamtlänge einschließlich Heckflosse und 2.4 m langem Bugausleger 16.2 m. Die Tragflächen des Mitteldeckers wiesen eine beschnittene Deltaform auf und hatten eine Spannweite von 8.2 m. Im Senkrechtflug wurde die Jak-36 in Nick- und Gierbewegungen über mit Zapfluft arbeitende Rückstoßdüsen im Heck und an der Spitze des Bug-

Die Jak-36 im Moment des Abhebens, wobei sie einen beträchtlichen Hitzeschleier erzeugt. Die Rückstoßdüsen in Bug und Heck steuerten Nick- und Gierbewegungen. Rollbewegungen könnten über angeblasene Querruder gesteuert worden sein. ▷

Die Jakolew Jak-36 Freehand hatte zwei weit vorne eingebaute Triebwerke, deren Abgase durch Blendenkaskaden unter dem Schwerpunkt abgelenkt wurden. Die unter dem Rumpf ausgefahrenen Klappen verringerten die Rezirkulation und schützten die Reifen vor den heißen Triebwerkabgasen.

auslegers gesteuert. Die Rollsteuerung mag ebenfalls über Steuerdüsen gearbeitet haben, kann aber ebenso gut aus angeblasenen Querrudern bestanden haben. Unter dem Vorder- und dem Mittelrumpf befanden sich auftriebverstärkende Zusatzflächen und zwei weitere unter dem Heck, möglicherweise zur Verbesserung der Richtungsstabilität.

Zwei Jak-36 sind gesehen worden, und bis zu zwölf könnten vielleicht hergestellt worden sein. Das Jak-36-Programm begann 1962 und lief vermutlich bis 1971. Die Jak-36 wurde später zum bordgestützten Jagdflugzeug Jak-38 weiterentwickelt.

Schwenkdüsentriebwerke

1957 suchte die Firma Hawker Aircraft nach Möglichkeiten, in die Senkrechtfliegerei einzusteigen. Zu dieser Zeit war die offizielle englische Lösung, zusätzliche Hubtriebwerke zusammen mit einer komplexen Selbststabilisierungsanlage zu verwenden. Hawker's Chefkonstrukteur, Sir Sidney Camm, störte jedoch das tote Gewicht der Hubtriebwerke, außerdem bevorzugte er eine einfachere Steuerung, die unter den Bedingungen des Gefechtsfeldes eher betriebsfähig bleiben würde.

Sir Sidney hatte von den Arbeiten bei Bristol gehört und verschaffte sich eine Broschüre über das BE53, das damals nur aus einem Orpheus bestand, das ein Gebläse antrieb, dessen Luftstrahl durch schwenkbare Düsen geführt wurde. Er gab die Broschüre an Ralph Hooper weiter, der sich daraufhin einige Gedanken über eine Flugzeugzelle um dieses Triebwerk machte. Nachdem er zunächst mit einer Kurzstartversion geliebäugelt hatte, entschied sich Hooper für ein zusätzliches, gabelförmig geteiltes Strahlrohr und schwenkbare hintere Düsen. Das verdoppelte die verfügbare Auftriebskraft und machte eine Senkrechtstartkonstruktion möglich. Keine dieser beiden Ideen war neu. Die Gabelung war schon in einem Patent von Hawker erwähnt worden, und schwenkbare hintere Düsen waren in einem Patent von Bristol enthalten. Beide waren bereits hergestellt und auch geflogen worden – die gegabelten Düsen in der Sea Hawk, und die schwenkbaren heißen Düsen in der Bell

Der erste Prototyp der Hawker P.1127 war im Juli 1960 fertiggestellt. Hinter der hinteren Düse sieht man noch eine spitze Verkleidung, die aber bald weggelassen wurde.

X–14. Hooper's Verdienst bestand darin, diese Neuerungen auf das BE53 zu übertragen, wodurch der verfügbare Auftrieb verdoppelt und die praktische Verwirklichung in einem Senkrechtstarter möglich wurde.

Das Projekt erhielt die Bezeichnung P.1127 und wurde von Hawker in sehr enger Zusammenarbeit mit Bristol entwickelt.

Die P.1127 konstruierte sich fast von selbst. Das Triebwerk mußte im Schwerpunkt liegen, und die Düsen an beiden Seiten des Rumpfs. Die Tragflächen mußten hoch angebracht werden, damit die Düsen arbeiten konnten. Das Cockpit mußte vor dem Triebwerk liegen und mußte schmal sein, flankiert von großen Lufteinläufen, damit das Triebwerk atmen konnte. Bei hohen Tragflächen mußte das Hauptfahrwerk in den Rumpf eingezogen werden. Es mußte hinter dem Triebwerk montiert sein, da dieses allen Platz in Rumpfmitte belegte, und es konnte nur schmalspurig sein, damit es nicht angesengt wurde. Das wiederum bedingte Stützbeine an den Tragflächen, damit das Flugzeug nicht zur Seite kippte, und Länge wie Gewicht dieser Stützen konnte man verringern, indem die Tragflächen leicht nach unten gezogen wurden. Um Gewicht einzusparen, mußten die Tragflächen klein sein, und um bei geringem Gewicht belastbar genug zu bleiben, mußte man ihnen die Form eines beschnittenen Deltas geben. Das Leitwerk entsprach herkömmlicher Bauweise.

Bisher waren VTOL-Strahlflugzeuge sehr schwierig zu konstruieren gewesen, und man hatte sich mit problematischen Konstruktionsentscheidungen und Kompromissen abfinden müssen. Bei der P.1127 lief alles so glatt ab, daß man gar keine Fehler machen konnte.

1959 entschied man bei Hawker, zwei Prototypen der P.1127 auf eigene Kosten herzustellen. Im Laufe des Jahres begann die englische Regierung, das Projekt ein wenig zu unterstützen, indem sie Haushaltsmittel bereitstellte und Einrichtungen der Erprobungsstelle der Royal Air Force in Farnborough zu Windkanalversuchen mit maßstabsgetreuen Modellen überließ. Diese Versuche ergaben, daß der Übergang vom Schwebeflug in den Marschflug wegen eines Aufbäumeffektes gefährlich werden könne.

In den Vereinigten Staaten wurde die NASA für ihre VTOL-Arbeiten finanziell unterstützt, und das X–14-Programm war bereits angelaufen. Die NASA interessierte sich für das Hawker-Projekt und erbot sich, ein Modell der P.1127 anzufertigen und es in ihrem großen, mit niedriger Geschwindigkeit arbeitenden Windkanal in Langley, Virginia, zu erproben. Das Modell hatte Elektroantrieb und wurde im Fesselflug von vier Piloten geflogen, von denen jeweils einer verantwortlich war für Nicken, Rollen, Gieren und Antrieb. Man flog das Modell mit zu- und abnehmenden Geschwindigkeiten durch die Transition, und die Erprobungsberichte klangen positiv, von einem Problem mit der Richtungsstabilität bei hohen Anstellwinkeln abgesehen.

Die NASA stellte den Testpiloten von Hawker, Bill Bedford und Hugh Merewether, auch Übungsmöglichkeiten auf dem VTOL-Simulator in Ames zur Verfügung, desgleichen auf einem Hubschrauber mit veränderbarer Stabilität, der für die Simulation des Senkrechtflugs vorprogrammiert werden konnte. Man lud sie auch ein, die X–14 zu fliegen, und aufgrund der Erfahrungen der Flüge (und des Unfalls) mit diesem Flugzeug gelangten sie zu der Überzeugung, daß ein wirksames Steuersystems notwendig sei und Drehmomenteffekte ausgeschaltet werden müßten.

Der Besuch der Hawker-Testpiloten bei der NASA in Ames, bei dem sie die X–14 flogen, veranlaßte Hawker, von Bristol mit Nachdruck die Verwendung gegenläufiger Triebwerkwellen zu verlangen, um Auswirkungen des Drehmoments zu verhindern. Diese Bauweise führte – zusammen mit Sidney Camm's Drängen auf Einfachheit – dazu, daß die P.1127 ohne Autostabilisator geflogen werden konnte. Die Erfahrungen mit der X–14 trieben die Piloten auch dazu, die Verfügbarkeit starker Steuerkräfte zu fordern – ein weiterer wesentlicher Faktor für die Steuereigenschaften der P.1127, da sie dadurch schneller aus jeder unvorhergesehenen Fluglage abgefangen werden konnte.

Die P.1127 schwebt über dem Gitterrost. Ihr Funkgerät war aus Gewichtsgründen ausgebaut und durch eine Kabelverbindung ersetzt worden, die man am rechten Stützfahrwerk erkennen kann.

Die erste P.1127 – mit der Kennung XP831 – war im Juli 1960 fertiggestellt, mußte aber bis September auf die Auslieferung des Triebwerks warten. Mit nur 5.000 kp Schub befand sich damals das Pegasus-Triebwerk noch in einem frühen Stadium seiner Entwicklung. Man erleichterte daher das Gewicht von XP831 durch Ausbau allen unwichtigen Geräts und brachte es auf 4.500 kg einschließlich Pilot und Kraftstoff für wenige Minuten. Mit zehn Prozent mehr Schub als Gewicht war ein gesteuerter Schwebeflug durchaus möglich.

Am 21. Oktober 1960 flog Bedford die XP831 erstmals in einem gefesselten Schwebeflug. Die Fesseln waren lästig und wurden bald entfernt. Der erste freie Schwebeflug fand am 19. November 1960 statt. Die zweite P.1127, XP836, wurde für konventionelle Flugversuche eingesetzt und absolvierte ihren Erstflug am 7. Juli 1961. Die beiden Flugzeuge erkundeten ihre jeweiligen Flugbereiche, bis sich ihre Geschwindigkeiten überlappten. Bedford führte seinen ersten Übergangsflug vom senkrechten in den horizontalen Flug und zurück in den Senkrechtflug am 12. September 1961 durch. Man machte auch Erprobungen mit verkürzter Startstrecke, um zu beweisen, daß ein höheres Abfluggewicht möglich war.

Während eines Fluges am 14. Dezember verlor XP836 eine vordere Glasfaserdüse, und Bedford rettete sich mit dem Schleudersitz. Beim Aufschlag wurde das Flugzeug zerstört. XP831 ist im Royal Air Force Museum in Hendon, England, zu sehen.

Nunmehr kaufte die britische Regierung die zwei Prototypen der P.1127 und bezahlte ein Entwicklungslos von vier weiteren Maschinen. Sie wurden mit dem 6.115 kp starken Pegasus 3 ausgerüstet und für weitere Entwicklungsarbeiten eingesetzt. XP984 steht heute im Royal Navy Museum in Manadon.

Neun weitere Flugzeuge wurden zur einsatzmäßigen Bewertung zu gleichen Teilen von Großbritannien, der Bundesrepublik Deutschland und den Vereinigten Staaten finanziert. Sie trugen die Bezeichnung Kestrel FGA (Fighter, Ground Attack = Jagdbomber) Mk 1 und flogen mit dem Pegasus 5 von 7.000 kp Schub. Die Versuche erstreckten sich über die

Jahre 1964 und 1965. Ein Flugzeug stürzte schon ziemlich früh ab, so daß den Engländern nur noch zwei für die weiteren Arbeiten blieben. XS695 kann heute auf dem Marinefliegerhorst Culdrose in Cornwall, England, besichtigt werden.

Die verbliebenen sechs Maschinen gingen in die USA, wo sie die Bezeichnung XV–6A erhielten und im Wettbewerb mit der Lockheed XV–4 Hummingbird und der Ryan XV–6 Vertifan verglichen wurden. Eine XV–6A steht als Dauerleihgabe in der Smithsonian Institution.

Die Kestrel wurde dann zur Harrier weiterentwickelt, dem einzigen VTOL-Jäger, der in der westlichen Welt die Einsatzreife erlangte.

Die P.1127 im Fesselflug. Die vorübergehend angebrachten Fühler an den Stützfahrwerkrädern erlaubten eine bessere Auswertung des Abhebevorgangs.

Das Cockpit der P.1127 war konventionell ausgelegt, hatte aber neben dem Schubhebel einen zusätzlichen Hebel für die Steuerung der Schwenkdüsen.
◁

Schwenkdüsentriebwerke mit Hubtriebwerken

Das Schwenkdüsentriebwerk muß, wenn es allein eingesetzt wird, genug Schub erzeugen, um das gesamte Gewicht des Flugzeugs anheben zu können, im Vorwärtsflug allerdings wird seine Leistung auf einen kleinen Teil des Maximalschubs gedrosselt. Das kann man bei einem einstrahligen Flugzeug wie der Harrier hinnehmen, bei mehrstrahligen Flugzeugen ist es jedoch nicht sinnvoll, den Schub aller Triebwerke abzulenken. Hubtriebwerke wiegen pro Kilopond Schub weniger als Schwenkdüsentriebwerke, und man kann weiteres Gewicht einsparen, indem man ein Schwenkdüsentriebwerk für den Vortrieb und – zusammen mit den Hubtriebwerken – für den Auftrieb verwendet.

Zwei Flugzeuge wurden mit dieser Kombination von Schwenkdüsentriebwerken und Hubtriebwerken hergestellt. Beide waren deutsche Flugzeuge – das Transportflugzeug Do 31 von Dornier und das Jagdflugzeug VAK 191 von VFW (Vereinigte Flugtechnische Werke).

Das Projekt Do 31 bei Dornier wurde von der deutschen Regierung bezahlt und hatte zum Ziel, ein leichtes militärisches Transportflugzeug mit Senkrechtstarteigenschaften zu entwickeln. Der Begriff »leicht« ist in diesem Zusammenhang als Vergleich zu herkömmlichen Transportflugzeugen gewählt worden. Die Do 31 sollte eine Nutzlast von drei bis vier Tonnen tragen, und ihr gesamtes Senkrechtstartgewicht lag bei etwa 22.650 kg, was sie zum schwersten westlichen Senkrechtstarter werden ließ.

Anfang der frühen 60er Jahre bei Dornier durchgeführte Studien ließen den Hubschrauber ungeeignet erscheinen, da er zu langsam war, und auch den Kippflügler wegen seiner mechanischen Aufwendigkeit. Propellerantrieb zusam-

XS688 zeigt sich hier sowohl als P.1127 als auch als erste Kestrel FGA Mk1 in den neun Farben der beteiligten drei Nationen.

Drei P.1127 im Formationsflug. Im Vordergrund erkennt man den ersten Prototyp; die beiden anderen Maschinen gehören zum Entwicklungslos.

Vier Tripartite Kestrel im Formationsflug.

men mit Hubstrahltriebwerken ergab zwar eine brauchbare Marschgeschwindigkeit im Tiefflug, nicht aber in größeren Höhen. So blieb nur die Kombination von Strahlvortrieb mit Strahlauftrieb, die alle Forderungen erfüllen konnte, vorausgesetzt, daß nur ein absolutes Minimum an Zeit im ineffektiven, von Strahltriebwerken getragenen Schwebeflug verbracht wurde.

Man war sich bei Dornier völlig darüber im klaren, daß gerade ein Transportflugzeug eine bestmögliche Mischung von Vortriebschub und Auftriebschub erforderte. Daher entschied man sich für eine Kombination von zwei Hub-Schubtriebwerken für Auftrieb und Vortrieb mit reinen Hubtriebwerken für den restlichen Auftrieb. Grundsätzlich hätte man vergleichsweise kleine Schwenkdüsentriebwerke, die gerade ausreichend Vortrieb erzeugten, bevorzugt, um Gewicht einzusparen. Die waren aber zu der Zeit noch nicht verfügbar, und so

Sieben der neun Tripartite Kestrel aufgereiht nebeneinander.

Zwei Kestrel der beteiligten drei Nationen bei einer einsatznahen Felderprobung.

mußte man das schwerere BS53 Pegasus verwenden. Den übrigen erforderlichen Auftrieb leisteten acht RB162 von Rolls-Royce, die ein Schubgewichtsverhältnis von 16:1 aufwiesen.

Einmal mehr stellte das Pegasus seine eigenen Regeln auf. Da die Triebwerke nicht im Rumpf untergebracht werden konnten, mußten sie an den Tragflächen montiert werden. Das erzwang die Konstruktion eines Schulterdeckers, damit die Düsen schwenken konnten. Die beiden Triebwerke mußten Abstand vom Rumpf halten, um wiederum Schwenkraum für die Düsen zu schaffen – aber nicht so weit, daß sie beim Fliegen mit nur einem Triebwerk ein unvertretbares Gieren erzeugten.

Die RB162 waren nicht so heikel. Sie konnten überall montiert werden, solange ihr Schub durch den Schwerpunkt verlief. Im Schwebeflug hatte ihr tatsächlicher Platz keine Bedeutung, da im Falle eines Triebwerkversagens das diagonal gegenüberliegende Triebwerk ebenfalls abgeschaltet werden würde, womit die Symmetrie erhalten blieb. Im Bereich des Bodeneffekts würde es vorteilhaft sein, wenn sich ihr Gasstrahl in irgendeiner Weise vereinigte, da hierdurch zusätzlicher Auftrieb unter dem Rumpf erzeugt würde.

Dornier entschied sich für die Anbringung der RB162 in Gondeln an den Tragflächenspitzen, jeweils vier in einer Gondel. Dadurch ergab sich die Chance, das Flugzeug mit oder ohne Hubtriebwerke herzustellen oder die Hubgondeln sogar abnehmbar anzubringen. Es versprach auch einen stärkeren Auftrieb, da die Gasstrahlen sich über den Boden ausbreiten und unter dem Rumpf zusammentreffen würden, was einen höheren Druck und eine nützliche zusätzliche Auftriebskomponente erzeugen würde. Zudem konnte ein neues Steuerkonzept verwendet werden. Die Hubtriebwerke in jeder Gondel bekamen Düsen, die um 15 Grad nach vorn und nach hinten geschwenkt werden konnten. Da die Gondeln ja an den Tragflächenspitzen lagen, würde eine unterschiedliche Schwenkung in den Gondeln die Gierbewegung steuern, und eine unterschiedliche Leistung der Hubtriebwerke die Rollbewegung. Nicken mußte noch immer über Zapfluft und Düsen gesteuert werden, und Dornier entschied sich für eine nach oben und unten schwenkbare Düse im Heck.

Diese Entscheidungen bestimmten die Gesamtkonfiguration des Flugzeugs, und die geforderte Zuladung und die Marschgeschwindigkeit würden die meisten Aspekte der Konstruktion festlegen. Die Konstrukteure der Flugzeugzelle konnten jetzt damit beginnen, die Struktur des Flugzeugs zu entwickeln. Die Konstrukteure des Steuersystems allerdings konnten noch nicht anfangen – sie benötigten mehr Informationen über die Steuerauslegung und, im besonderen, über den Einfluß von Schubablenkung und Triebwerkleistung auf das Steuersystem. Ihre Fragen wurden in drei Stufen beantwortet. Zunächst arbeiteten sie mit einem Schubbalancegestell ähnlich der Wippe für die VJ101, um die Einachsensteuerung zu verbessern. Dann benutzten sie ein Reglerversuchsgestell, ein kleines Schwebegestell für den freien Flug, und schließlich ein großes Schwebegestell, das dem späteren Flugzeug in Schwebeflug und Bodeneffekten weitgehend entsprach.

Das Reglerversuchsgestell war eine große Stahlrohrkonstruktion mit einem gitterförmigen Querträger als Rumpf und einem zweiten, der die Tragflächen darstellte. Obwohl auch »kleines« Schwebegestell genannt, war es in Wirklichkeit fast so groß wie das spätere Flugzeug. Es stand auf einem Dreipunktfahrwerk mit langen Federwegen und hatte am Heck ein viertes Bein als Sicherheitssporn. Der Pilot saß in einem gitterförmigen Ausleger in der »Nase« und hatte ein Instrumentenbrett vor sich. Die »Tragflächen« trugen vier senkrecht eingebaute RB108-Hubtriebwerke von Rolls-Royce, von denen zwei weiter innen lagen, um das Pegasus darzustellen, und zwei ganz außen, um die Hubgondeln zu simulieren. Verdichterluft versorgte zwei Steuerdüsen – eine nach oben, eine nach unten gerichtet – im »Heck«.

Das Reglerversuchsgestell oder »kleine« Schwebegestell wurde auf einer teleskopischen Säule erprobt, die für erste Tests des Steuersystems Roll-, Nick-, Gier- und Vertikalbewegungen zuließ. Ab Juni 1963 flog es im freien Flug und absolvierte während der Entwicklung des

Dornier's Reglerversuchsgestell wurde von vier RB108-Hubtriebwerken getragen. Hier sieht man es auf der Teleskopsäule.

Fluglagereglers der Do 31 247 Freiflüge. Zu den Arbeiten zählten die Überprüfung der Auswirkungen echter aerodynamischer Störungen sowie die Folgen eingespielter Komponentenfehler.

Parallel zu den Versuchen mit dem Reglerversuchsgestell wurden das hydraulische und das elektrische System komplett und in voller Größe auf einem Dreiachsentisch aufgebaut, mit dem am Boden alle zu erwartenden Flugbewegungen simuliert werden konnten.

Das große Schwebegestell kam dem echten Flugzeug schon viel näher. Es hatte einen Stahlrohrrahmen mit Cockpit und verkleidetem Vorderrumpf als Zelle, um das wirkliche Flugzeug darzustellen, nur der Heckteil bestand aus offenem Gitterrohr. Tragflächen und Triebwerke waren »echt«. Zwei Schwenkdüsentriebwerke des Typs Pegasus 5–2 waren an den inneren Stationen aufgehängt, und drei RB162-Hubtriebwerke befanden sich in jeder Gondel an den Tragflächenspitzen. Der volle Umfang von acht Hubtriebwerken wurde nicht benötigt, da das große Gestell gut sechs Tonnen weniger wog als das spätere Flugzeug.

Das Reglerversuchsgestell im Schwebeflug. Der leicht abgesenkte Bug erzeugte eine Schubkomponente nach hinten, die für die Vorwärtsbewegung genutzt werden konnte.

Das große Schwebegestell wurde mit den gleichen Steuersystemen ausgerüstet, die das spätere Flugzeug bekommen sollte, denn es war auch von vergleichbarer Größe, Masse und Trägheit. Auch das äußere Aussehen war ähnlich, da es sich im Bereich der Bodeneffekte entsprechend verhalten sollte. Eine abnehmbare Klappe in der Rumpfunterseite sorgte dafür, daß man mit ihm System- und Bodenüberprüfungen auf der Teleskopsäule durchführen konnte.

Das große Schwebegestell durchlief etwa 200 Bodenerprobungen. Die erste Serie dieser Tests fand auf der Teleskopsäule statt, die freie Nick-, Roll-, Gier- und Vertikalbewegungen zuließ. Während dieser Tests wurden die Parameter der Selbststabilisierungsanlage berichtigt, um die Steuereigenschaften zu optimieren und einige gefährliche Schwingungen zu beseitigen. Es ist stets leichter, solche Probleme am Boden herauszufinden, wo das passende Prüf- und Überwachungsgerät eingesetzt werden kann, als in der Luft. Zudem ist es viel sicherer.

Die Tests auf der Teleskopsäule hatten über einer Grube stattgefunden, die die Triebwerkabgase zur Seite lenkte und damit den simulierten Flug außerhalb des Bodeneffekts erlaubte. Dann folgten Bodenerprobungen mit laufenden Triebwerken, um Rezirkulation und Wiederansaugen zu überprüfen. Dazu wurde das große Schwebegestell auf die Startbahn geschafft, um hier ein Hochfahren der Triebwerke vor dem Senkrechtstart zu simulieren, wobei die Düsen der Pegasus verschiedene Schwenkstellungen einnahmen. Die Düsen waren um 110 Grad schwenkbar und so angebracht, daß sie im Horizontalflug um 10 Grad unter die Horizontale geneigt waren, wodurch sie in 5-Grad-Schritten jeden Winkel zwischen 10 Grad und 120 Grad (also 30 Grad vor der Vertikalen) einnehmen konnten.

Wegen der negativen Auswirkungen der Rezirkulation auf die Triebwerktemperaturen war der Düsenschwenkwinkel beim Start auf 90 Grad begrenzt worden. Der erste Versuch des Testpiloten Drury Wood, einen freien Flug durchzuführen, endete mit dem spektakulären Anblick zweier feuerspeiender Haupttriebwerke, wobei das Gestell in Wolken von Gas und Rauch zurück auf den Boden sank. Die anschließende Untersuchung ergab, daß die Düsen die 90-Grad-Begrenzung überschritten hatten, was dann zur Rezirkulation geführt hatte.

Ein zweiter Versuch am 8. Februar 1967, bei dem der Schwenkwinkel der

Das große Schwebegestell bestand aus Tragflächen und Triebwerken der Do 31 und einer Behelfskonstruktion als Rumpf.

Düsen auf 85 Grad begrenzt worden war, war erfolgreicher. Es war ein STOL-Flug mit 50 m Startstrecke, einem »Hüpfer« von 100 m Länge in 8 m Höhe und einer ziemlich haarigen Landung, die durch Bugradflattern verursacht wurde.

Der dritte Flugversuch hatte zum Ziel, das Schwebegestell nach oben aus seiner eigenen Gaswolke herauszubekommen. Bei voller Triebwerkleistung sprang es in die Luft, beschleunigte nach vorne, und wurde dann in 15 m Höhe 2 Minuten lang im autostabilisierten Schwebeflug gehalten. Dabei hob sich die Flugzeugnase um 5 Grad, da die Hubtriebwerke um 5 Grad nach hinten geneigt und die Haupttriebwerke um 85 Grad geschwenkt waren, also ebenfalls um 5 Grad nach hinten zeigten.

Die nächsten Flüge dienten der Feinabstimmung des Autostabilisators und des Übergangs auf rein manuelle Steuerung, noch immer mit einer Düsenschwenkbegrenzung von 85 Grad. Bei weiteren Flügen untersuchte man Schwenkwinkel von mehr als 85 Grad. Dies verbesserte die Fluglage im Schwebeflug, brachte die Flugzeugnase nach unten und erweiterte das Sichtfeld des Piloten. Bei einer Düsenstellung von 115 Grad lag das Flugzeug waagerecht und konnte eine Dreipunktlandung durchführen. Noch größere Winkel waren für die Landung nicht wünschenswert, da dann das Bugrad als erstes aufsetzte.

Das große Schwebegestell trug viel zur Entwicklung der Selbststabilisierungsanlage bei – zunächst am Boden und dann in der Luft – und ermöglichte ein allmähliches Heranführen an die manuelle Steuerung. Es überprüfte auch die Leistungen bei mehreren gleichzeitigen Ausfällen im Autostabilisator. Danach kam das Gestell wieder auf die Teleskopsäule, um das Steuersystem zu überprüfen, das im Flugzeug E3 eingesetzt werden sollte.

Die Do 31 hatte einen runden Rumpf von 20.7 m Länge mit einem runden, verglasten Bug und einem hochgezogenen Leitwerk. Die zweiköpfige Besatzung saß im Bug nebeneinander und verfügte über Doppelsteuerung. Anders als in herkömmlichen Transportflugzeugen, die üblicherweise Steuersäule und Räder verwendeten, arbeitete man mit Steuerknüppeln. Die Steuerknüppel waren im Schwebeflug leichter zu handhaben und betätigten zugleich die Schleudersitze. Der Frachtraum hinter der Besatzung war 9.1 m lang, 2.1 m breit und 2.1 m hoch und konnte über eine Rampe beladen werden, die sich aus dem Rumpfende absenkte. Eine große Seitenflosse trug hochangesetzte Höhenruder. Die Tragflächen des Schulterdeckers hatten

Die Do 31 E1 wurde zu Horizontalflugversuchen herangezogen. Das Höhenleitwerk war hochangesetzt, um es aus dem Strahl der Pegasustriebwerke herauszuhalten. ▷

Dieser Blick von unten auf die Do 31 E1 zeigt, daß die Pegasus-Düsen zur Verstärkung des Auftriebs bei niedrigen Geschwindigkeiten nach unten gerichtet sind. Bei nur geringer Zuladung konnten die beiden Pegasus fast das gesamte Flugzeuggewicht alleine tragen. ▷▽

Das große Schwebegestell im Flug. Es vermittelte nützliche Aufschlüsse über zulässige Triebwerkschwenkwinkel. ▽

D-9530

D-9530

Die Do 31 E3 im Schwebeflug. Die Düsen der Pegasus-Triebwerke zeigen nach unten, und die Hubtriebwerke sind zugeschaltet.

eine Spannweite von 17.9 m und trugen zwei Pegasus-Triebwerke an den inneren Stationen sowie eine Gondel mit vier Hubtriebwerken an jeder Tragflächenspitze. Die Do 31 verwendete ein Dreipunktfahrwerk, dessen Hauptfahrwerk in die Gondeln hinter die Pegasus eingezogen wurde.

Die Haupttriebwerke waren Mantelstromtriebwerke mit Schwenkdüsen des Typs BS53 Pegasus B.Pg.5–2 von Bristol Siddeley mit einem Standschub von je 7.020 kp. Die Hubtriebwerke waren RB162–4D von Rolls-Royce und leisteten je 2.000 kp. Damit betrug der gesamte Nennschub 30.000 kp. Der tatsächlich verfügbare Schub schwankte allerdings mit Temperatur und Höhe, zudem wurde ein gewisser Teil des Schubs zur Steuerung benötigt. Sichere Senkrechtstarts konnten bei 30 Grad Celsius oder in 1.500 m Höhe mit einer Abflugmasse von 19.500 kg durchgeführt werden, oder in Meereshöhe bei 0 Grad mit 27.200 kg. Unter in Europa üblichen Bedingungen konnte die Do 31 sicher mit 22.650 kg oder sogar mehr starten.

Der Ausfall eines Hubtriebwerks erforderte kein besonderes Eingreifen, da das Steuersystem automatisch den Schub der linken und der rechten Gondel ausglich, um die Rollbewegung zu regeln, und den Gesamtschub verstärkte, um die Höhe zu halten. Der Verlust von 2.000 kp bei 30.000 kp Gesamtschub fiel nicht sonderlich ins Gewicht – ein Vorteil der vielen kleinen Hubtriebwerke. Der Ausfall eines Pegasus im Schwebeflug stellte da schon ein größeres Problem dar, da dessen 7.020 kp fast 25 Prozent des verfügbaren Auftriebs ausmachten und dieser Verlust einen asymmetrischen Auftrieb bewirkte, der zu einer schnellen Rollbewegung führte. Für den Fall eines Pegasus-Versagens war das System so programmiert, daß die Hubtriebwerke auf der Ausfallseite sofort auf eine Notleistung hochfuhren, die über ihrem Normalschub lag, und das verbliebene Pegasus auf Maximalschub, wobei die Hubtriebwerke auf der Seite des noch arbeitenden Pegasus in ihrer Leistung unter den Maximalschub abfielen und so die Rollsteuerung übernehmen konnten.

Insgesamt wurden drei Flugzeuge gebaut. Do 31 E1 wurde für Horizontalflugversuche verwendet, Do 31 E2 war eine Flugzeugzelle für Bodenerprobungen, und Do 31 E3 hatte die Schwebe- und Übergangsflugversuche durchzuführen.

Do 31 E1 wurde am 10. Februar 1967 aus der Montagehalle gerollt. Sie wurde mit Pegasus-Haupttriebwerken ausgerü-

Die dritte VAK 191 wurde standesgemäß ausgeliefert.

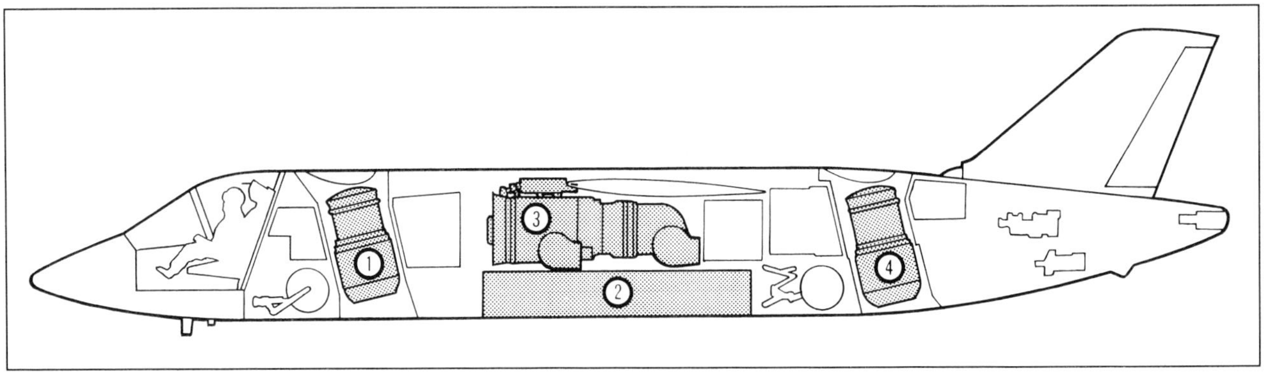

Diese Schnittzeichnung der VAK 191 zeigt den kompakten Einbau der drei Triebwerke, der unter dem Flugzeugschwerpunkt genügend Platz für einen internen Waffenschacht läßt.

1 Hubtriebwerk Rolls-Royce RB162
2 Frachtraum
3 Schwenkdüsentriebwerk Rolls-Royce RB193 für den Marschflug
4 Hubtriebwerk Rolls Royce RB162

Das Schnittmodell legt Einzelheiten des Aufbaues der VAK 191 offen. Eine wichtige Besonderheit dieses Flugzeugs waren die verschiebbaren Lufteinläufe, die verschlossen für den Hochgeschwindigkeitsflug optimiert waren und geöffnet (nach vorne geschoben) mehr Luft für den Senkrechtflug einließen. Details hierzu sind unter den Positionen 35, 163 und 164 erkennbar. In Bug, Heck und den äußeren Tragflächen sieht man die Steuerluftdüsen.

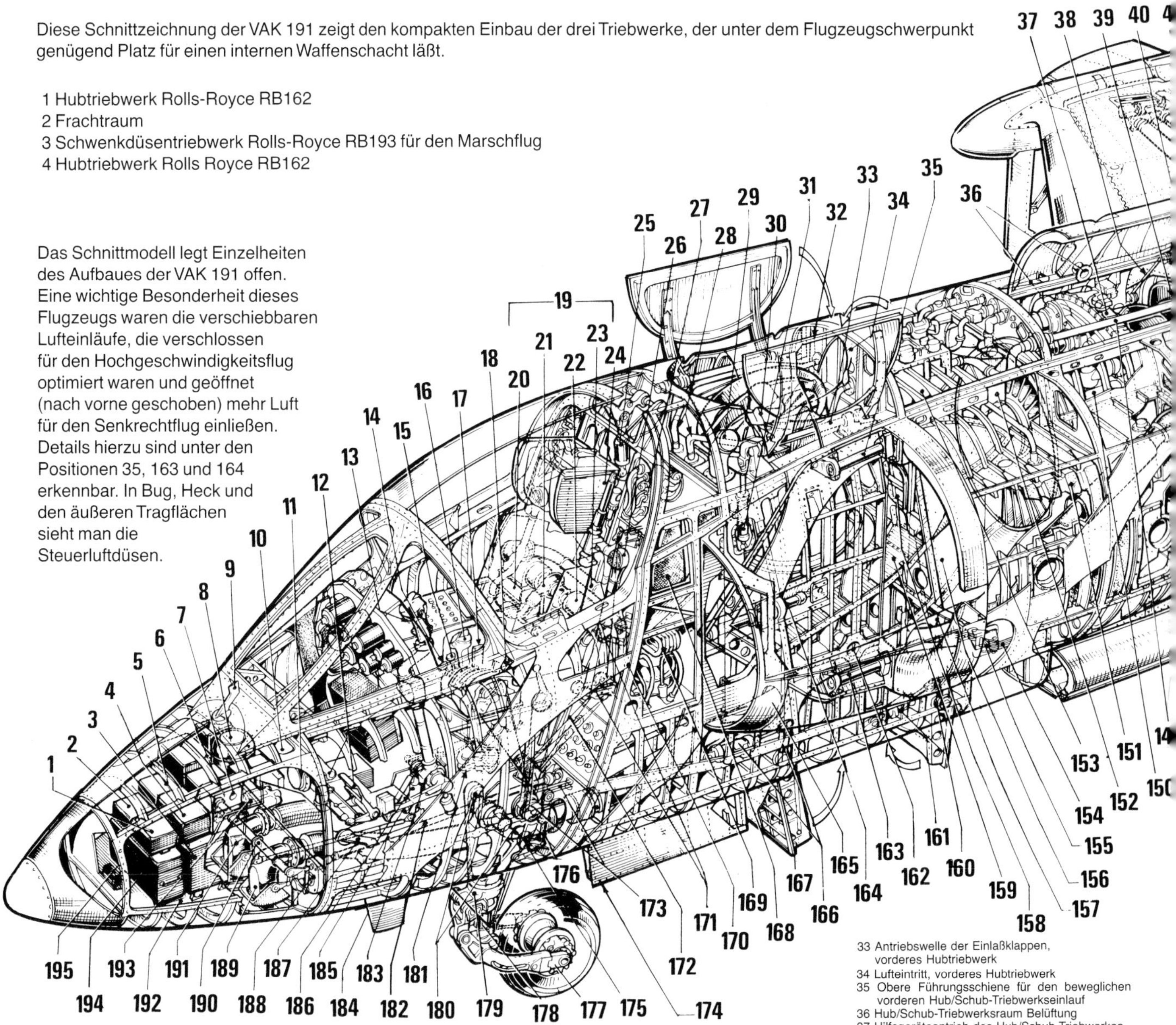

1 Antennenwahlschalter
2 Verstärker
3 Tacan
4 Bordtonschreiber
5 Interphon
6 Verstärker für Kurskreisel
7 Lagekreisel
8 Kurskreisel
9 Schiebewinkelgeber
10 Vorderer Druckspant
11 Kabinenüberdruckventil
12 Seitenruderpedal
13 Steuerknüppel
14 Anschlag für Schwenkdüsenvorwahl
15 Schwenkdüsenbetätigung
16 Leistungshebel Hub/Schub-Triebwerk
17 Leistungshebel Hubtriebwerke
18 Flügelklappen-Betätigungshebel
19 Kabinen-Klimaanlage
20 Wärmetauscher
21 Kühlturbine
22 Wasserabscheider
23 Verteilerleitung Klimaluft
24 Martin Baker Schleudersitz MK9
25 Kabinendachbetätigung
26 Kabinenluftaustritt
27 Elektr. Verkabelung
28 Kraftstoffbe- und Entlüftungsanlage
29 Fallbetankungsanschluß
30 Vorderes Hubtriebwerk, Rolls-Royce RB162–81
31 Betätigungszylinder der Einlaßklappen, vorderes Hubtriebwerk
32 Einlaßklappen vorderes Hubtriebwerk
33 Antriebswelle der Einlaßklappen, vorderes Hubtriebwerk
34 Lufteintritt, vorderes Hubtriebwerk
35 Obere Führungsschiene für den beweglichen vorderen Hub/Schub-Triebwerkseinlauf
36 Hub/Schub-Triebwerksraum Belüftung
37 Hilfsgeräteantrieb des Hub/Schub-Triebwerkes
38 Seile für Notbetätigung der Rollsteuerung
39 Hub/Schubtriebwerk Rolls-Royce/ MTU RB193–12
40 Seilumlenkrollen für Notbetätigung der Rollsteuerung
41 Steuerluftentnahme am Verdichter des Hub/Schubtriebwerks
42 Flügelmittelkasten
43 Flügel-Rumpfverbindungsschrauben
44 Steuerluftleitung Hub/Schubtriebwerk
45 Abluftleitung des Luftmotors

46 Roll-Steuerluftleitung Hubtriebwerke
47 Kraftstoffilter
48 Luftmotor zum Betätigen der Schwenkdüsen
49 Luftmotor zum Betätigen der Schwenkdüsen
50 Luftmotoransteuerung
51 Schwenkdüsenantriebswellen
52 Ansteuerung des Querruderstellmotors und der Roll-Steuerluftdüsen
53 Seilspannungsregler für Rollsteuerung
54 Signalwandler Rollsteuerung
55 Duplexservo Rollsteuerung
56 Flügelklappen-Stellmotor
57 Betätigungsgestänge Flügelklappen-Stellmotor
58 Kraftstoff-Druckspeicher
59 Hintere Kraftstofftanks
60 Nick-Steuerluftleitungen Hub/Schubtriebwerk
61 Antriebswelle der Luft-Einlaßklappen, hinteres Hubtriebwerk
62 Hinteres Hubtriebwerk Rolls-Royce RB162–81
63 Luft-Einlaßklappen, hinteres Hubtriebwerk
64 Umlenkgetriebe für Drehwellennotsteuerung
65 Steuerluftentnahme am hinteren Hubtriebwerk
66 Betätigungszylinder der Einlaßklappen, hinteres Hubtriebwerk

93 Gier-Steuerluftleitung Hub/Schubtriebwerk
94 Nick-Steuerluftdüse Hub/Schubtriebwerk
95 Nick-Steuerluftdüse Hubtriebwerk
96 Ansteuerungsgestänge für Nick-Steuerluftdüse
97 Höhenruder-Stellmotor
98 Signalspeicher für Höhenruder
99 Höhenruderstellmotor-Ansteuerungsgestänge
100 Duplexservo Höhenruder
101 Hilfsgasturbine KHD T112
102 Elektronikausrüstung, Autopilot und Schwebeflugregler
103 Umlenkgetriebe für Drehwellennotsteuerung
104 Stellzylinder für hintere Auslaßklappen, hinteres Hubtriebwerk
105 Trennspant Rumpfmittelteil/Rumpfheck
106 Hintere Auslaßklappe, hinteres Hubtriebwerk
107 Stellzylinder für vordere Auslaßklappe, hinteres Hubtriebwerk

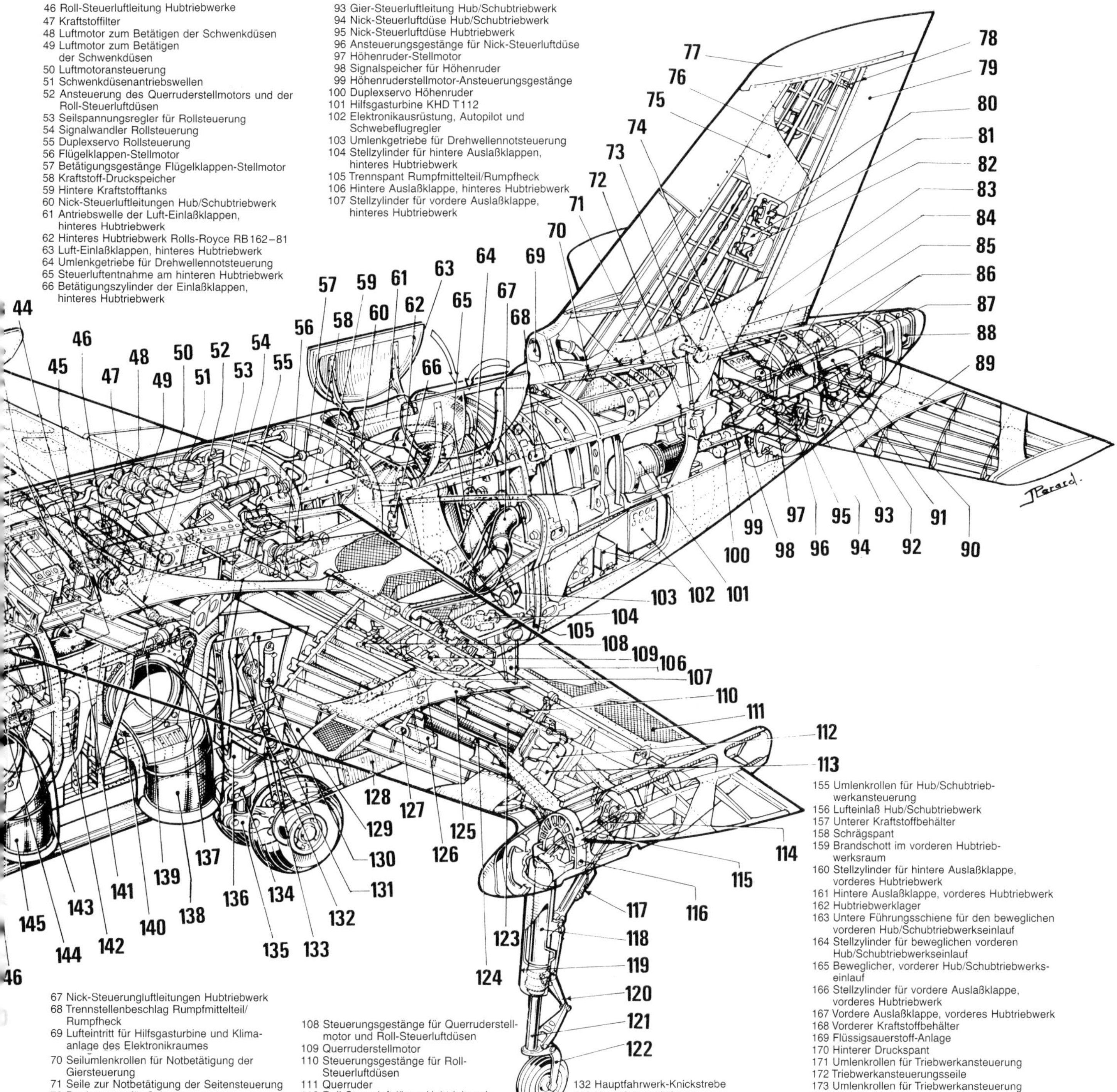

67 Nick-Steuerungluftleitungen Hubtriebwerk
68 Trennstellenbeschlag Rumpfmittelteil/Rumpfheck
69 Lufteintritt für Hilfsgasturbine und Klimaanlage des Elektronikraumes
70 Seilumlenkrollen für Notbetätigung der Giersteuerung
71 Seile zur Notbetätigung der Seitensteuerung
72 Duplexservo für Seitensteuerung
73 Seilumlenkrollen für Notbetätigung der Seitensteuerung
74 Betätigungsgestänge der Gier-Steuerluftdüsen
75 Tragkasten der Seitenflosse
76 Elektrische Verkabelung
77 UHF-Antenne
78 Oberes Lager des Seitenruders
79 Seitenruder
80 Seitenruder-Stellmotor
81 Signalspeicher Seitenruder
82 Signalbegrenzer Seitenruder
83 Unteres Lager des Seitenruders
84 Unlenkgetriebe für Drehwellennotsteuerung
85 Zentralkasten Höhenruder
86 Umlenkhebel in der Betätigung der Gier-Steuerluftdüsen
87 Höhenruderanschluß
88 Bremsschirm
89 Höhenruder
90 Gier-Steuerluftdüse Hubtriebwerk
91 Gier-Steuerluftleitung Hubtriebwerk
92 Gier-Steuerluftdüse Hub/Schubtriebwerk

108 Steuerungsgestänge für Querruderstellmotor und Roll-Steuerluftdüsen
109 Querruderstellmotor
110 Steuerungsgestänge für Roll-Steuerluftdüsen
111 Querruder
112 Roll-Steuerluftdüsen Hubtriebwerk
113 Roll-Steuerluftdüsen Hub/Schubtriebwerk
114 Stützfahrwerksstellzylinder
115 Anschlußspant Stützfahrwerk
116 Stützfahrwerkslager
117 Stützfahrwerk-Knickstrebe
118 Stützfahrwerk-Federbein
119 Stützfahrwerksklappe
120 Stützfahrwerksschere
121 Stützfahrwerks-Federstrebe
122 Radgabel
123 Roll-Steuerluftleitung Hubtriebwerk
124 Roll-Steuerluftleitungen Hub/Schubtriebwerk
125 Flügeltragkasten
126 Vordere Auslaßklappe, hinteres Hubtriebwerk
127 Pylon-Anschlußpunkt
128 Hauptfahrwerksklappe
129 Hauptfahrwerksraum
130 Hauptfahrwerksstellzylinder
131 Hitzeschild für hintere Schwenkdüse, Hub/Schubtriebwerk

132 Hauptfahrwerk-Knickstrebe
133 Hauptfahrwerkslager
134 Hauptfahrwerk-Federbein
135 Hauptfahrwerk-Schwinghebel
136 Hauptfahrwerk
137 Schwenkdüsenantrieb-Umlenkgetriebe
138 Hintere Schwenkdüse
139 Antriebskette hintere Schwenkdüse
140 Hinterer Schwenkdüsen-Lagerring
141 Schwenkdüsenantriebswelle
142 Hydraulikbehälter
143 Schwenkdüsenantrieb-Umlenkgetriebe
144 Antriebskette, vordere Schwenkdüse
145 Vordere Schwenkdüse
146 Hub/Schubtriebwerkslager
147 Vorderer Schwenkdüsen-Lagerring
148 Lastenraumklappen
149 Kraftstoffleitungen
150 Hub/Schubtriebwerksraum
151 Seitlicher Kraftstoffbehälter
152 Innere Wand, Hub/Schubtriebwerk-Lufteinlaß
153 Innerer Kraftstoffbehälter
154 Hub/Schubtriebwerksansteuerung

155 Umlenkrollen für Hub/Schubtriebwerkansteuerung
156 Lufteinlaß Hub/Schubtriebwerk
157 Unterer Kraftstoffbehälter
158 Schrägspant
159 Brandschott im vorderen Hubtriebwerksraum
160 Stellzylinder für hintere Auslaßklappe, vorderes Hubtriebwerk
161 Hintere Auslaßklappe, vorderes Hubtriebwerk
162 Hubtriebwerklager
163 Untere Führungsschiene für den beweglichen vorderen Hub/Schubtriebwerkseinlauf
164 Stellzylinder für beweglichen vorderen Hub/Schubtriebwerkseinlauf
165 Beweglicher, vorderer Hub/Schubtriebwerkseinlauf
166 Stellzylinder für vordere Auslaßklappe, vorderes Hubtriebwerk
167 Vordere Auslaßklappe, vorderes Hubtriebwerk
168 Vorderer Kraftstoffbehälter
169 Flüssigsauerstoff-Anlage
170 Hinterer Druckspant
171 Umlenkrollen für Triebwerkansteuerung
172 Triebwerkansteuerungsseile
173 Umlenkrollen für Triebwerkansteuerung
174 Bugfahrwerksklappen
175 Bugfahrwerkslager
176 Bugfahrwerksstellzylinder
177 Bugfahrwerks-Radgabel
178 Bugfahrwerks-Federbein
179 Bugfahrwerk
180 Bugfahrwerkslagerbolzen
181 Seilsegment für Roll- und Giersteuerung
182 Drehwellennotsteuerung für Nickachse
183 Steuerknüppellagerung
184 UHF-Antenne
185 Ausgleichsgewicht f. Nicksteuerung
186 Umlenkhebel und Steuerstange für Nicksteuerung
187 Anstellwinkelgeber
188 Drehwellennotsteuerungsgetriebe
189 Nick-Steuerluftdüse Hub/Schubtriebwerk
190 Steuerungsgestänge für Nick-Steuerluftdüsen
191 Nick-Steuerluftdüsen Hubtriebwerk
192 Vorderer Elektronikraum
193 Duplexservo für Nicksteuerung
194 Radar-Höhenmesser
195 Umformer

Die drei VAK 191B stehen hier während ihrer Erprobung nebeneinander. Ihre grundsätzliche Auslegung war der der P.1127 sehr ähnlich, die Lufteinlaufklappen für die zusätzlichen Hubtriebwerke stellten allerdings einen deutlichen Unterschied dar.

stet, hatte aber keine Hubtriebwerke. Die Horizontalflugversuche stellten sich als Routineangelegenheit ohne Zwischenfälle heraus. Obwohl sie nicht schweben konnte, erwiesen sich die Schwenkdüsen des Pegasus bei der Bestimmung der Rollgeschwindigkeit wie beim Abbremsen als hilfreich. In der Luft konnte E1 aufgrund des hohen Schubgewichtsverhältnisses von 0.6 einigen Jägern und Schulflugzeugen im Steigflug davonziehen, und mit den Düsen auf 120 Grad konnte sie mit 230 km/h Vorwärtsgeschwindigkeit 2.500 m pro Minute durchsacken lassen – von Vorteil im Falle eines Angriffs.

Die Do 31 E3 absolvierte ihren ersten konventionellen Flug am 14. Juli 1967; es folgten vier weitere konventionelle Flüge zur Überprüfung der Systeme. Nach einigen notwendigen Modifizierungen nahm E3 die Erprobungen wieder auf. Ihr erster Schwebeflug erfolgte am 22. November 1967, ein Übergang vom Senkrechtstart zum Horizontalflug am 16. Dezember, und eine Konversion vom Horizontalflug zur senkrechten Landung am 21. Dezember 1967. Mehrere Jahre lang setzte sie ihre Erprobungsflüge und Vorführungen fort, und in den Jahren 1969 und 1970 wurde sie von Wissenschaftlern und Ingenieuren der NASA untersucht. Im April 1970 lief das Projekt aus.

Die Do 31 E3, die alle Senkrechtflugerprobungen und Übergangsflüge durchgeführt hat, kann man im Deutschen Museum in München besichtigen.

Die VFW (Vereinigte Flugtechnische Werke) VAK 191 (Vertikal-Aufklärungs- und -Kampfflugzeug) war ursprünglich in Reaktion auf die Spezifikation VAK 191 B der deutschen Regierung, die ein taktisches Aufklärungs- und Kampfflugzeug mit Senkrechtstartfähigkeit im Unterschallbereich forderte, von Focke-Wulf als Fw 1262 konzipiert worden. Diese wurde aufgrund einer Regierungsvereinbarung zwischen der Bundesrepublik Deutschland und Italien aus dem Jahre 1964 von VFW in Zusammenarbeit mit Fiat, deren G 91 die Fw 1262 ersetzen sollte, weiterentwickelt. Italien zog sich 1968 aus dem Vertrag zurück, aber VFW-

Die zweite VAK 191B schwebt über der Startbahn. Man erkennt Schutzgitter, die das Ansaugen von aufgewirbelten Gegenständen verhindern sollen, über den beiden Hubtriebwerken, am Haupteinlauf und am Hilfseinlauf des Marschtriebwerks. Der Hilfseinlauf öffnete sich durch Verschieben des Haupteinlaufs nach vorne.

Fokker setzte das Programm unter Zuarbeit des Unterauftragnehmers Aeritalia fort.

Auf den ersten Blick konnte man die VAK 191 für eine Variante der P.1127 halten, der sie in Aussehen und Auslegung sehr ähnlich war. Sie war, verglichen mit den 12.9 m der P.1127, 14.6 m lang, hatte aber mit 6 m Spannweite 0.6 m kürzere Tragflächen.

Das Cockpit lag wie bei der P.1127 ganz vorne im Bug, und die Cockpithaube schloß mit der Rumpfoberseite bündig ab. Dadurch ergab sich eine schlechte Sicht nach hinten, und der sehr kleine Bugquerschnitt vor dem Cockpit ließ Schwierigkeiten bei einer künftigen Radarinstallation erwarten.

Das Schwenkdüsen-Marschtriebwerk RB193 war von Rolls-Royce und MTU aus dem RB153 entwickelt worden. Es erzeugte 4.530 kp Schub (zum Vergleich: Pegasus 6.800 kp), war aber viel kleiner als das Pegasus, wodurch man einen Nutzlastschacht darunter gewann und vor und hinter dem Triebwerk mehr Kraftstoff im Rumpf mitführen konnte.

Für den Auftrieb sorgten zwei Hubtriebwerke des Typs RB162–81 mit 2.540 kp Schub, auch sie waren in Zusammenarbeit zwischen Rolls-Royce und MTU entwickelt worden. Sie waren in zwei Schächten untergebracht, eines im Vorderrumpf und eines weiter hinten. Beide waren schräg eingebaut und hatten einen Schubanteil von 14 Grad nach hinten. Der gesamte Auftriebschub betrug 9.500 kp, womit der Schubüberschuß der VAK 191 gegenüber ihrer maximalen Senkrechtstartmasse von 7.970 kg bei 20 Prozent lag.

Eine Hilfsgasturbine des Typs T112 von Klöckner-Humbold-Deutz, im Heck untergebracht, erzeugte 300 PS Wellenleistung. Sie diente zum Anlassen der Haupttriebwerke und zur Stromerzeugung, wenn die Haupttriebwerke nicht liefen. Dadurch machte sie die VAK 191 weniger abhängig von Bodengerät und gab ihr eine bessere Auflockerungsfähigkeit.

Die Lufteinläufe für die Hubtriebwerke wurden von zwei halbkreisförmigen Klappen abgedeckt, die seitlich gelagert

waren. Da ein Bordanlaßgerät vorhanden war, erübrigte sich Stauluft zum Starten der Hubtriebwerke. Die Düsen der Hubtriebwerke waren von zwei quergelagerten, rechteckigen Klappen abgedeckt.

Die Lufteinlässe für das Schubvektortriebwerk lagen an den Rumpfseiten direkt hinter dem Cockpit. Während die Harrier große »Elefantenohr«-Einläufe hatte, um im Schwebeflug ein Maximum an Luft schlucken zu können, hatte die VAK 191 kleine halbkreisförmige Einläufe, die für den schnellen Vorwärtsflug optimiert waren. Der etwa 1 m lange Vorderteil jedes Einlaufs war nicht am Rumpf befestigt und konnte etwa 25 cm nach vorne gleiten, wodurch ein zusätzlicher Schlitz entstand, der das Triebwerk im Übergangs- und Schwebeflug mit zusätzlicher Luft versorgte. Das Prinzip entsprach dem Gleiteinlauf der VJ101C.

Das Flugzeug wurde über Rückstoßdüsen in Bug, Heck und Tragflächenspitzen gesteuert, die mit Zapfluft der Verdichter aller drei Haupttriebwerke versorgt wurden. Das Steuersystem verfügte über eine zweifach ausgelegte elektromechanische Regleranlage mit automatischer Rückschaltung auf mechanische Direktsteuerung für den Fall des Versagens eines der beiden Kanäle.

Die VAK 191 war komplizierter als die Familie der P.1127, Kestrel und Harrier, wies aber verschiedene Vorteile auf. Sie konnte einen Triebwerkausfall im Schwebeflug überleben, indem sie dann lediglich härter als normal aufsetzte. Wenn eines der beiden Hubtriebwerke ausfiel, wurde das andere abgeschaltet und das RB193 konnte 4.530 kp Auftriebschub zur Verfügung stellen; fiel das RB193 selbst aus, konnten die Hubtriebwerke 5.000 kp Auftrieb leisten. Der Schwerpunkt mußte nicht so genau ausbalanciert sein, weil jede Abweichung durch unterschiedliche Leistung der Hubtriebwerke ausgeglichen werden konnte. Die Hilfsgasturbine ließ eine unkompliziertere Verlegung in Auflockerungsräume zu. Das waren zwar echte Vorteile, aber sie waren für ein Kampfflugzeug nur von sekundärer Bedeutung, da sie nur die Einsatzkriterien betrafen, aber keine zusätzliche Kampfkraft schufen.

Nach Plan sollten sechs Prototypen der VAK 191 gebaut werden, aber nur drei wurden tatsächlich fertiggestellt. Der erste davon verließ im April 1970 die Montagehalle, und die Flugversuche führten von gefesselten über freie Schwebeflüge zu einem Übergang vom Schwebe- in den Normalflug am 26. Oktober 1972. Dabei wurden die Hubtriebwerke im Flug abgeschaltet, das Flugzeug erreichte 555 km/h im Vorwärtsflug, und danach wurden die Hubtriebwerke erfolgreich wiederangelassen. Alle drei Prototypen wurden zu Erprobungsflügen eingesetzt.

Zur Zeit ihrer Konstruktion war die VAK 191 in Nutzlast und Reichweite der P.1127/Kestrel potentiell überlegen, aber 1972 erzeugte das Pegasus bereits 9.750 kp Schub, und die Harrier GR3 zog mit der VAK 191 hinsichtlich Startmasse und Zuladung gleich. Die technische Entwicklung versprach sogar noch weitere Leistungssteigerungen der Harrier.

Danach änderte die deutsche Regierung ihre Prioritäten und gab ihre Forderungen nach senkrecht startenden und landenden Kampfflugzeugen auf. Die drei VAK 191 wurden daraufhin dem MRCA-Programm von Panavia als Testflugzeuge für Flugelektronik und Steuersysteme zugewiesen. Wie in der Sowjetunion wurden die Senkrechtstarter durch Flugzeuge mit schwenkbaren Tragflächen verdrängt, die ihre Vorteile im gesamten Flugbereich, und nicht nur beim Start, ausspielen konnten.

Beide Flugzeuge, das Transportflugzeug Do 31 und das Kampfflugzeug VAK 191, verbanden Schwenkdüsentriebwerke mit Hubtriebwerken.

Im Falle der VAK 191 war das keine glückliche Wahl. Spätere Entwicklungen von Jagdflugzeugen zeigten, daß die Manövrierfähigkeit im Luftkampf in erster Linie vom Schubgewichtsverhältnis abhängt. Daher sollte jedes Flugzeug, das das Gewicht von Hubtriebwerken für den Senkrechtstart mit sich schleppt, den Vorteil dieses zusätzlich eingebauten Schubs im Kampf auch nutzen können. Die Hubtriebwerke der VAK 191 waren im normalen Flug nicht verfügbar und stellten somit nur viel totes Gewicht dar.

Bei der Do 31 war die Kombination von Schwenkdüsen- mit Hubtriebwerken viel zweckdienlicher. Im Vorwärtsflug braucht ein Transportflugzeug nur den

Die VAK 191 im konventionellen Flug. Die drei Flugzeuge wurden später in der Entwicklung des Mehrzweckkampfflugzeugs Tornado eingesetzt.

Schub, der für einen wirtschaftlichen Marschflug ausreicht. Der restliche Schub für den Senkrechtstart sollte mit so wenig Gewicht wie möglich erzeugt werden, und da sind spezielle Hubtriebwerke die genau richtige Antwort. Allerdings hatten die Schwenktriebwerke der Do 31 zuviel Schub. Wäre das leichtere RB193 schon verfügbar gewesen, hätte man zwischen Vortriebschub und Auftriebschub ein besseres Verhältnis herstellen und über das verringerte Triebwerkgewicht Nutzlast und Reichweite erhöhen können.

Triebwerke mit Schubablenkung

Bei Flugzeugen, die für kurze Starts und Landungen (STOL) ausgelegt sind, muß der Schub nicht höher als das Gewicht sein, solange der direkte Triebwerkschub zusammen mit dem Auftrieb der Tragflächen das Gewicht des Flugzeugs bei niedrigen Geschwindigkeiten tragen kann. So gab es eine Reihe von Versuchen, den Auftrieb eines Triebwerks mit Schubrichtungsänderung oder Schubablenkung mit dem aerodynamischen Auftrieb der Tragflächen eines Flugzeugs zu verbinden.

Es gab drei Möglichkeiten, die Triebwerkabgase zur Erzeugung einer direkten Auftriebskraft einzusetzen. Sie wurden entweder über Schwenkdüsen nach unten gerichtet, durch Klappen nach unten abgelenkt oder über Klappen geblasen und dann durch den Coanda-Effekt nach unten gezogen. Die Kombination von Abgasen und Klappen konnte einen Auftrieb erzeugen, der bei niedrigen Geschwindigkeiten beträchtlich über dem Triebwerkschub lag, was der Schubablenkung durch Klappen gegenüber einfachen Schwenkdüsen einen Vorteil verlieh.

Die Triebwerke wurden auch dazu benutzt, Bläserzapfluft (oder sogar Abgase) über Tragflächen und Klappen zu blasen. Dabei ist es schwierig, den Effekt des durch nach unten geblasene Luft direkt erzeugten Auftriebs von dem durch Grenzschichtsteuerung erzeugten zusätzlichen Auftrieb abzugrenzen. Zahlen über die Auftriebsanteile sind gemeinhin Schätzungen.

Man konnte die Luft auch über die Steuerflächen blasen, um bei niedrigen Geschwindigkeiten die Steuerung zu verbessern. Zusätzlichen direkten Auftrieb konnte man durch Wölbung der Flächen erreichen.

Die verschiedenen Methoden hatten alle ihren Preis – in ihrer Komplexität, in dem Platz, den die Zuführungskanäle beanspruchten, und auch in thermischen Problemen. Die »kalte« Luft, die einem Mantelstromtriebwerk vorne entnommen wurde, war immer noch heiß genug, um die Zellenfestigkeit zu beeinflussen. Die Triebwerkabgase hatten sehr hohe Temperaturen, und die von ihnen bestrichenen Flächen mußten aus teurem, hochtemperaturfestem Material wie Titan, rostfreiem Stahl und Nimonic-Legierungen hergestellt werden.

Die Forschungen auf dem Gebiet der Schubablenkung begannen in England im Jahre 1963 mit der H126 von Hunting. Später wurden die Forschungen in Nordamerika durchgeführt, und zwar durch die NASA und das kanadische Industrie- und Handelsministerium, die zwei C-8A Buffalo von de Havilland Canada modifizierten. In den späten 70er Jahren schrieb die amerikanische Luftwaffe einen Konstruktionswettbewerb für ihren AMST (Advanced Medium STOL Transport = weiterentwickeltes mittleres Transportflugzeug mit Kurzstartfähikeit) aus, der zu den Prototypen der Boeing YC-14 und der McDonnell YC-15 führte. In der Sowjetunion entsprach die Antonow An-72 vergleichbaren Kriterien.

Die Hunting H126 war ein frühes Forschungsflugzeug für das Prinzip angeblasener Oberflächen. Die Aufgabe dieser Konstruktion war, die Arbeitsergebnisse an Strahlklappen zu überprüfen, die vom Nationalinstitut für Gasturbinen und von der Erprobungsstelle der Luftwaffe durchgeführt worden waren.

Die H126 hatte einen tiefliegenden Rumpf von 15.2 m Länge. Ihr einsitziges Cockpit lag weit vorne, darunter befand sich das Strahltriebwerk Orpheus von Bristol. Der Schulterdecker hatte schlanke Tragflächen mit einer Spannweite von 13.4 m. Die Hinterkanten der Tragflächen bestanden vollständig aus Klappen und Querrudern. Die große Heckflosse trug hochangesetzte Höhenruder.

Die heißen Gase des Orpheus wurden zunächst zu einer Verdichtervorkammer unten im Rumpf und dann hinauf in die Tragflächen geführt, wo sie durch eine Reihe von Schwalbenschwanzdüsen in Klappen und Querrudern ins Freie geblasen wurden. Das Strahlklappensystem war für den ständigen Gebrauch ausgelegt – im normalen Flug mit eingefahrenen Klappen erzeugte es Vortrieb, und bei niedrigen Geschwindigkeiten mit ausgefahrenen Klappen und Querrudern verstärkte es den Auftrieb.

Gleichzeitig strömten heiße Gase durch Düsen an den Rumpfseiten ins Freie und erzeugten zusätzlichen Vortrieb. Düsen in den Tragflächenspitzen und im Heck regelten die Fluglage. Im Langsamflug wurden Rollbewegungen über die Flächenspitzendüsen gesteuert, und senkrechte und waagerechte Düsen im Heck steuerten Nicken und Gieren.

Die H126 war im August 1962 fertiggestellt und absolvierte im März 1963 ihren Erstflug. Bei ausgefahrenen Klappen verursachte der Auftrieb der Strahlklappen an den Hinterkanten der Tragflächen eine Fluglage, bei der die Nase des Flugzeugs nach unten hing, was auch im Geradeausflug so aussah, als ob sie sich im Sturzflug befände. Nachdem sie sechs Monate bei der Firma Hunting erprobt worden war, wurde sie der Erprobungsstelle der Royal Air Force für deren Strahlklappen-Forschungsprogramm übergeben.

Die H126 kann im Aerospace Museum auf dem Fliegerhorst Cosford in West Midlands, England, besichtigt werden.

Das NASA Augmentor Wing Jet STOL Research Aircraft (Kurzstart-Forschungsstrahlflugzeug der NASA mit Hochauftriebstragflächen) war ein gemeinsames Programm der NASA und des kanadischen Industrie- und Handelsministeriums mit dem Ziel der Erforschung von Kurzstarttechniken für zivile Flugzeuge. Das Programm basierte auf einer DHC-5 Buffalo von de Havilland Canada. Die Buffalo war ein STOL-Transportflugzeug mit hochangesetzten Tragflächen, hochgezogenem Rumpfheck und hohem T-Leitwerk; sie war eine Turbopropentwicklung aus der mit Radialtriebwerken ausgerüsteten DHC-4 Caribou. Die Buffalo war als C-8A entsprechend einer Forderung des amerikanischen Heeres entwickelt worden, und vier waren bereits zur Erprobung ausgeliefert worden. Als die amerikanische Luftwaffe die Verantwortung für Gefechtsfeldtransporter übernahm, wurde das Programm eingestellt, und die verbliebenen drei C-8A wurden der NASA übergeben. Die NASA und das kanadische Industrie- und Handelsministerium finanzierten der Boeing Commercial Airplane Company den Umbau, zu dem auch die Konstruktion neuer Tragflächen und der Einbau anderer Triebwerke zählten.

Die Propellerturbinen der Buffalo wurden daraufhin durch zwei 4.080 kp Schub starke Mantelstromtriebwerke des

Diese Nahaufnahme der Augmentor Wing Buffalo der NASA zeigt die Schwenkdüsen, die angeblasenen Klappen und die nach unten gestellten Querruder.

Typs Spey 801SF von Rolls-Royce ersetzt. Sowohl kalter wie heißer Kreis der beiden Triebwerke wurden zur Erzeugung von Auftrieb verwendet. Die Abgase der Basistriebwerke wurden zweigeteilt und – wie beim Pegasus – durch zwei hintere Schwenkdüsen geleitet, die drehbar waren und somit Auftrieb oder Vortrieb erzeugen konnten. Der Luftstrom der Gebläse wurde als Zapfluft zum Anblasen der Tragflächen benutzt.

Die Spannweite der Tragflächen wurde auf 24 m verkürzt; sie wurden so umgebaut, daß sie über verschiedene Hochauftriebsmittel verfügten. Die Vorderkanten der Tragflächen erhielten über die gesamte Spannweite Vorflügel. Der hintere Teil der Tragflächen wurde mit einem Verteilersystem versehen, das Ablenkklappen und Querruder versorgte. Die Ablenkklappen stießen Luft aus, die sich mit dem Luftstrom über den Tragflächen vermischte, was den Auftrieb verstärkte. Die angeblasenen Querruder verbesserten bei niedrigen Geschwindigkeiten die Rollsteuerung und wurden zusammen mit den Klappen nach unten abgesenkt, um den Auftrieb zu erhöhen.

Die Augmentor Wing flog erstmalig am 1. Mai 1972. 1974 schloß sie die Konzepterprobungen ab und wurde 1974/75 zur Entwicklung des STOLAND, eines Systems zur Endanflugslenkung, eingesetzt. Noch 1986 war sie bei der NASA in Ames im Einsatz.

Später unterstützte die NASA die QSRA (Quiet Short-haul Research Aircraft = lärmgedämpftes Nahverkehrs-Forschungsflugzeug), das ebenfalls aus einer C-8A Buffalo abgeleitet und von der Boeing Commercial Airplane Company umgebaut worden war. Die QSRA arbeitete mit einem System, bei dem die Abgase der Triebwerke über die Oberseiten der Tragflächen geblasen und bei nach unten ausgefahrenen Klappen durch den Coanda-Effekt nach unten gezogen wurden.

Die QSRA hatte neuartige Tragflächen, die ausgiebig von der Grenzschichtabsaugung Gebrauch machten, und zwar sowohl an den Tragflächenvorderkanten als auch an den Querrudern, um deren Steuerwirkung bei niedrigen Geschwindigkeiten zu verstärken. Als Antrieb dienten vier 3.560 kp starke Mantelstromtriebwerke des Typs F102 von Avco Lycoming, deren Abgase über die Oberseiten der Tragflächen geblasen wurden. Bei abgesenkten Klappen wurden die Abgase durch den Coanda-Effekt nach unten gezogen und erzeugten zusätzlichen Auftrieb. Der Auftrieb entstand teilweise durch Schubablenkung, wie bei richtigen VTOL-Flugzeugen, und teilweise durch die zusätzlich verursachte Zirkulation der Luft um die sich bewegende Tragfläche.

Die QSRA flog erstmals am 6. Juli 1978 und stieß dann zum Augmentor Wing Jet Research Aircraft in Ames. Ihr wurde nachgesagt, beim Starten und Landen leiser zu sein als herkömmliche Flugzeuge, hauptsächlich weil die Tragflächen den Lärm des Triebwerkstrahls vom Boden fernhielten. Auch die QSRA war 1986 noch in Ames im Einsatz.

1971 gab das Taktische Einsatzkommando der amerikanischen Luftwaffe ein Lastenheft für die AMST (Advanced Medium STOL Transport = weiterentwickeltes mittleres Transportflugzeug mit Kurzstartfähigkeit) heraus. Die AMST sollte die C-130 Hercules ablösen und Verbesserungen aufweisen in Kurzstarteigenschaften, Nutzlast, Geschwindigkeit, Auftrieb, Größe des Laderaums und Kosten. Gegen die Konkurrenz von Bell, Fairchild und Lockheed wurden die Entwürfe von McDonnell Douglas und Boeing dazu ausersehen, für einen Vergleich gebaut zu werden.

McDonnell's Einstieg in den AMST-Wettbewerb war die YC-15. Die Firma besaß bereits eine Lizenz für die Breguet 941, einen propellergetriebenen STOL-Transporter mit Schubablenkung, und hatte mit dieser Auslegung beträchtliche Erfahrungen gewonnen. Die YC-15 war eine logische Fortentwicklung des 941-Konzepts, allerdings wurden die Propeller der 941 durch Mantelstromtriebwerke ersetzt. Die inneren Abmessungen des Rumpfs waren durch die AMST-Spezifikation festgelegt und führten zu einem dicken Rumpf, der 36.6 m lang war, den Bug einer DC-10, ein hochgezogenes Heck sowie eine Laderampe hinten hatte. Das Leitwerk bestand aus einer hohen Flosse, die weit oben das Höhenleitwerk trug, weit über den Triebwerkabgasen. Das Leitwerk hatte große Oberflächen, um bei niedrigen Geschwindigkeiten die Steuerwirkung zu verbessern.

Das lärmgedämpfte Nahverkehrs-Forschungsflugzeug QSRA der NASA beim Verlassen der Montagehalle.

Das Dreipunktfahrwerk trug an Bug- und Hauptfahrwerk Zwillingsreifen, letzteres hatte Tandem-Zwillingsreifen und wurde in große äußere Gondeln eingezogen.

Die Tragflächen waren in Schulterhöhe angesetzt und hatten eine Spannweite von 33.5 m. Ihre gerade, sich verjüngende Form hielt die Kosten in Grenzen. Man hatte sich für ein überkritisches Profil entschieden, das hohe Geschwindigkeiten und größere innere Kraftstofftanks zuließ. Die Vorderkanten der Tragflächen hatten über die volle Länge hydraulisch betätigte Vorflügel. Die Strahlablenkklappen an den Hinterkanten hatten zwei Austrittschlitze und erstreckten sich über die inneren 75 Prozent der Spannweite. Die restliche Spannweite war mit großen Querrudern versehen. Vor jedem Querruder war eine Auftriebstörklappe angebracht.

Als Antrieb dienten vier 7.250 kp starke Mantelstromtriebwerke des Typs JT8D-17 von Pratt & Whitney, die unter den Tragflächen bei einem Viertel und der Hälfte der Spannweite angebracht waren, und zwar so weit vorne, daß ihre Abgase sich verteilen konnten, bevor sie auf die Klappen trafen. Die Triebwerke waren mit Fangdüsen versehen, die die hohe Temperatur der Abgase mit Außenluft vermischten, um ein Erhitzen der Klappen abzumildern. Trotzdem wurden die Klappen noch so heiß, daß sie aus Titan angefertigt werden mußten.

Bei den niedrigen Geschwindigkeiten von Start und Landung wurden die Vorflügel ausgefahren und die Klappen in die Triebwerkabgase abgesenkt, um ein Maximum an Auftrieb zu gewinnen, der zur Hälfte vom konventionellen Auftrieb der Tragflächen und zur anderen Hälfte von der Schubablenkung erzeugt wurde, sowohl direkt als auch durch seine Wirkung auf die Klappen. Die Auftriebstörklappen wurden benötigt, um einen steilen Sinkflug für eine kurze Landung durchführen zu können. Im Sinkflug wur-

Die beiden Kurzstarttransporter Boeing AMST auf einem Bild. Der Gewinner der AMST-Ausschreibung sollte die Hercules ablösen, aber die »Herc« erwies sich als kosteneffektiver und ist noch immer im Dienst.

den sie auch zur Steuerung des Flugzeugs eingesetzt. Rollbewegungen wurden durch unterschiedliche Störklappenbetätigung gesteuert, und die Sinkgeschwindigkeit durch gemeinsame Betätigung.

Zwei Prototypen der YC-15 wurden hergestellt, deren Erstflug am 28. August 1975 stattfand. Zu ihren Leistungen zählten Geschwindigkeiten von bis zu 960 km/h und Zuladungen von bis zu 35.335 kg. 1976 und 1977 stand die YC-15 fliegerisch im Wettbewerb mit der YC-14 von Boeing und wurde auch zum Gewinner erklärt, dann aber führte eine Kürzung von Haushaltsmitteln zur Einstellung des Programms, um die wirtschaftlichere C-130 Hercules von Lockheed nachbeschaffen zu können. Während der Zweihundertjahrfeier im Jahre 1977 besuchte die YC-15 Europa, um auf der Luftfahrtschau in Farnborough vorgestellt zu werden.

Auch die Boeing YC-14 war so konstruiert, daß sie das AMST-Lastenheft erfüllte. Allerdings entschied sich Boeing für ein zweistrahliges Flugzeug, bei dem die Triebwerke die Oberseiten der Tragflächen anbliesen. Auch hier war die Größe des Rumpfs durch die Spezifikation vorgegeben und führte zu einer Länge von etwa 39.6 m. Mit einem Dreibeinfahrwerk, das vorne Zwillingsräder und am Hauptfahrwerk je vier Laufräder hatte, die in große Gondeln eingefahren wurden, war die grundsätzliche Auslegung vergleichbar. Das hohe T-Leitwerk hatte ein zweifach angelenktes Höhenruder, um bei extremen Ausschlägen einen ruhigeren Luftstrom zu erzeugen. Die Tragflächen der YC-14 waren hoch angesetzt und hatten mit 39.6 m eine größere Spannweite, waren aber schlanker und hatten die gleiche Fläche wie die der YC-15.

Als Antrieb dienten zwei Mantelstromtriebwerke des Typs CF6–50D von General Electric, die 23.100 kp Schub leisteten. Sie waren über und vor den Tragflächen angebracht, so daß die Triebwerkabgase die Oberseiten der Tragflächen bestrichen. Wenn die Klappen ausgefahren waren, bildeten sie eine glatte Kurve, die die Abgase durch den Coanda-Effekt nach unten lenkte, so daß durch diese Ablenkung nach unten direkter Auftrieb erzeugt wurde. Der Auftrieb der Tragflächen wurde durch Krügerklappen verstärkt, die sich an den Vorderkanten über die volle Länge erstreckten, sowie durch Verdichterluft der Triebwerke, die aus Löchern an den Vorderkanten austrat, um die Grenzschicht anzublasen. Störklappen ergänzten die Rollsteuerung der Querruder bei niedrigen Geschwindigkeiten und regelten die Sinkgeschwindigkeit beim Landeflug. Die Schubumkehr wirkte nach oben. Das verringerte die Gefahr, auf unvorbereiteten Pisten Staubwolken zu erzeugen, und verbesserte die mechanische Bremswirkung, indem das Flugzeug auf den Boden gepreßt wurde.

Auch von den YC-14 wurden zwei Prototypen gebaut, deren Erstflug am 9. August 1976 stattfand. 1977 bewies die YC-14 ihre Fähigkeit, nach nur 180 m abzuheben und mit 120 m Landestrecke auszukommen. Dabei startete sie in 300 m Höhe mit einer Nutzlast von 12.230 kg. Sie konnte auch auf Feldflugplätzen mit weichem Untergrund eingesetzt werden, und die Lage der Schubumkehr löste das Problem mit Staub und Dreck. Das hohe Nebenstromverhältnis der Zweikreistriebwerke und ihre Lage über den Tragflächen machten das Flugzeug ziemlich leise. Auch die YC-14 besuchte 1977 anläßlich der Zweihundertjahrfeiern Europa und stellte ihre Kurzstartfähigkeiten und Nutzlastleistungen in England, Deutschland und Frankreich unter Beweis.

Eine YC-14 befindet sich im Depot auf dem Fliegerhorst Davis-Monthan in Arizona, die andere steht in einem Flugzeugmuseum in der Nähe.

Das sowjetische Gegenstück zur YC-14 war die Antonow An-72. In ihrer Auslegung war die An-72 sehr ähnlich, mit einer Länge von 26.5 m, einer Spannweite von 25.9 m und einem maximalen Startgewicht von 33.000 kg jedoch viel kleiner. Auch in Japan gab es ein Flugzeug, bei dem die Oberseiten der Tragflächen angeblasen wurden; es war von der Kawasaki C-1 abgeleitet.

Die Kurzstartflugzeuge mit Schubablenkung waren in ihren technischen Lösungen subtiler als die Senkrechtstarter. Die Methoden roher Gewalt bei den Senkrechtstartern waren hier so verfeinert worden, daß sie aerodynamische Wirkungen miteinbezogen und größeren Auftrieb erzielten, wobei sie vernünftige Geschwindigkeiten bei guten Kurzstartleistungen vorweisen konnten. Das Gewicht dieser Flugzeuge lag viel höher, und die AMST-Konkurrenten konnten mit einem Kurzstartgesamtgewicht von 77.000 kg und einer typischen Nutzlast von über 12.000 kg abheben.

Obwohl der AMST-Sieger, die YC-15, keine Käufer fand, wird sie derzeit zur C-17 weiterentwickelt. Aus der An-72 ging die An-74 hervor, die in der Arktis für Überwachungs- und Kontrollaufgaben eingesetzt wird.

XV758
R08

10 SENKRECHTSTARTER IM EINSATZ

Von all den Testgestellen, Forschungsflugzeugen und Prototypen gingen nur sehr wenige in Produktion. Viele kamen ihr nahe. Die Kippflügler XC-142 und CL-84 waren Konstruktionen, die schon fast in Serie verwertbar waren, und die Do 31 von Dornier wäre für jeden, der ein Transportflugzeug mit Senkrechtflugfähigkeiten und Strahlantrieb kaufen wollte, eine ideale Wahl gewesen. Die Mirage IIIV gewann den NATO-Wettbewerb, wurde aber nicht gekauft. Und die

Die Deckerprobungen der amerikanischen Marineinfanterie wurden auf dem Hubschrauberträger USS *Guam* durchgeführt.

◁
Eine Harrier im Landeanflug während der Decklandeversuche der englischen Marine.

VJ101C war eine hervorragende Senkrechtstartkonstruktion für den Überschallbereich, aber auch sie fand keine Käufer.

Es reicht nicht aus, ein Flugzeug zu entwerfen und zu entwickeln. Es muß sich verkaufen, und um sich zu verkaufen, muß ein Kunde da sein, dessen Forderungen erfüllt werden – und natürlich Geld.

Die Käufer von Kampfflugzeugen waren die Luftwaffen, die – wenn sie die Wahl hatten – große, schnelle, konventionelle Flugzeuge bevorzugten, mit Allwetterkapazität und voll ausgerüstet mit neuester Flugelektronik. Leichte VTOL-Kampfflugzeuge interessierten sie nicht, und die größeren, wie die Mirage IIIV, konnten nicht genügend Waffen weit genug tragen.

Zu den potentiellen Käufern von Transportflugzeugen zählten auch die Landstreitkräfte (für den Einsatz auf dem Gefechtsfeld), die Seestreitkräfte (für den Flottennachschub) und die Luftstreitkräfte (für die Wartung aufgelockerter VTOL-Kampfflugzeuge). Die Landstreitkräfte waren gewöhnlich gezwungen, leichte Flugzeuge zu beschaffen, und die Luftstreitkräfte wollten für ihr Geld größere. Die Luftstreitkräfte wollten ihre Mittel lieber für strategische Transportflugzeuge ausgeben, womit die Landstreitkräfte keine leichten Transporter für das Gefechtsfeld bekamen. Das Ziel der Seestreitkräfte, ihre Flotten zu versorgen, ließ sich ebenso gut mit viel preiswerteren konventionellen Flugzeugen erreichen. Die Versorgung aufgelockerter VTOL-Kampfflugzeuge bedeutete den Transport von Tonnen von Kraftstoff und Munition, und es war grundsätzlich einfacher, dies in weniger verwundbaren Bodentransporten durchzuführen.

VTOL-Flugzeuge waren weder leicht noch billig herzustellen. Bei allen Kompromissen schon im konventionellen Flugzeugbau war man bei ihnen zu weiteren Kompromissen gezwungen, damit sie sich im Senkrecht- und im Übergangsflug bewährten. Die Triebwerkleistung oder der Schub mußten das Gewicht des Flugzeugs anheben können. Das bedeutete höhere Triebwerkleistung – also größeres Gewicht und höhere Kosten. Die Steuersysteme mußten in allen drei Flugbereichen wirksam bleiben, um

Beim Luftrennen des *Daily Mail* startete eine Harrier am Bahnhof St. Pancras in der Nähe des Tower-Postamtes in London, überquerte den Atlantik...

...und landete auf einem Parkplatz in der Nähe des Empire State Building. Damit gewann sie den fliegerischen Teil dieses Rennens. Das Flugzeug war in der Luft aufgetankt worden.

Eine Harrier schwebt während ihrer Erprobung über einem Feld. Die zusätzlichen Ansaugschlitze um die Lufteinläufe versorgen das Triebwerk mit der bei niedrigen Vorwärtsgeschwindigkeiten benötigten größeren Luftmenge.

einen glatten Übergang in der Transition zu gewährleisten. Normalerweise brauchte man sehr zuverlässige Autostabilisatoren. Bei laufenden Triebwerken wurden im Schwebeflug Vibrationen und Lärm zum Problem. Die Schwingungen konnten Materialermüdung hervorrufen und die Lebensdauer der Zelle verringern. Der Lärm war ein Merkmal des Senkrechtflugs, der die Kunden völlig überraschte. Spezifikationen, Broschüren und Fotos erweckten den Eindruck eines idealen Flugzeugs für das Kampfgebiet, ruhig in der Luft schwebend. In

Harrier vom Auflockerungsraum aus im Einsatz. Die Klappen unter dem Rumpf dienen auch der Verstärkung des Auftriebs.

Wirklichkeit war die für den Schwebeflug erforderliche Leistung so hoch, daß alle VTOL-Flugzeuge einen Höllenlärm verursachten – viel höher als herkömmliche Flugzeuge, die vor dem Start ihre Triebwerke hochfahren.

Vor diesem Hintergrund kann es kaum überraschen, daß nur sehr wenige Konstruktionen den Markt erreichten. Tatsächlich sind nur drei der Flugzeugtypen, die in den vorangegangenen Kapiteln beschrieben wurden, bisher in Serienproduktion hergestellt worden. Aus der P.1127 Kestrel wurde die Harrier, die Jak-36 trug zur Konstruktion der Jak-38 Forger bei, und der Kurzstarttransporter An-72 wurde zur An-74 weiterentwickelt. Bei zwei weiteren Typen sieht die Planung vor, sie in Kürze in Massenproduktion zu fertigen: die V–22 Osprey, die aus der XV–15 entstand, und die C-17, deren Vorläufer die YC-15 war.

Harrier

Das Programm der P.1127/Kestrel/Harrier kann auf eine bewegte Vergangenheit zurückblicken. Anfangs bekam es

Die amerikanische Marineinfanterie setzte die gleiche zweisitzige Harrier als Schulflugzeug ein wie die Royal Air Force.

kaum offizielle Unterstützung, und es war nur der Beharrlichkeit von Einzelpersonen zu verdanken, daß das Programm weiterlief. Vom Zeichenbrett an dauerte es nur zehn Jahre, bis die Harrier von den Streitkräften in Dienst gestellt wurde, aber es erforderte weitere zwanzig Jahre gemeinsamer Entwicklung von McDonnell Douglas und British Aerospace, bis die verbesserte Harrier II hergestellt werden konnte. Während dieser drei Jahrzehnte der Fortentwicklung litt das Programm wechselnden politischen Vorgaben bei der Zuteilung von Haushaltsmitteln. Nachdem viel Arbeit in die Überschallversion P.1154 investiert worden war, wurde dieses Projekt eingestellt. Auf amerikanischer Seite wurde ebenfalls viel Energie für eine weiterentwik-

Die allererste AV–8B bei der Montage.

kelte Version aufgewandt, die dann auch aufgegeben werden mußte. Vielleicht kann man tatsächlich sagen, daß sich die westliche Welt nur ein VTOL-Kampfflugzeug leisten kann.

Oder, um der Wahrheit näher zu kommen, sie kann sich nur ein VTOL-Triebwerk leisten. Das Pegasus-Triebwerk war der Schlüssel zur Harrier. Es war das Triebwerk, das zuerst da war, und die Flugzeugzelle wuchs geradezu darum herum. Das Gewicht der Flugzeuge war – beim Senkrechtflug – immer durch den Triebwerkschub begrenzt, und jedes Kilopond mehr Schub, das durch Weiterentwicklung der Triebwerke gewonnen wurde, ging dann durch Zunahme des Zellengewichts, des Kraftstoffgewichts und der Bewaffnung wieder verloren. Der Druck, das Triebwerk weiterzuentwickeln, war enorm, aber es gab keine anderen Kunden, und die gesamten Kosten der Fortentwicklung mußten von dem einen Programm getragen werden. Es ist immer kostspielig, neue Technologien für einen begrenzten Markt zu entwickeln.

Während der Entwicklung der Harrier nahm der Schub des Pegasus ständig – von 3.625 kp auf 9.740 kp – zu, aber trotzdem bestanden die Käufer unablässig auf mehr Reichweite und mehr Zuladung, und es gab noch die ständige Forderung, das Startgewicht zu erhöhen. Ein Möglichkeit, das Startgewicht zu erhöhen, war die Anwendung des Kurzstarts. Allerdings war die Harrier gezielt für den Senkrechtstart konstruiert worden, und sie sollte erst in der Luft in den Horizontalflug übergehen. In der Kurzstartrolle hatte sie beim Start wegen ihrer kleinen Tragflächen Schwierigkeiten, und die Anbringung des Fahrwerks unter der Rumpfmitte verhinderte, daß sich der Bug beim Start anhob. Und ihr Bremssystem war nicht für die hohe Bremswirkung ausgelegt, die bei einer kurzen Landung erforderlich ist.

Zum Glück konnte man das Kurzstartproblem lösen, indem man eine ansteigende Startbahn – ähnlich einer Skischanze – benutzte, die ihr eine Art ballistischer Aufwärtsbewegung verlieh. Die Ladung war kein Problem, da das Gewicht nach dem Einsatz nur noch aus Leergewicht plus Kraftstoffreserve bestand, was knapp 6.000 kg ausmachte, und sie damit senkrecht landen konnte.

Mehrere VTOL-Jagdflugzeuge des Typs Jak-38 Forger und ein Hubschrauber des Typs Ka-27 Helix an Deck des sowjetischen Hubschrauberträgers *Noworossisk.*

80
73

So wurde die Harrier zum STOVL – Short Take-off Vertical Landing (Kurzstarter mit Senkrechtlandung).

Heute ist die Harrier weithin bekannt, da sie das einzige VTOL-Strahlflugzeug der westlichen Welt ist, das von den Streitkräften eingesetzt wird – Beweis dafür, daß sie die beste Lösung der vielen Anstrengungen war, mit Strahlflugzeugen den Senkrechtflug zu verwirklichen. Sie ist flexibel im Einsatz und kann hervorragende Ergebnisse in Übungen und echten Kampfhandlungen nachweisen.

In der englischen Luftwaffe ist sie als Harrier GR Mk1 und GR Mk3 im Einsatz, in der englischen Marine als Sea Harrier FRS Mk1, bei der amerikanischen Marineinfanterie als AV–8A (Harrier Mk50), bei der spanischen Marine als AV–8A Matador (Harrier Mk50) und bei der indischen Marine als Indian Sea Harrier FRS Mk51. Als Schulflugzeuge mit hintereinanderliegenden Sitzen fliegen die Versionen T Mk2, Mk2A und Mk3 (englische Luftwaffe und Marine), TAV–8A oder Mk54 (US-Marineinfanterie und spanische Marine), TAV–8S oder Mk55 (spanische Marine) und die Indian Harrier T Mk60.

British Aerospace und McDonnell Douglas haben die Harrier gemeinsam zur Harrier II weiterentwickelt. Zwar gab es innerhalb des VTOL-Konzepts nur wenig Spielraum für grundlegende Änderungen, aber trotzdem führten Konstruktionsänderungen – besonders Gewichtsverringerung, Vergrößerung der Tragflächen und die Entwicklung von Hochauftriebsmitteln – zu einer Verdoppelung

Die Kameras der englischen Fregatte *Torquay* fingen dieses Bild einer über dem sowjetischen Kriegsschiff *Kiew* schwebenden Jak-38 ein. Die Klappen über und unter den Hubtriebwerken sind geöffnet, und die rechte Düse des Marschtriebwerks ist nach unten geschwenkt. Die Rollsteuerung geschieht wahrscheinlich über Steuerdüsen.

Die meisten der hier abgebildeten Flugzeuge an Bord der *Kiew* sind einsitzige Forger-A. Eine Ausnahme bildet das Flugzeug 04, es ist eine zweisitzige Forger-B.

von Nutzlast und Eindringtiefe. Bei der englischen Luftwaffe wird die Harrier II als Harrier GR Mk5 zum Einsatz kommen, und bei der amerikanischen Marineinfanterie als AV–8B und TAV–8B.

Forger

die Jak-38 Forger, ursprünglich als Jak-36MP bezeichnet, ist das einzige Jagdflugzeug mit Senkrechtflugfähigkeit der Sowjetunion im Einsatz. Es wurde aus der Jak-36 entwickelt, was aber äußerlich nicht mehr zu erkennen ist.

Der Rumpf der Jak-38 ist mit 15.8 m ziemlich lang und hat über den Großteil seiner Länge einen gleichmäßigen, breiten Querschnitt. Das könnte einen großen Frachtraum für Zuladungen bedeuten, aber viel von diesem Innenraum wird von langen Lufteinläufen, dem Marschtriebwerk und der Anordnung der Düsen beansprucht.

Das Marschtriebwerk liegt in der Mitte des Rumpfs und hat vor dem Rumpfende Schwenkdüsen. Zwei Hubtriebwerke im Vorderrumpf erzeugen zusätzlichen Antrieb; ihre Lage stellt sicher, daß der Vektor des Gesamtschubs durch den Schwerpunkt verläuft. Das ist eine außergewöhnlich elegante Lösung der Senkrechtflugprobleme und ergibt eine kompakte und praktische Rumpfauslegung. Sie eignet sich besonders für Unterschallflugzeuge, bei denen der für den Senkrechtstart erforderliche Schub weit über dem Vortriebsschub liegt, denn die Hubtriebwerke tragen zum Senkrechtstart zusätzlichen Schub bei nur geringem Eigengewicht bei. Der Nachteil ist, daß die Leistung der zusätzlichen Hubtriebwerke nicht für Manöver im konventionellen Flug zur Verfügung steht.

Die Hubtriebwerke, das Hauptfahrwerk und die hohe Kraftstoffzuladung beanspruchen viel Platz im Rumpfinneren. Die Tragflächen des Mitteldeckers sind mit einer Spannweite von 7.6 m kürzer als die der Jak-36. Flossen an der

Rumpfunterseite dienen wahrscheinlich als Auftriebshilfen. Weitere Flossen auf der Rumpfoberseite sollen vermutlich verhindern, daß die Triebwerke ihre eigenen Abgase ansaugen.

Wie die Jak-38 gesteuert wird,ist nicht zu erkennen. An den Tragflächenspitzen, am Bug oder am Heck sind keine Steuerdüsen zu sehen. Nickbewegungen könnten über unterschiedliche Triebwerkleistung gesteuert werden, und Rollen und Gieren werden vielleicht durch entsprechende Ausschläge angeblasener Steuerorgane unterstützt.

Als Mischkonstruktion mit Hubtriebwerken und Schwenkdüsen am Marschtriebwerk ist die Jak-38 auf ständige Autostabilisierung angewiesen. Man nimmt an, daß sie nur Senkrechtstarts durchführen kann und nicht in der Lage ist, die Vorteile der Kurzstarttechnik zu nutzen, um Waffenzuladung oder Reichweite zu erhöhen. Allerdings wurde sie bei herkömmlichen Starts, bei denen sie mit etwa 65 km/h abhob, beobachtet – zwar nicht schnell genug, um irgendwelchen brauchbaren Auftrieb zu erzeugen, aber ausreichend, um ein Ansaugen der Hubtriebwerkabgase durch Haupt- und Hubtriebwerkeinläufe zu verhindern.

Im Gewicht ist die Jak-38 der Harrier vergleichbar, allerdings wird vermutet, daß sie über eine geringere Waffenzuladung und Reichweite verfügt. Zu ihren Einsatzaufgaben gehören auch die Sicherung der Luftüberlegenheit und die Aufklärung im Seegebiet. Sie kann auch als Jagdbomber eingesetzt werden, obwohl Angriffe auf See- oder Landziele durch Waffenzuladung und Eindringtiefe beschränkt sind. Sie scheint nur über eine begrenzte Flugelektronik zu verfügen und ist vermutlich nicht in der Lage, Verteidigungsanlagen an Land zu überwinden.

Die Jak-38 flog erstmalig Anfang der 70er Jahre und wird seit 1976 von der Marine eingesetzt, wobei sich etwa zwölf dieser Maschinen auf jedem der vier Flugzeugträger *Kiew, Minsk, Baku* und *Noworossisk* befinden.

Coaler

Der Kurzstarttransporter YC-14 von Boeing war zu teuer, um die wirtschaftlichere Lockheed Hercules abzulösen, aber ihr sowjetisches Gegenstück, die Antonow An-72, hatte mehr Erfolg. Sie wurde zur An-74 weiterentwickelt, die derzeit die alternde Il-14 bei Überwachungseinsätzen in der Arktis ersetzt.

Die An-74 ist etwas länger und schwerer als die Prototypen der An-72 und hat verlängerte Tragflächenspitzen bekommen, die die Spannweite von 25.9 m auf 32 m vergrößerten. Mit den längeren Tragflächen nahm ihr Kraftstoffverbrauch ab, und ihre Einsatzreichweite erhöhte sich beträchtlich. Die Besatzung besteht aus zwei Piloten, einem Bordingenieur und einem Navigator. Die An-74 verfügt über zusätzliches Funk- und Navigationsgerät sowie einen großen Lagetisch, auf dem die Positionen von Treibeis festgehalten werden können. Der Innenraum ist gewöhnlich für generelle arktische Einsätze ausgestattet, wobei der hintere Teil für Fracht zur Verfügung steht und der vordere in Arbeits- und Schlafräume aufgeteilt ist.

Obwohl die An-72/74 keine Senkrechtstarter sind, können sie etwa die Hälfte ihres Eigengewichts mit dem Schub ihrer Triebwerke anheben. Sie haben keine VTOL-Steuersysteme und werden bei niedrigen Geschwindigkeiten mit normalen aerodynamischen Steuerorganen geführt. Bei geringen Geschwindigkeiten verliert die Steuerung an Wirkung, und die Fluglage des Flugzeugs wird kritischer. Daher ist die An-74 mit Spezialinstrumenten ausgerüstet, die Anstellwinkel, Gierbewegungen und Vertikalgeschwindigkeit anzeigen, um die Piloten im Niedriggeschwindigkeitsbereich bei der Einhaltung der korrekten Fluglage zu unterstützen.

C-17

Die C-17 von McDonnell Douglas wird ein großes Transportflugzeug, das von der YC-15 abgeleitet ist und – mit Endscheiben an den Tragflächenspitzen – im großen und ganzen der C-141 ähnlich sieht. Wie bei der YC-15 wird der Auftrieb mehr durch das aerodynamische Zusammenspiel von Triebwerkgasen und Klappen als durch tatsächliche Ablenkung des Triebwerkschubs bestimmt.

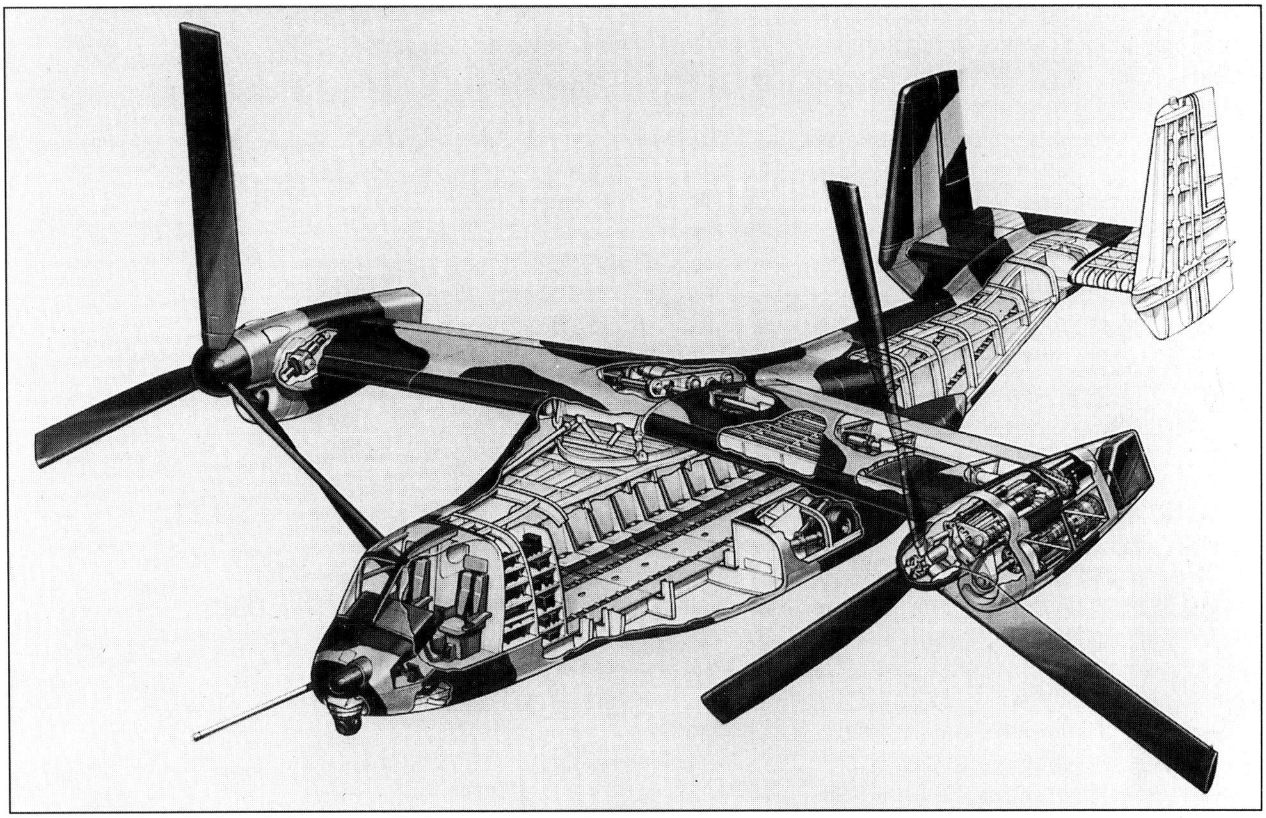

Diese Zeichnung der Bell-Boeing V–22 Osprey zeigt ihre innere Struktur. Die linke Gondel ist aufgeschnitten und legt das Triebwerk, das Untersetzungsgetriebe und den Steuermechanismus für gemeinsame und periodische Blattverstellung der Rotoren frei. In der Tragfläche erkennt man die Kraftübertragungsquerwelle, die beide Rotoren miteinander verbindet. In der rechten Gondel ist der Stellzylinder zum Schwenken der Rotorgondeln zu sehen. Der Stahlring auf dem Rumpf erlaubt eine Drehung der Tragfläche, wodurch beim Verstauen unter Deck Platz gespart werden kann.

Osprey

Die Osprey ist das Ergebnis von vier Jahrzehnten Konstruktion und Entwicklung, ausgehend von der frühen Transcendental Model 1G, die 1954/55 flog, über das Programm der XV–3 von Bell, die 1955 erstmalig flog und dies bis 1965 fortsetzte, bis hin zum Projekt XV–15, das 1973 begonnen wurde und noch heute läuft.

Während des XV–15-Programms tat sich Bell mit Boeing Vertol zusammen, um im JVX-Programm (Joint Services Advandced Vertical Lift Aircraft = gemeinsames Programm der Teilstreitkräfte für zukünftige Senkrechtflugzeuge) den Konstruktionsvorschlag eines Kipprotorflugzeugs vorzulegen. Bell's unermüdliches Engagement seit 1951 auf dem Gebiet der Kipprotoren und Boeing's Erfahrungen mit dem Kippflügler Vertol 76 und vielen schweren Hubschraubern führten im April 1983 zu einem Entwicklungsauftrag durch das Marineamt für Flugsysteme. 1986 wurde die Kipprotorkonstruktion beider Firmen als V–22 Osprey bekannt, als sie im Mai eine Leistungsauszeichnung der Marine und im Dezember die Zustimmung des Verteidigungsministeriums erhielten, das Entwicklungsprogramm in Angriff zu nehmen.

Die V–22 Osprey absolvierte ihren Erstflug am 19. März 1989 und soll 1991 in Dienst gestellt werden. Nach vierzig Jahren ununterbrochener Forschung und Entwicklung der Firma Bell auf dem Gebiet der Kipprotoren wird sie als erstes Produkt dieser Art einer praktischen Nutzung zugeführt werden. In ihrer Konstruktion entspricht sie den Forderungen von Heer, Luftwaffe, Marine und Marineinfanterie der USA nach einem VTOL-Transportmittel mit hoher Horizontalfluggeschwindigkeit; die derzeit geplanten Stückzahlen für die Serienfertigung liegen bei 900 bis 1.200 Maschinen.

Die V–22 kann man durchaus als vergrößerte XV–15 bezeichnen, da sie grundsätzlich die gleiche Auslegung aufweist, allerdings hat sie eine Länge von 17.4 m, eine Spannweite von 13.7 m, Rotoren von 11.6 m Durchmesser und mit 18.000 kg ein viel höheres Gesamtgewicht. Die Abmessungen des Rumpfinneren der V–22 betragen 1.8 x 1.8 x 7.3 m; hier können 24 Soldaten mit ihrer Kampfausrüstung untergebracht werden oder eine entsprechende Menge Fracht, die über eine Heckrampe zugeladen wird. Ausbuchtungen an beiden Seiten des Rumpfs nehmen das Hauptfahrwerk auf, wodurch im Frachtraum entsprechende Verengungen entfallen. Diese Ausbuchtungen tragen auch einen Teil der Kraftstoffzuladung und verleihen dem Flugzeug eine gewisse Schwimmfähigkeit für den Fall, daß es auf dem Wasser aufsetzen muß.

Die Tragflächen sind über dem Rumpf an einem runden Stahlring von 2.1 m Durchmesser befestigt, auch »Karussell« genannt. Über diesen Ring können die Tragflächen parallel zum Rumpf nach hinten geschwenkt werden, wenn das Flugzeug an Bord von Schiffen verstaut werden muß. Vor dem Schwenken der Tragflächen werden die Rotorblätter eingeklappt und die Triebwerke von der vertikalen Landeposition in die Horizontale gekippt. Diese Tragflächenrotation ist automatisch und dauert nur 90 Sekunden.

Die V–22 wird von zwei Turbomotoren des Typs T406-AD-400 von Allison angetrieben. Diese Triebwerke werden zunächst 6.000 PS Wellenleistung abgeben, später sollen sie auf 10.000 PS gebracht werden. Wie bei der XV–15 kann jedes Triebwerk über eine Querwelle, die durch die Tragflächen verläuft, beide Rotoren antreiben. Ein zwischen den Tragflächen untergebrachtes Hilfsaggregat kann zum Anlassen der Haupttriebwerke eingesetzt werden und macht die V–22 im Einsatz völlig unabhängig.

In der Zelle der V–22 wurden die neuesten Verbundwerkstoffe eingesetzt, um ein Maximum an Festigkeit mit einem Minimum an Gewicht zu erreichen. Die 5.900 kg der Zelle enthalten mehr als 2.700 kg Graphitepoxidharz und nur 450 kg Metall.

Die V–22 ist sowohl für Senkrecht- wie für Kurzstarteinsätze ausgelegt. Ihre normale Einsatzgesamtmasse von 18.000 kg kann ohne Verlust der Senkrechtstartfähigkeit auf 21.300 kg gesteigert werden, und auf 26.700 kg, wenn sie Kurzstarts mit 150 m Rollstrecke durchführt. Externe Lasten kann sie bis zu einem Gewicht von 6.800 kg anheben.

Im Horizontalflug kann die V–22 in allen Höhen bis 9.000 Metern eine Marschgeschwindigkeit von 500 km/h einhalten. Diese Leistung entspricht der des Frühwarnflugzeugs E-2C Hawkeye von Grumman.

Die Version der V–22 für die Marineinfanterie ist die MV–22A, von der 552 bestellt worden sind. Zu den Einsatzforderungen zählen der Transport von 24 vollausgerüsteten Soldaten über eine Entfernung von 370 km, der Schwebeflug außerhalb des Bodeneffekts in 1.000 m Höhe bei 33 Grad Celsius, der Transport externer Ladungen von bis zu 4.500 kg Gewicht, der Einsatz von Schiffen auf See und weltweite Verwendbarkeit.

Das amerikanische Heer wird höchstwahrscheinlich 231 der von der Marineinfanterie bestellten MV–22A Osprey übernehmen; sie sollen 24 Soldaten, 12 Verwundete oder 4.500 kg Nutzlast über einen Einsatzradius von 100 km mit Geschwindigkeiten von bis zu 460 km/h transportieren.

Die amerikanische Marine hat 50 HV–22A Osprey für CSAR (Combat Search and Rescue = Such- und Rettungseinsätze im Kampfgebiet) bestellt und 300 einer weiteren Variante der V–22, die das U-Bootbekämpfungsflugzeug S-3 Viking von Lockheed ablösen soll.

Die Version für die amerikanische Luftwaffe ist die CV–22A, von der 80 in Auftrag gegeben worden sind. Sie werden die Flotte der schweren Transporthubschrauber HH-53 ersetzen und in der Lage sein, 12 Soldaten über eine Entfernung von 1.000 km zu transportieren und auf halber Strecke in 1.200 m Höhe bei 35 Grad Celsius in den Schwebeflug überzugehen.

Sowohl Bell wie auch Boeing werden komplette Flugzeuge herstellen und Bauteilgruppen untereinander für die Endmontage austauschen. Dann werden sie sich in Konkurrenz zueinander um Aufträge bemühen.

Pointer

Bell und Boeing arbeiten auch an einem weiteren Kipprotorflugzeug, dem kleinen RPV (Remotely Piloted Vehicle = Fernlenkflugkörper) Pointer. Er wiegt nur 225 kg und kann von drei Personen ge-

Die Osprey verläßt die Montagehalle in Tarnfarben. Dieser Tarnanstrich war abwaschbar auf die völlig weiße Grundfarbe aufgetragen worden, die man für die ersten Flugerprobungen ausgewählt hatte.

welcome to the
BELL BOEING V-22 OSPREY ROLLOUT

tragen werden. Sein Rumpf ist 3.6 m lang, hat eine Heckflosse und ein rechteckiges Höhenleitwerk. Die Spannweite der hochangesetzten Tragflächen beträgt 3.3 m, und die beiden Kipprotoren haben einen Durchmesser von 1.5 m. Ein 95-PS-Motor im Rumpf läuft mit 8.000 U/min,ist aber so untersetzt, daß er die Querwelle mit 3.000 und die Rotoren mit 1.500 U/min antreibt. Kipp- und Steuermechanismen an den Tragflächenspitzen sind – mit getrennten Verstellvorrichtungen für Kippwinkel, periodische Blattverstellung und (nur auf einer Seite) unterschiedliche gemeinsame Blattverstellung – besonders einfach ausgelegt.

Der Fernlenkflugkörper Pointer trägt im Bug eine Fernsehkamera und kann über Funk aus Entfernungen von knapp 200 km ferngesteuert werden; dabei kann er bis zu fünf Stunden über einem Ziel kreisen. Seine Senkrechtstart- und -landefähigkeit macht Start und Bergung viel einfacher als bei anderen RPV, da weder Startrampe noch Fangnetz benötigt werden. Zu seinen Einsatzaufgaben zählen reine Aufklärung, Zielmarkierung, Nachteinsatz mit FLIR (Forward-Looking Infra-Red = Infrarotauffassung nach vorn), ELINT (Electronic Intelligence = elektronische Aufklärung), Störung von Radar und Fernmeldeübertragung.

Der Fernlenkflugkörper Pointer ist schon geflogen und soll Anfang der 90er Jahre in Serie gehen.